9급 공무원 전기직

전기이론

기출문제 정복하기

9급 공무원 전기직

전기이론 기출문제 정복하기

초판 인쇄 2022년 1월 5일
초판 발행 2022년 1월 7일

편 저 자 | 김경일
발 행 처 | ㈜서원각
등록번호 | 1999-1A-107호
주　　소 | 경기도 고양시 일산서구 덕산로 88-45(가좌동)
교재주문 | 031-923-2051
팩　　스 | 031-923-3815
교재문의 | 카카오톡 플러스 친구[서원각]
영상문의 | 070-4233-2505
홈페이지 | www.goseowon.com
책임편집 | 정유진
디 자 인 | 이규희

Preface

모든 시험에 앞서 가장 중요한 것은 출제되었던 문제를 풀어봄으로써 그 시험의 유형 및 출제 경향과 난이도를 파악하는 데에 있다. 이를 통해 반복적으로 강조되어 온 이론이나 내용을 확인하고 응용되는 문제 유형을 파악하여 보다 효율적으로 학습할 수 있다. 즉, 최단시간 내 최대의 학습효과를 거두기 위해서는 기출문제의 분석이 무엇보다도 중요하다는 것이다.

전기이론 과목의 경우 다양한 이론과 공식을 묻는 문제들로 출제되는데, 핵심적인 이론 및 공식을 파악하고 충분한 문제풀이를 통해 이해하는 과정이 필요하다. 그 중 회로이론 파트에서는 기본교류 · 직류 · 결합 회로, 과도현상, 선형회로망, 다상교류, 비정현파 등의 영역에서 출제된다. 난이도에 따른 접근 방법과 연습량이 요구된다.
전기기기 과목은 유도기, 변압기, 직류기, 정류기 등을 묻는 문제들로 구성된다. 전반적으로 난도 높은 문제는 유도기와 정류기, 소형전동기에서 볼 수 있는데 학습의 수준을 조금 높게 설정하고 유사문제를 많이 다루어 보는 것이 필요하다.

9급 공무원 전기이론 기출문제집은 이를 주지하고 그동안 시행되어 온 국가직, 지방직 및 서울시 기출문제를 과목별, 연도별로 수록하여 수험생들에게 실제 시험 문제 유형에 실전과 같이 대비할 수 있도록 하였다.

9급 공무원 시험의 경쟁률이 해마다 점점 더 치열해지고 있다. 이럴 때일수록 기본적인 내용에 대한 탄탄한 학습이 빛을 발한다. 수험생 모두가 자신을 믿고 본서와 함께 끝까지 노력하여 합격의 결실을 맺기를 희망한다.

1%의 행운을 잡기 위한 99%의 노력! 본서가 수험생 여러분의 행운이 되어 합격을 향한 노력에 힘을 보탤 수 있기를 바란다.

Structure

● 기출문제 학습비법

step 01
실제 출제된 기출문제를 풀어보며 시험 유형과 출제 패턴을 파악해 보자! 스톱워치를 활용하여 풀이 시간을 체크해 보는 것도 좋다.

step 02
정답을 맞힌 문제라도 꼼꼼한 해설을 통해 기초부터 심화 단계까지 다시 한 번 학습 내용을 확인해 보자!

step 03
오답분석을 통해 내가 취약한 부분을 파악하자. 직접 작성한 오답노트는 시험 전 큰 자산이 될 것이다.

step 04
합격의 비결은 반복학습에 있다. 집중하여 반복하다보면 어느 순간 모든 문제들이 내 것이 되어 있을 것이다.

● 본서의 특징 및 구성

기출문제분석

최신 기출문제를 비롯하여 그동안 시행된 기출문제를 수록하여 출제경향을 파악할 수 있도록 하였습니다. 기출문제를 풀어봄으로써 실전에 보다 철저하게 대비할 수 있습니다.

상세한 해설

매 문제 상세한 해설을 달아 문제풀이만으로도 학습이 가능하도록 하였습니다. 문제풀이와 함께 이론정리를 함으로써 완벽하게 학습할 수 있습니다.

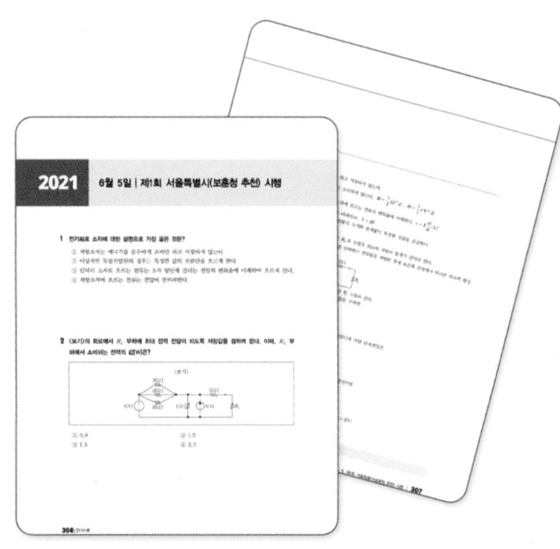

기출문제

Success is the ability to go from one failure
to another with no loss of enthusiasm.

Sir Winston Churchill

공무원 시험
기출문제

2015 4월 18일 | 인사혁신처 시행

1 다음 회로에서 소모되는 전력이 12[W]일 때, 직류전원의 전압[V]은?

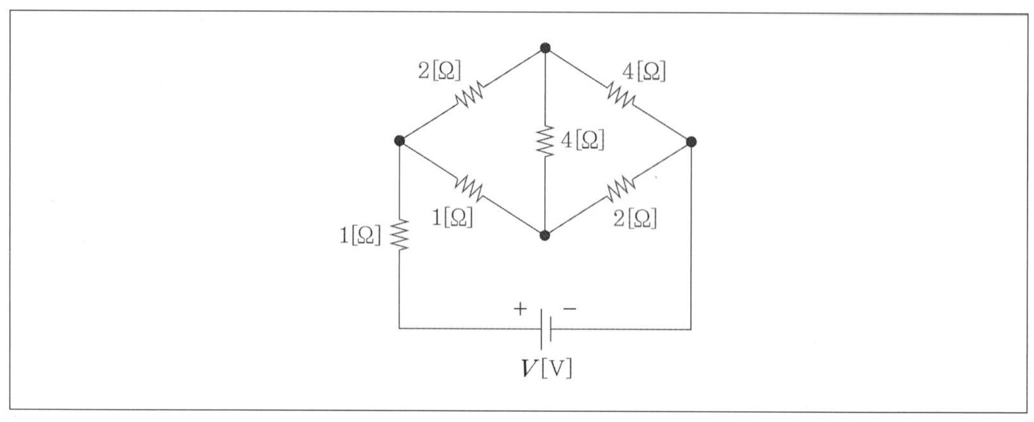

① 3
② 6
③ 10
④ 12

2 교류전압 $v(t) = 100\sqrt{2}\,sin377t\,[V]$에 대한 설명으로 옳지 않은 것은?

① 실효전압은 100[V]이다.
② 전압의 각주파수는 377[rad/sec]이다.
③ 전압에 1[Ω]의 저항을 직렬 연결하면 흐르는 전류의 실횻값은 $100\sqrt{2}$ [A]이다.
④ 인덕턴스와 저항이 직렬 연결된 회로에 전압이 인가되면 전류가 전압보다 뒤진다.

3 다음은 플레밍의 오른손 법칙을 설명한 것이다. 괄호 안에 들어갈 말을 바르게 나열한 것은?

> 자기장 내에 놓여 있는 도체가 운동을 하면 유도 기전력이 발생하는데, 이때 오른손의 엄지, 검지, 중지를 서로 직각이 되도록 벌려서 엄지를 (㉠)의 방향에, 검지를 (㉡)의 방향에 일치시키면 중지는 (㉢)의 방향을 가리키게 된다.

	㉠	㉡	㉢
①	도체 운동	유도 기전력	자기장
②	도체 운동	자기장	유도 기전력
③	자기장	유도 기전력	도체 운동
④	자기장	도체 운동	유도 기전력

1 각각의 대각선 곱의 값이 같으면 중간에 있는 저항에는 전류가 통하지 않게 되므로(휘트스톤브리지 성립) 6[Ω]과 3[Ω]으로 이루어진 병렬저항으로 볼 수 있다. 이 병렬저항의 합성저항은 2[Ω]이 되며 가장 좌측의 1[Ω]과 직렬을 이루므로 총 합성저항은 3[Ω]이 된다.

$P_{전력} = \frac{V^2}{R}$ 이므로 $12 \times 3 = V^2$ 이 된다. 그러므로 $V = 6$ 이 된다.

2 전압에 1[Ω]의 저항을 직렬 연결하면 흐르는 전류의 실횻값은 100[A]이다.

3 자기장 내에 놓여 있는 도체가 운동을 하면 유도 기전력이 발생하는데, 이때 오른손의 엄지, 검지, 중지를 서로 직각이 되도록 벌려서 엄지를 도체 운동의 방향에, 검지를 자기장의 방향에 일치시키면 중지는 유도 기전력의 방향을 가리키게 된다.

정답 및 해설 1.② 2.③ 3.②

4 평형 3상 Y결선의 전원에서 상전압의 크기가 220[V]일 때, 선간전압의 크기[V]는?

① $\frac{220}{\sqrt{3}}$　　② $\frac{220}{\sqrt{2}}$

③ $220\sqrt{2}$　　④ $220\sqrt{3}$

5 기전력이 1.5[V]인 동일한 건전지 4개를 직렬로 연결하고, 여기에 10[Ω]의 부하저항을 연결하면 0.5[A]의 전류가 흐른다. 건전지 1개의 내부저항[Ω]은?

① 0.5　　② 2

③ 6　　④ 12

6 다음은 직렬 RL회로이다. $v(t)=10\cos(wt+40^\circ)[V]$이고, $i(t)=2\cos(wt+10^\circ)[mA]$일 때, 저항 R과 인덕턴스 L은? (단, $w=2\times10^6[rad/\sec]$이다.)

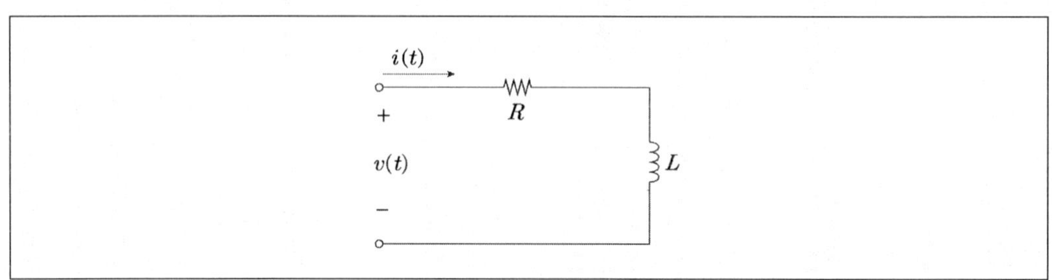

	R[Ω]	L[mH]		R[Ω]	L[mH]
①	$2500\sqrt{3}$	1.25	②	2500	1.25
③	$2500\sqrt{3}$	12.5	④	2500	12.5

7 다음 RC회로에서 R=50[kΩ], C=1[μF] 일 때, 시상수 τ[sec]는?

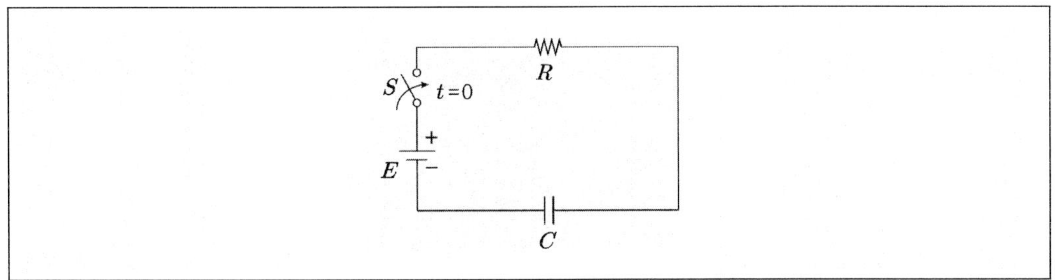

① 2×10^{2}　　② 2×10^{-2}

③ 5×10^{2}　　④ 5×10^{-2}

---

4 평형 3상 Y결선의 전원에서 상전압의 크기가 220[V]일 때, 선간전압의 크기[V]는 $220\sqrt{3}$ [V]가 된다. 평형 3상 Y결선의 전원에서 선간전압의 크기는 상전압의 $\sqrt{3}$ 배가 되기 때문이다.

5 건전지 1개의 내부저항을 x라고 하면, $4\times1.5=(10+4x)\times0.5$이어야 하므로 $x=0.5\Omega$이 된다.

6 임피던스 $Z=R+jwL=R+j2\times10^{6}L$

입력전압 $V=10\angle40^{\circ}$, 전류 $I=2\times10^{-3}\angle10^{\circ}$

옴의 법칙을 적용하면

$$V=ZI,\ Z=\frac{V}{I}=\frac{10\angle40^{\circ}}{2\times10^{-3}\angle10^{\circ}}=5\angle30^{\circ}$$

$$=5000(\cos30^{\circ}+j\sin30^{\circ})=2500\sqrt{3}+j2500$$

$2\times10^{6}L=2500$이므로 $L=1.25mH$, $R=2500\sqrt{3}$ 이 된다.

7 $\tau=RC=50[k\Omega]\times1[\mu F]=5\times10^{-2}$[sec]

정답 및 해설 4.④ 5.① 6.① 7.④

8 다음 회로에서 전압 V_3[V]는?

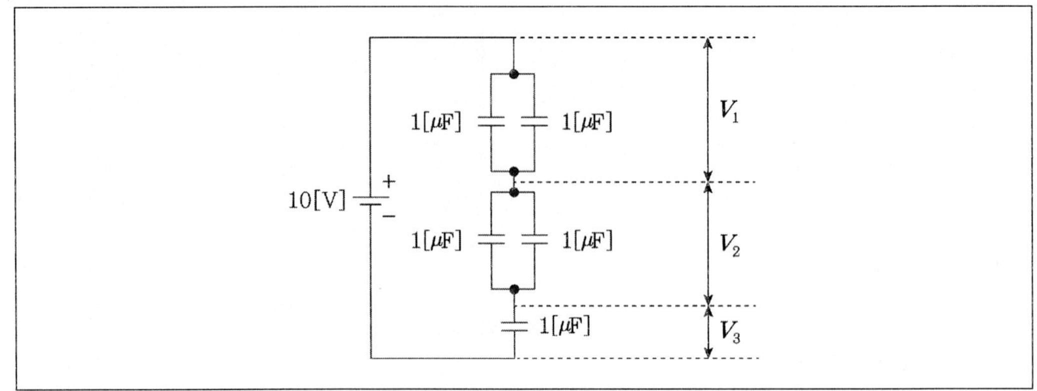

① 5
② 7
③ 9
④ 11

9 이상적인 코일에 220[V], 60[Hz]의 교류전압을 인가하면 10[A]의 전류가 흐른다. 이 코일의 리액턴스는?

① 58.38[mH]
② 58.38[Ω]
③ 22[mH]
④ 22[Ω]

10 그림과 같은 주기적 성질을 갖는 전류 $i(t)$의 실횻값[A]은?

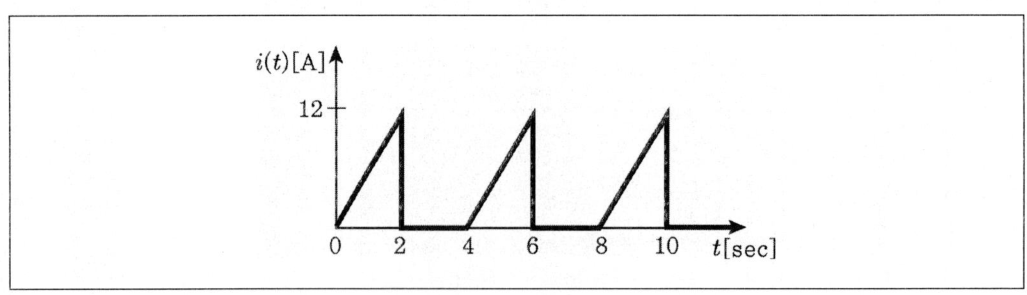

① $2\sqrt{3}$
② $2\sqrt{6}$
③ $3\sqrt{3}$
④ $3\sqrt{6}$

11 자체 인덕턴스가 L_1, L_2인 2개의 코일을 〈그림 1〉 및 〈그림 2〉와 같이 직렬로 접속하여 두 코일 간의 상호인덕턴스 M을 측정하고자 한다. 두 코일이 정방향일 때의 합성인덕턴스가 24[mH], 역방향일 때의 합성인덕턴스가 12[mH]라면 상호인덕턴스 M[mH]은?

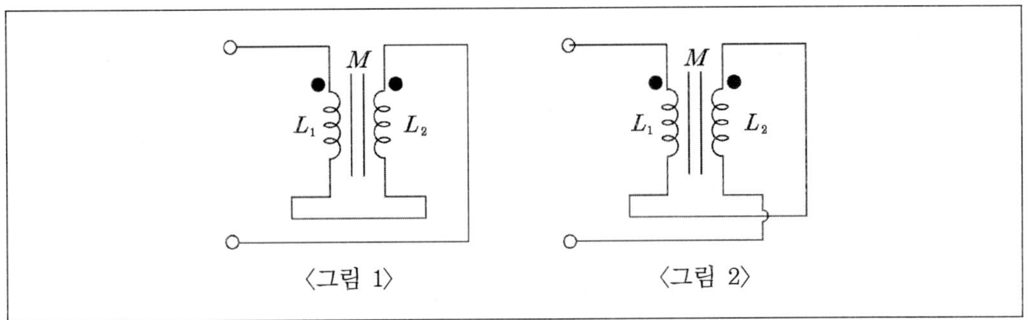

〈그림 1〉 〈그림 2〉

① 3 ② 6
③ 12 ④ 24

---

8 $1[\mu F]$과 $1[\mu F]$의 병렬연결에서 합성 정전용량은 $1+1=2[\mu F]$이므로 $C_1=2[\mu F]$, $C_2=2[\mu F]$가 된다.
주어진 회로는 $C_1=2[\mu F]$, $C_2=2[\mu F]$, $C_3=1[\mu F]$의 콘덴서의 직렬연결로 볼 수 있으므로
이 콘덴서들의 합성 정전용량은 $\frac{1}{C}=\frac{1}{C_1}+\frac{1}{C_2}+\frac{1}{C_3}=\frac{1}{2}+\frac{1}{2}+\frac{1}{1}=\frac{4}{2}=\frac{1}{0.5}$ 이므로 $C=0.5[\mu F]$가 된다.
그러므로 $V_3=\frac{1}{\frac{C_3}{C}}=\frac{1}{\frac{1}{0.5}}\times 10=5[V]$가 된다.
* 다른 풀이 : V_1이 $2[\mu F]$, V_2이 $2[\mu F]$가 되므로 직렬이면 합성 정전용량이 $1[\mu F]$이 된다. 따라서 전원 전압의 $\frac{1}{2}$인 $5[V]$가 걸린다.

9 $Z=X_L=\frac{V}{I}=\frac{220}{10}=22[\Omega]$

10 $I_s=\sqrt{\frac{1}{T}\int_0^T i^2(t)dt}=\sqrt{\frac{1}{4}\int_0^2 (6t)^2 dt}=\sqrt{24}=2\sqrt{6}$

11 가동결합 Lm = 24 = L_1 + L_2 + 2M ········· (1)
차동결합 Lm = 12 = L_1 + L_2 − 2M ········· (2)
(1)−(2)를 하면 24 − 12 = 4M이 되어 12 = 4M
상호인덕턴스 M = 12/4 = 3[mH]

정답 및 해설 8.① 9.④ 10.② 11.①

12 평형 3상 회로에서 〈그림 1〉의 △결선된 부하가 소비하는 전력이 $P_{\triangle}$[W]이다. 부하를 〈그림 2〉의 Y결선으로 변환하면 소비전력[W]은? (단, 선간전압은 일정하다)

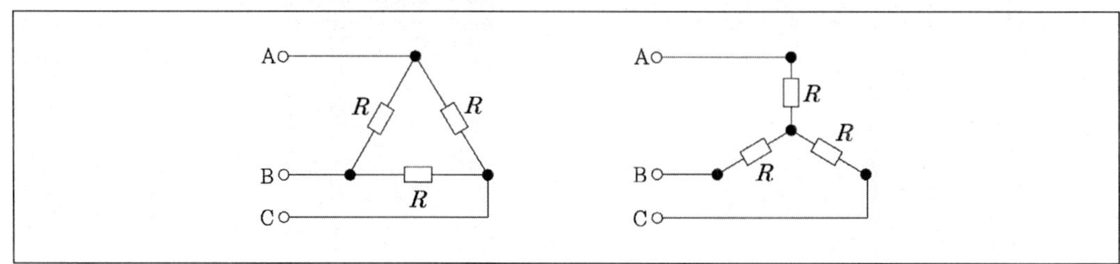

① $9P_{\triangle}$

② $\frac{1}{9}P_{\triangle}$

③ $3P_{\triangle}$

④ $\frac{1}{3}P_{\triangle}$

13 1[Ω]의 저항과 1[mH]의 인덕터가 직렬로 연결되어 있는 회로에 실횻값이 10[V]인 정현파 전압을 인가할 때, 흐르는 전류의 최댓값[A]은? (단, 정현파의 각주파수는 1,000[rad/sec]이다)

① 5

② $5\sqrt{2}$

③ 10

④ $10\sqrt{2}$

14 다음 회로에서 스위치 S가 충분히 오랜 시간 동안 열려 있다가 t=0인 순간에 닫혔다. t > 0 일 때의 전류 $i(t)$[A]는?

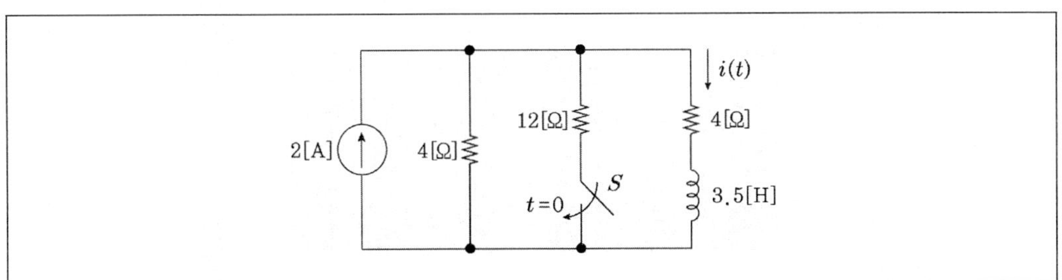

① $\frac{1}{7}(6+e^{-\frac{3}{2}t})$　　② $\frac{1}{7}(8-e^{-\frac{3}{2}t})$

③ $\frac{1}{7}(6+e^{-2t})$　　④ $\frac{1}{7}(8-e^{-2t})$

---

12 평형 3상 회로의 경우 모든 저항값이 동일하다고 할 경우 △결선된 부하가 소비하는 전력은 Y결선으로 변환하면 소비전력[W]의 3배이다.

13 전류의 최댓값은 전압의 최댓값을 임피던스로 나눈 값으로부터 구할 수 있다. 전압의 최댓값은 실횻값이 10[V]이고 정현파라는 것으로부터 $10\sqrt{2}$[V]라는 것을 알 수 있고 임피던스의 크기는 $|Z|=\sqrt{R^2+(wL)^2}$ 에서 $w=1000rad/\sec$이므로 $|Z|=\sqrt{1^2+(1000\times0.001)^2}=\sqrt{2}[\Omega]$

따라서 전류의 최댓값은 $10\sqrt{2}/\sqrt{2}=10[A]$가 된다.

14

2A　4Ω　4Ω　$i(0)$

연속성의 원리에 따라 $i(0^+)=i(0^-)$이므로 $i(0^t)=1[A]$

2A　4Ω　3Ω

$i(\infty)=\frac{3}{3+4}\times2=\frac{6}{7}[A]$

$\tau=\frac{L}{Reg}$ 이며 $Reg=4+(4//12)=7$이므로 $\tau=\frac{3.5}{7}=0.5[\sec]$

$i(t)=i(\infty)+(i(0)-i(\infty))e^{-\frac{t}{\tau}}=\frac{6}{7}+(1-\frac{6}{7})e^{-2t}$

정답 및 해설 12.④　13.③　14.③

15 직각좌표계 (x, y, z)의 원점에 점전하 0.6[μC]이 놓여 있다. 이 점전하로부터 좌표점 (2, −1, 2)[m]에 미치는 전계의 세기 중 x축 성분의 크기[V/m]는? (단, 매질은 공기이고, $\frac{1}{4\pi\epsilon_0}=9\times10^9$ [m/F]이다)

① 200 ② 300
③ 400 ④ 500

16 같은 평면 위에 무한히 긴 직선도선 ㉠과 직사각 폐회로 모양의 도선 ㉡이 놓여 있다. 각 I[A]의 전류가 그림과 같이 흐른다고 할 때, 도선 ㉠과 ㉡ 사이에 작용하는 힘은?

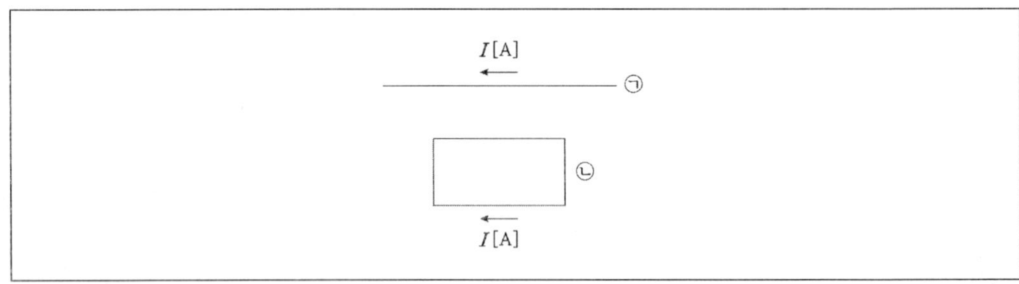

① 반발력 ② 흡인력
③ 회전력 ④ 없다

17 그림과 같은 색띠 저항에 10[V]의 직류전원을 연결하면 이 저항에서 10분간 소모되는 열량[cal]은? (단, 색상에 따른 숫자는 다음 표와 같으며, 금색이 의미하는 저항값의 오차는 무시한다)

색상	검정	갈색	빨강	주황	노랑	녹색	파랑	보라	회색	흰색
숫자	0	1	2	3	4	5	6	7	8	9

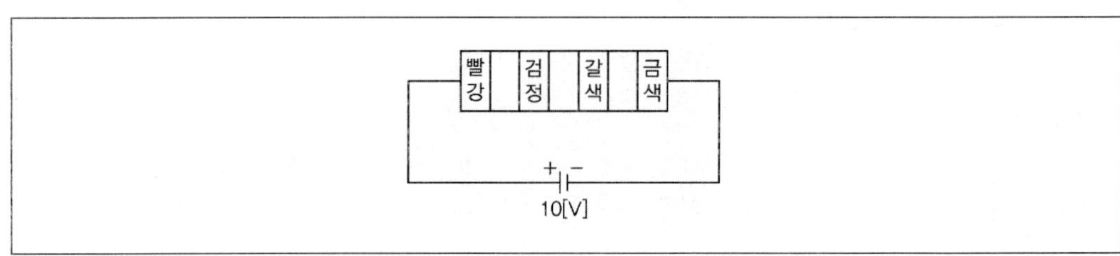

① 12 ② 36
③ 72 ④ 144

15 점전하로부터 거리벡터는 $r=2i-j+2k$로 표시된다.

점전하로부터의 거리는 $|r|=\sqrt{2^2+1^2+2^2}=3m$

전계의 세기 크기 $E=\dfrac{9\times10^9\times0.6\times10^{-6}}{3^2}=600[V/m]$

방향벡터성분은 $(x,\ y,\ z)=(\dfrac{2}{3},\ -\dfrac{1}{3},\ \dfrac{2}{3})$

x축 방향의 전계의 세기 : $E_x=600(r_x/|r|)=600(2/3)=400[V/m]$

y축 방향의 전계의 세기 : $E_y=600(r_y/|r|)=-600[V/m]$

z축 방향의 전계의 세기 : $E_z=600(r_z/|r|)=600(2/3)=400[V/m]$

16

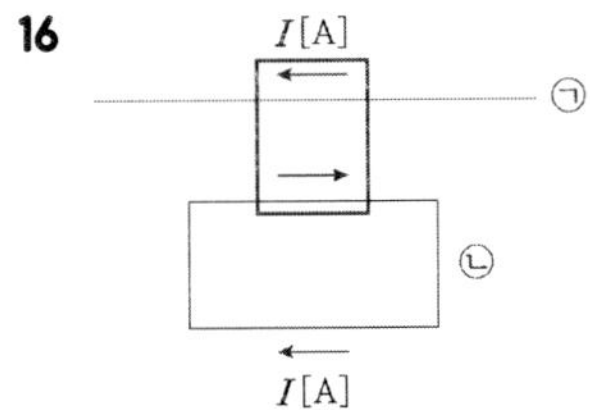

서로 가깝고 평행한 두 도선에 흐르는 각 전류의 방향이 서로 반대일 경우에는 반발력이 발생하게 되며 각 전류의 방향이 서로 동일할 경우 흡인력이 발생한다.

17 빨강, 검정, 갈색이므로 저항값은 200[Ω]이 되고, 전력은 $\dfrac{V^2}{R}=\dfrac{10^2}{200}=0.5[W]$

열량은 $0.24Pt[cal]$이므로 $0.24\times0.5[W]\times10$분$\times60$초$=72[cal]$

정답 및 해설 15.③ 16.① 17.③

18 그림의 평형 3상 Y결선 전원에서 V_{ac}[V]는?

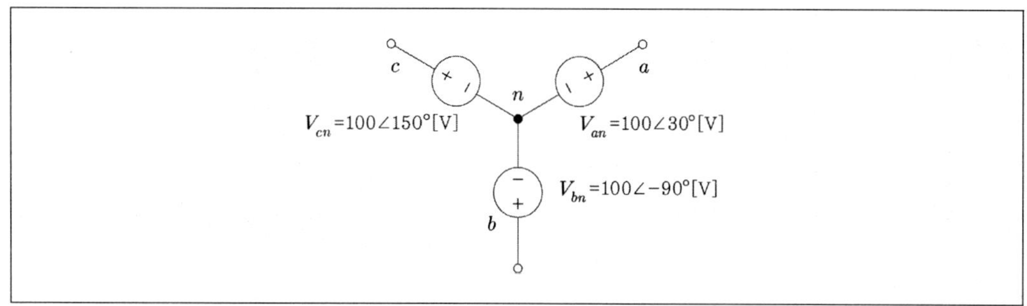

① $100\sqrt{2}\angle 0^\circ$　　② $100\sqrt{3}\angle 0^\circ$

③ $100\sqrt{2}\angle 60^\circ$　　④ $100\sqrt{3}\angle 60^\circ$

19 어떤 회로에 $v(t)=40\sin(wt+\theta)$[V]의 전압을 인가하면 $i(t)=20\sin(wt+\theta-30^\circ)$[A]의 전류가 흐른다. 이 회로에서 무효전력[Var]은?

① 200　　② $200\sqrt{3}$

③ 400　　④ $400\sqrt{3}$

20 다음 회로에서 스위치 S의 개폐 여부에 관계없이 전류 I는 15[A]로 일정하다. 저항 R_1[Ω]은? (단, $R_3=3$[Ω], $R_4=4$[Ω]이고, 인가전압 E=75[V]이다)

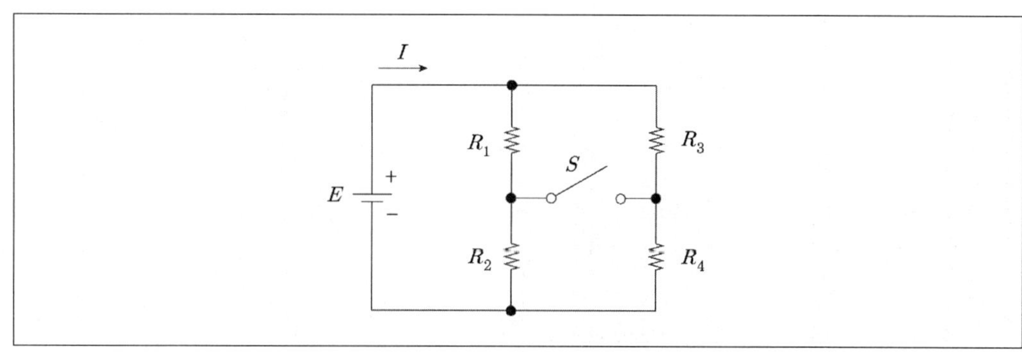

① 2.5　　② 5

③ 7.5　　④ 10

18 $V_{ac} = V_{an} - V_{cn} = 100\angle 30^\circ - 100\angle 150^\circ = 173\angle 0^o = 100\sqrt{3}\angle 0^\circ$

$100\angle 30^\circ = 100(\cos 30^\circ + j\sin 30^\circ)$

$100\angle 150^\circ = 100(\cos 150^\circ + j\sin 150^\circ)$

19 무효전력 $P_r = V \cdot I \cdot \sin\theta = (\frac{40}{\sqrt{2}})(\frac{20}{\sqrt{2}})\sin 30^\circ = 200[Var]$

20 전체저항은 $R = \frac{V}{I} = \frac{75}{15} = 5[\Omega]$

R_3, R_4 방향으로 흐르는 전류는 $\frac{75}{7} = 10.714A$

R_3에 걸리는 전압은 $10.714 \times 3 = 32.14V$

R_4에 걸리는 전압은 $10.714 \times 4 = 42.86V$

R_1R_2 방향으로 흐르는 전류는 $15 - 10.714 = 4.286[A]$

스위치를 닫게 되면 R_1에 걸리는 전압은 R_3와 같은 전압이 걸리므로 32.14V가 되며

저항 $R_1 = \frac{32.14}{4.286} \fallingdotseq 7.5[\Omega]$

정답 및 해설 18.② 19.① 20.③

2015 6월 13일 | 서울특별시 시행

1 다음 회로에서 출력전압 V_{XY}는?

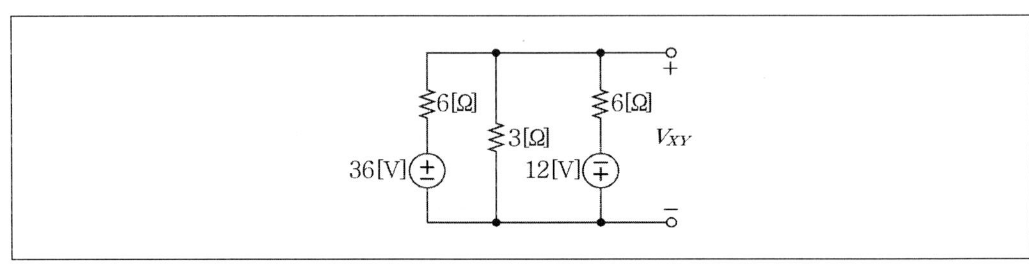

① 4[V]　　② 6[V]

③ 8[V]　　④ 10[V]

2 10[H]의 유도용량을 가진 인덕터에 100[J]의 자기에너지를 저장하려면 전류를 얼마나 흐르게 해야 하는가?

① $\sqrt{2}$ [A]　　② 1[A]

③ 10[A]　　④ $\sqrt{20}$ [A]

3 다음 그림과 같이 면적 S[m^2]와 간격 d[m]인 평행판 캐패시터가 전압 V[V]로 대전되어 있고, 유전체의 유전율이 ε[F/m]일 때, 축적된 정전에너지[J]를 구하면?

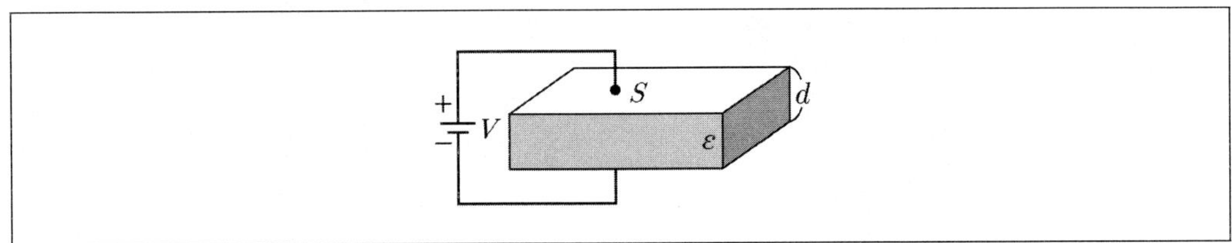

① $\frac{1}{2}\varepsilon\frac{S}{d}V$
② $\varepsilon\frac{S}{d}V^2$
③ $\frac{1}{2}\varepsilon\frac{S}{d}V^2$
④ $\frac{1}{2}SV^2$

---

1 마디전압 해석을 해야 한다. 전원의 아래쪽을 기준전위로 설정하면, 위쪽 마디의 전위는 V_{xy}가 되는데, 위쪽 마디에서 키르히호프전류법칙을 적용하면,

$\frac{V-36}{6}+\frac{V}{3}+\frac{V+12}{6}=0,\ \frac{V}{6}+\frac{V}{3}+\frac{V}{6}=4$

$V=\frac{24}{4}=6[V]$

2 인덕터에 저장되는 에너지 : $\frac{1}{2}Li^2$ (L은 유도용량)

10[H]의 유도용량을 가진 인덕터에 100[J]의 자기에너지를 저장하려면 $\sqrt{20}$ [A]의 전류가 흘러야 한다.

3 면적 S[m^2]와 간격 d[m]인 평행판 캐패시터가 전압 V[V]로 대전되어 있고, 유전체의 유전율이 ε[F/m]일 때, 축적된 정전에너지는 $W=\frac{1}{2}CV^2=\frac{1}{2}\varepsilon\frac{S}{d}V^2$[J]이다.

정답 및 해설 1.② 2.④ 3.③

4 액체 유전체를 포함한 콘덴서 용량이 C[F]인 것에 V[V]전압을 가했을 경우에 흐르는 누설전류는 몇 [A]인가? (단, 유전체의 유전율은 ε[F/m]이며, 고유저항은 ρ[Ω · m]라 한다.)

① $\dfrac{CV}{\rho\varepsilon}$　　② $\dfrac{\rho\varepsilon V}{C}$

③ $\dfrac{\rho CV}{\varepsilon}$　　④ $\dfrac{CV^2}{\rho\varepsilon}$

5 무한장 직선 도체에 전류 I[A]를 흘릴 때 이 전류로부터 d[m] 떨어진 점의 자속밀도는 몇 [Wb/m^2]인가? (단, 이 도체는 공기 중에 놓여 있다.)

① $\dfrac{\mu_o I}{2\pi d}$　　② $\dfrac{I}{2\mu_o d}$

③ $\dfrac{\mu_o I}{4\pi d}$　　④ $\dfrac{\mu_o I}{4d}$

6 다음 그림의 회로에서 10[Ω]의 저항에 흐르는 전류의 값은?

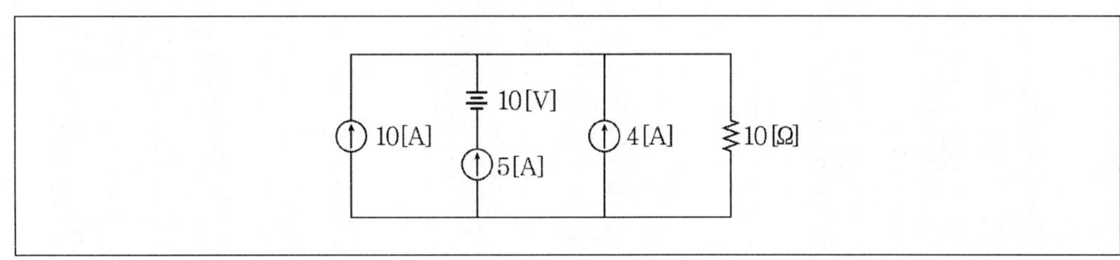

① 14[A]　　② 19[A]

③ 20[A]　　④ 24[A]

4 유전체의 유전율은 ε[F/m]이며, 고유저항은 ρ[Ω · m]인 경우 액체 유전체를 포함한 콘덴서 용량이 C[F]인 것에 V[V]전압을 가했을 경우에 흐르는 누설전류 산정식은 다음과 같다.

$R=\rho\frac{l}{S}$[Ω], $C=\varepsilon\frac{S}{l}$[F]이므로 $RC=\rho\varepsilon$

따라서 $R=\frac{\rho\varepsilon}{C}$가 되므로 누설 전류는 $i=\frac{V}{R}=\frac{V}{\frac{\rho\varepsilon}{C}}=\frac{CV}{\rho\varepsilon}$[A]

※ **누설전류** … 절연체에 전압을 가했을 때 흐르는 약한 전류를 말한다. 내부를 흐르는 것과 표면을 흐르는 것이 있으나, 보통 표면을 흐르는 것이 더 크며, 이것을 표면 누설전류라 한다. 내부상태나 표면의 상태 · 형상에 따라 크게 차이가 난다. 옴의 법칙에서 벗어나는 수가 많으며, 내부온도나 표면의 습도 등 주위의 조건에 의해서도 좌우된다.

5 무한장 직선 도체에 전류 I[A]를 흘릴 때 이 전류로부터 d[m] 떨어진 곳의 자계 $H=\frac{I}{2\pi d}$[A/m], 자속밀도는 $B=\mu H=\frac{\mu I}{2\pi d}$[Wb/m^2]가 된다.

6

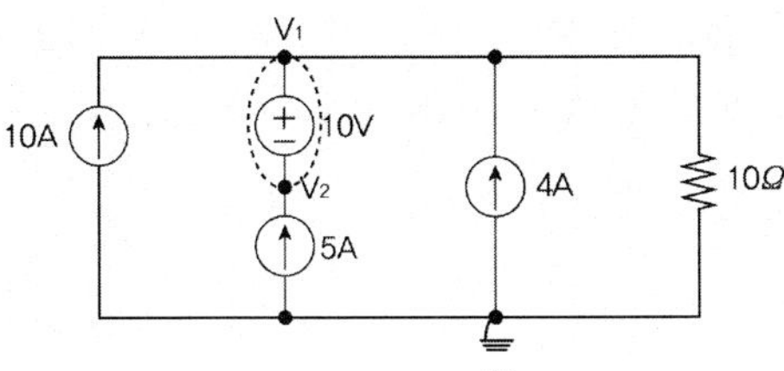

10[Ω]의 저항에 흐르는 전류는 $\frac{V_1}{10}$이다.

$V_1-V_2=10[V]$이며 $-10-4-5+\frac{V_1}{10}=0$, $\frac{V_1}{10}=19[A]$가 된다.

* 다른 풀이 : 중첩의 원리를 이용하면 쉽다. 각각의 전류원이 단독으로 있을 때 전압원을 단락하면 모든 전류원의 전류는 10[Ω]의 저항으로 흐른다. 따라서 19[A], 전압원만 있는 경우 전류원은 개방이므로 전압원은 회로에 관계되지 않는다.

정답 및 해설 4.① 5.① 6.②

7 **도체에 정(+)의 전하를 주었을 때 다음 중 옳지 않은 것은?**

① 도체 외측 측면에만 전하가 분포한다.
② 도체 표면에서 수직으로 전기력선이 발산한다.
③ 도체 표면의 곡률 반지름이 작은 곳에 전하가 많이 모인다.
④ 도체 내에 있는 공동면에도 전하가 분포한다.

8 **다음 회로에서 $t=0[s]$일 때 스위치 S를 닫았다면 $t=\infty[s]$에서 $i_1(t)$, $i_2(t)$의 값은? (단, $t<0[s]$에서 C전압과 L전압은 0[V]이다.)**

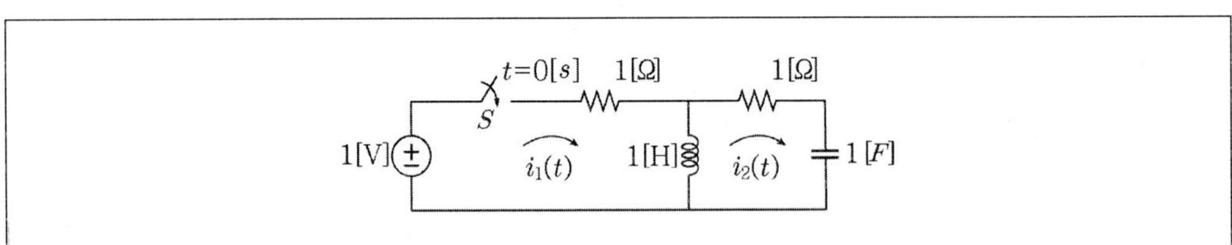

① $i_1(t)=-1[A]$, $i_2(t)=0[A]$
② $i_1(t)=0[A]$, $i_2(t)=-1[A]$
③ $i_1(t)=1[A]$, $i_2(t)=0[A]$
④ $i_1(t)=0[A]$, $i_2(t)=1[A]$

9 **다음 그림과 같은 평형 3상 회로로 운전되는 유도전동기(유도성부하)에서 전력계 W_1, W_2, 전압계 V, 전류계 A의 측정값이 각각 W_1=3.4[kW], W_2=1.7[kW], V=250[V], A=20[A]이였다면, 이 유도전동기의 역률 크기와 위상으로 각각 옳은 것은? (단, $\sqrt{3}=1.7$임)**

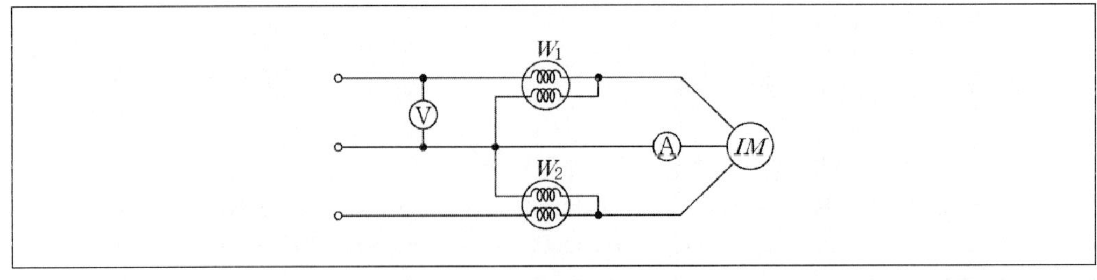

① 0.6, 지상
② 0.8, 지상
③ 0.6, 진상
④ 0.8, 진상

10 **전기장 내에서 +2[C]의 전하를 다른 점으로 옮기는 데 100[J]의 일이 필요했다면, 그 점의 전위는 (ⓐ)[V] 높아진 상태이다. 다음 중 ⓐ의 값으로 옳은 것은?**

① 2
② 20
③ 40
④ 50

---

7 도체에서 전하는 도체 표면에만 존재하므로 도체 내의 공동면에는 전하가 존재하지 않는다.

8 $t=\infty[s]$일 때의 값은 정상상태를 묻는 문제이다. 그러면 회로의 전압은 직류 일정전압이므로 인덕터는 단락회로가 되고, 커패시터는 개방회로로 보면 된다. 인덕터에 흐르는 전류 i_1은 1[V]/1[Ω]=1[A]이고, i_2전류는 커패시터가 개방회로이기 때문에 흐르지 못한다. (즉, 0[A]이라는 의미이다.)

9 유효전력 $W=W_1+W_2=3.4+1.7=5.1kW$, 피상전력 $P=\sqrt{3}\,VI=1.7\cdot 250\cdot 20=8.5kVA$

역률 $=\dfrac{\text{유효전력}}{\text{피상전력}}$ 이므로 5.1/8.5=0.6이며 유도성부하이므로 지상이 된다.

10 전위는 전기장 내에서 단위전하가 갖는 위치에너지이다. $V=\dfrac{W}{Q}=\dfrac{100}{2}=50[V]$

정답 및 해설 7.④ 8.③ 9.① 10.④

11 R, L, C 직렬공진회로에서 전압 확대율(Q)의 표현으로 옳은 것은?

① $\frac{1}{R\sqrt{LC}}$

② $\frac{1}{R}\sqrt{\frac{L}{C}}$

③ $\frac{R}{\sqrt{LC}}$

④ $R\sqrt{LC}$

12 어느 전기소자에 흐르는 전류가 $i(t)=4t+2[A]$일 때, $t=1[s]$와 $t=3[s]$ 사이에 전기소자의 한 단자로 유입되는 전하량은 얼마인가?

① 10[C]

② 15[C]

③ 20[C]

④ 25[C]

13 3[kW]의 전열기를 정격상태에서 2시간 사용하였을 때 열량[kcal]은?

① 3,882

② 4,276

③ 4,664

④ 5,184

14 어떤 직렬 RC 저대역 통과 필터의 차단 주파수가 8[kHz]라고 한다. 이 저대역 통과 필터의 저항 값이 10[Ω]이라면, 이 저대역 통과 필터의 캐패시터 용량[μF]으로 가장 가까운 값은? (단, π =3.14임)

① 2　　② 5

③ 20　　④ 50

11

R, L, C 직렬공진회로에서 전압 확대율 $Q=\frac{V_R}{V}=\frac{V_L}{V}=\frac{V_C}{V}=\frac{wL}{R}=\frac{\frac{1}{wC}}{R}$

$Q^2=\frac{wL}{R}\times\frac{1}{wCR}=\frac{L}{R^2C}$이므로 $Q=\frac{1}{R}\sqrt{\frac{L}{C}}$

12 $\int_1^3(4t+2)dt=[\frac{4}{2}t^2+2t]_1^3=20[C]$

13 3[kW]=3000[W]이며 1[W]=1[J/s]이다.

1[cal]=4.2[J]이므로 3[kW]의 전열기를 정격상태에서 2시간 사용하였을 때 열량[kcal]은 5,184[kcal]이다.

* 다른 풀이 : 1[Kwh]=860[Kcal]이므로 문제에서 6[Kwh]=6×860=5160[Kcal]

14 차단주파수 식은 다음과 같다.

$f=\frac{1}{2\pi RC}$이므로 $C=\frac{1}{2\pi Rf}$이 되고

$C=\frac{1}{2\cdot 3.14\cdot 10\cdot 8000}\times 10^6 \fallingdotseq 1.99[\mu F]$

정답 및 해설 11.② 12.③ 13.④ 14.①

15 다음 회로에서 i_x를 구하면?

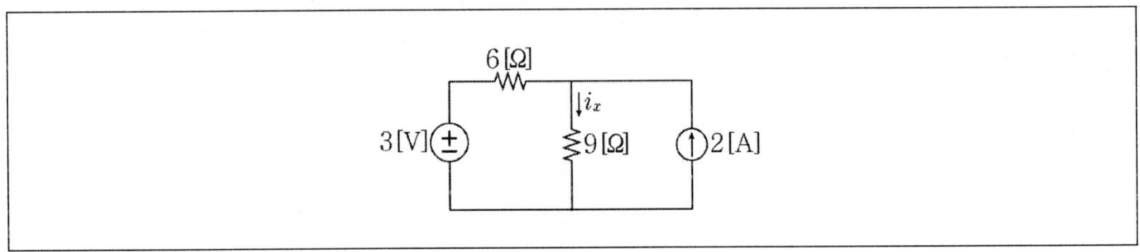

① 9[A]
② 1[A]
③ 6[A]
④ 2[A]

16 다음 Laplace 변환에 대응되는 시간함수의 초기 값과 최종 값은 얼마인가?

$$F(s) = \frac{10(s+2)}{s(s^2+3s+4)}$$

① $f(0)=5,\ f(\infty)=0$
② $f(0)=0,\ f(\infty)=0$
③ $f(0)=0,\ f(\infty)=5$
④ $f(0)=5,\ f(\infty)=5$

17 다음 그림과 같은 회로에서 전류(I)[A]의 정상상태 값으로 옳은 것은?

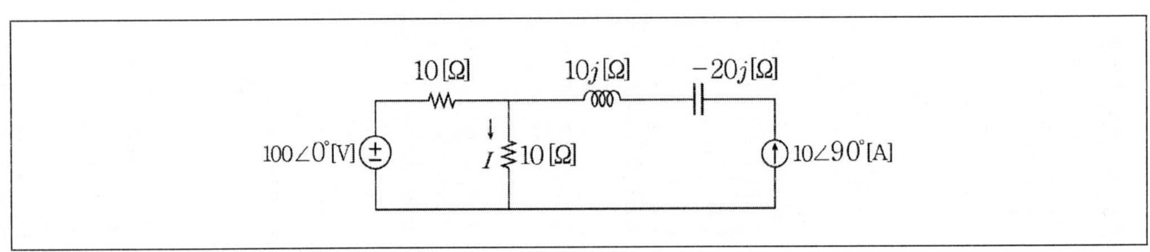

① 1+j
② 3+4j
③ 4+3j
④ 5+5j

15 (1) 전압원에서 볼 때, 전류원이 오픈된 상태인 경우

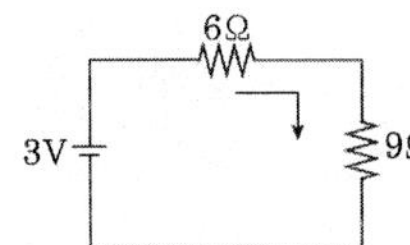

$R_T = 15[\Omega]$, $I_1 = \dfrac{3}{15} = \dfrac{1}{5} = 0.2[A]$

저항이 직렬이므로 9[Ω]의 전류로 0.2[A]

(2) 전류원에서 볼 때, 전압원이 단락된 상태인 경우

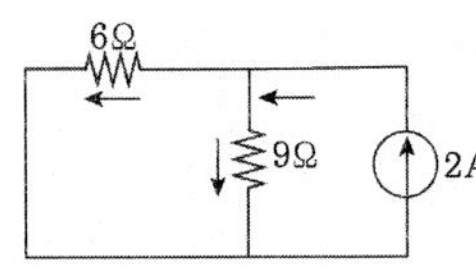

9[Ω]의 전류 $I_2 = \dfrac{6}{6+9} \times 2[A] = \dfrac{12}{15} = \dfrac{4}{5} = 0.8[A]$

중첩의 원리를 적용하면 9[Ω]의 전류는 0.2+0.8=1.0[A]

16 라플라스 초기 값 정리와 최종 값 정리를 적용해야 한다. 시간함수의 초기 값은 전달함수에서 s를 곱하고, 여기서 s=inf로 두면 된다.

즉 $f(0) = \lim_{s\to\infty}[sF(s)] = \lim_{s\to\infty}[\dfrac{10(s+2)}{(s^2+3s+4)}] = 0$에서 분모가 한 차수가 높으므로 s가 무한대로 수렴하면 이 값은 0으로 수렴하게 된다. 시간함수 최종 값은 전달함수에 s를 곱하고, 여기서 s=0을 대입한다.

$f(\infty) = \lim_{s\to 0}[sF(s)] = \lim_{s\to 0}[\dfrac{10(s+2)}{(s^2+3s+4)}] = \dfrac{20}{4} = 5$

17 • 중첩의 원리 : 전압원 또는 전류원이 각각 단독으로 존재했을 때 흐르는 전류의 합이다.

• 이상적인 전압원의 내부저항은 0(전압원 단락상태)이고, 이상적인 전류원의 내부저항은 무한대(전류원 개방상태)이다.

(1) 오른쪽 전류원을 없애고 구하는 방식

10∠90°를 개방하면 저항 10[Ω]과 10[Ω]이 직렬연결이 된다.

10[Ω]에 흐르는 전류는 $I_1 = \dfrac{100}{10+10} = 5[A]$

(2) 왼쪽 전압원을 없애고 구하는 방식

100∠0°를 단락하면 저항10[Ω]과 저항 10[Ω]이 병렬연결이 된다.

10[Ω]에 흐르는 전류는 $I_2 = \dfrac{1}{2}I = \dfrac{1}{2} \cdot 10\angle 90^o = \dfrac{1}{2} \cdot j10 = j5[A]$

중첩의 원리에 의하여 10[Ω]에 흐르는 전류

$I = I_1 + I_2 = 5 + j5[A]$

정답 및 해설 15.② 16.③ 17.④

18 반경 1[mm], 길이 58[m]인 구리도선 양단에 직류 전압 100[V]가 인가되었다고 할 때, 이 구리도선에 흐르는 직류 전류[A]로 옳은 것은? (단, 이 구리도선은 균일한 단면을 가지는 단일 도체로 반경이 도선 전체에 걸쳐 일정하고, 이 구리도선의 도전율은 5.8×10^7[S/m]이라 가정하며, $\pi=3.14$임)

① 31.85 ② 314
③ 318.5 ④ 3140

19 회로 (a)를 회로 (b)와 같이 등가회로로 변환할 때 V_{Th}(단위[V])와 R_{Th}(단위[Ω])의 합을 구하면?

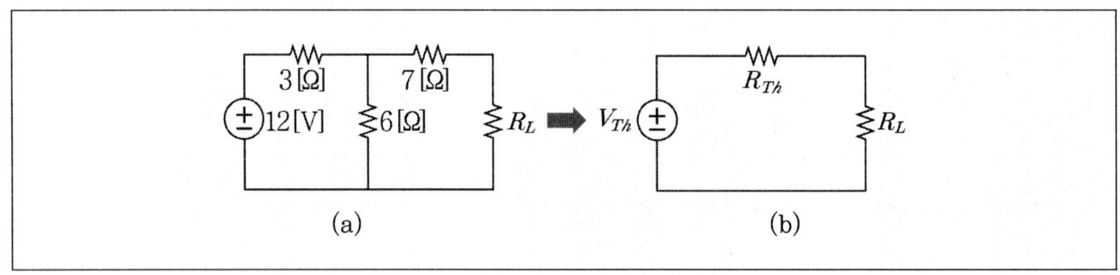

① 6 ② 7
③ 17 ④ 19

20 다음 회로에서 부하저항 R_L에 최대전력을 전달하기 위한 R_S의 값은 얼마인가?

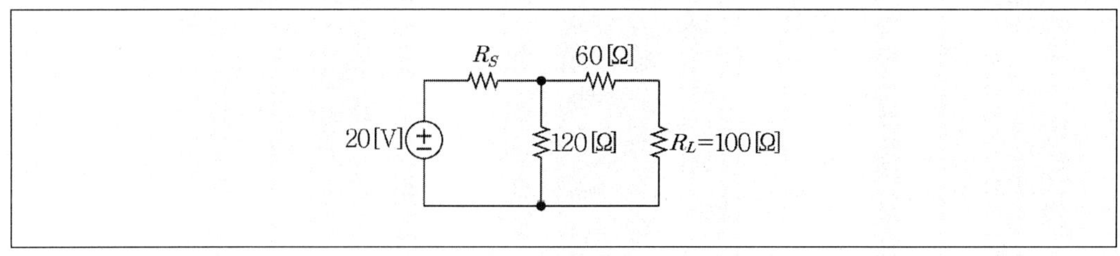

① 60[Ω] ② 80[Ω]
③ 100[Ω] ④ 120[Ω]

18 (1) 저항 $R=\dfrac{\rho l}{S}$ (단면적 $S=\pi a^2$)

$$=\frac{l}{KS}=\frac{l}{K\pi a^2}=\frac{58}{5.8\times10^7\cdot\pi\cdot(10^{-3})^2}=\frac{1}{\pi}[\Omega]$$

($\rho=\dfrac{1}{K}$, ρ : 고유저항, K : 도전율)

(2) 전류 $I=\dfrac{V}{R}=\dfrac{100}{\dfrac{1}{\pi}}=100\pi=314[A]$

19 $V_{th}=\dfrac{6}{3+6}\times12=\dfrac{6}{9}\times12=8[V]$

$R_{th}=7+\dfrac{3\cdot6}{3+6}=7+\dfrac{18}{9}=9[\Omega]$

$V_{th}+R_{th}=8+9=17$

20 부하저항을 제외한 나머지 2단자회로의 테브난 등가저항을 구하면 그 저항과 부하저항이 같을 때, 최대전력이 공급된다.

$R_{th}=(R_s//120)+60=100$

$40=R_s//120=\dfrac{120R_s}{120+R_s}$

$R_s=60[\Omega]$

정답 및 해설 18.② 19.③ 20.①

2016 4월 9일 | 인사혁신처 시행

1 다음 회로에서 3Ω에 흐르는 전류 i_o[A]는?

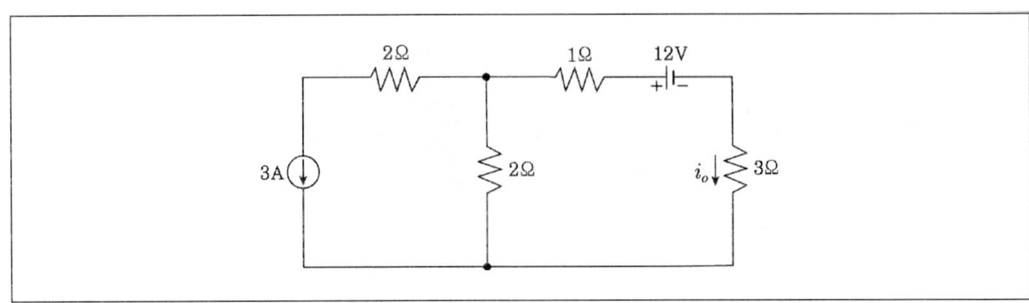

① −3
② 3
③ −4
④ 4

2 다음 회로에서 정상상태에 도달하였을 때, 인덕터와 커패시터에 저장된 에너지[J]의 합은?

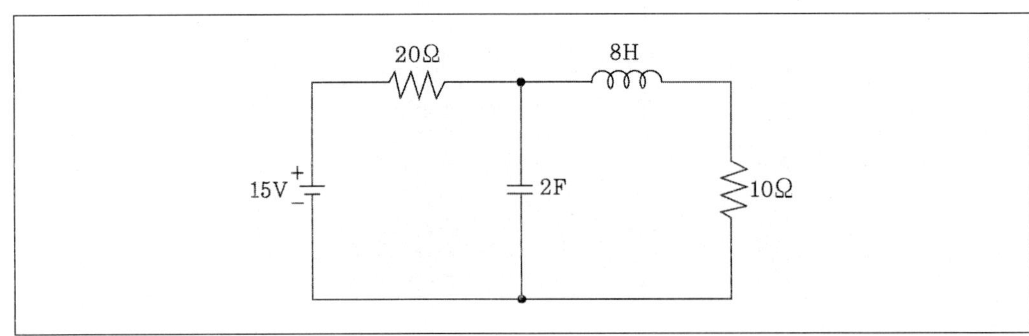

① 2.6
② 26
③ 260
④ 2,600

1 중첩의 원리를 적용하여 푼다. 전류원 적용시에는 전압원을 단락시키고, 전압원 적용시에는 전류원을 개방시킨다.

• 전류원을 적용할 경우 회로도는 다음과 같다.

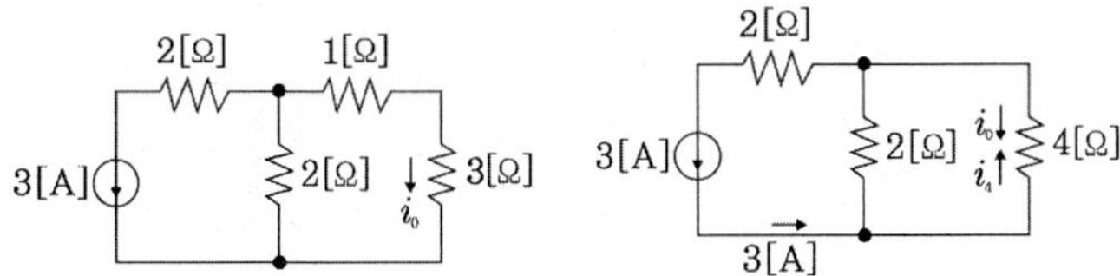

4[Ω]에 흐르는 전류 : $i_4 = \dfrac{2}{2+4} \cdot 3 = 1[A]$

i_0과 i_4는 서로 반대방향이므로 $i_0 = -i_4 = -1[A]$

• 전압원을 적용할 경우 회로도는 다음과 같다.

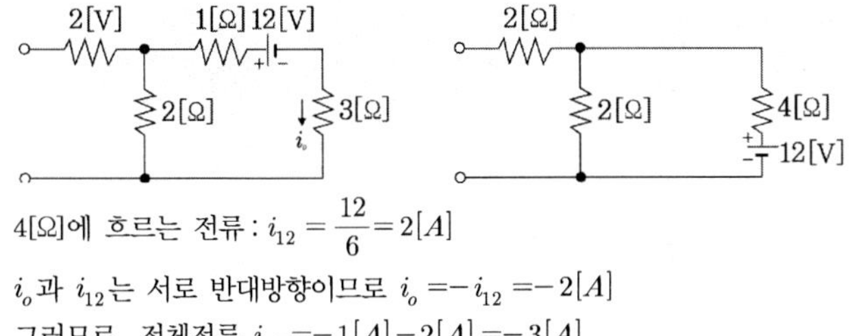

4[Ω]에 흐르는 전류 : $i_{12} = \dfrac{12}{6} = 2[A]$

i_o과 i_{12}는 서로 반대방향이므로 $i_o = -i_{12} = -2[A]$

그러므로, 전체전류 $i_{all} = -1[A] - 2[A] = -3[A]$

2 직류의 경우 정상상태에서는 인덕턴스는 단락시키고 커패시터는 개방시킨다.

정상상태 도달 시 커패시터의 전압은

$\dfrac{15}{20+10} \cdot 10 = 5[V]$

커패시터의 저장에너지는

$\dfrac{1}{2}CV^2 = \dfrac{1}{2} \cdot 2 \cdot 5^2 = 25[J]$

인덕터의 전류는 $\dfrac{15}{20+10} = 0.5[A]$

인덕터의 저장에너지는 $\dfrac{1}{2}Li^2 = \dfrac{1}{2} \cdot 8 \cdot 0.5^2 = 1[J]$

따라서 합은 26[J]이 된다.

정답 및 해설 1.① 2.②

3 다음 회로에서 전압 V_o[V]는?

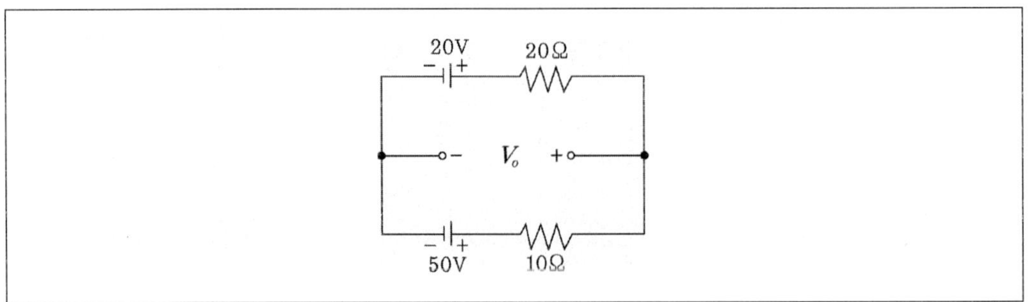

① −60 ② −40

③ 40 ④ 60

4 히스테리시스 특성 곡선에 대한 설명으로 옳지 않은 것은?

① 히스테리시스 손실은 주파수에 비례한다.

② 곡선이 수직축과 만나는 점은 잔류자기를 나타낸다.

③ 자속밀도, 자기장의 세기에 대한 비선형 특성을 나타낸다.

④ 곡선으로 둘러싸인 면적이 클수록 히스테리시스 손실이 적다.

5 이상적인 변압기에서 1차측 코일과 2차측 코일의 권선비가 $\frac{N_1}{N_2} = 10$일 때, 옳은 것은?

① 2차측 소비전력은 1차측 소비전력의 10배이다.

② 2차측 소비전력은 1차측 소비전력의 100배이다.

③ 1차측 소비전력은 2차측 소비전력의 100배이다.

④ 1차측 소비전력은 2차측 소비전력과 동일하다.

3 밀만의 정리를 적용하여 푼다.

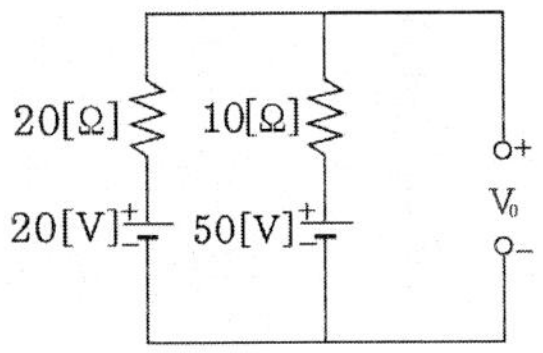

$$V_o = \frac{\sum_{i=1}^{2} \frac{V_i}{R_i}}{\sum_{i=1}^{2} \frac{1}{R_i}} = \frac{\frac{20}{20}+\frac{50}{10}}{\frac{1}{20}+\frac{1}{10}} = \frac{\frac{20+100}{20}}{\frac{1+2}{20}} = \frac{120}{3} = 40[V]$$

4 히스테리시스 곡선에서 곡선으로 둘러싸인 면적이 클수록 히스테리시스 손실이 커진다.

5 이상적인 변압기에서는 1차측 소비전력은 2차측 소비전력과 동일하다. (이상적인 변압기는 변압기 손실 즉 변압기 소비전력이 없다.) 1차에 인가된 전력이 그대로 2차로 출력되는 전력이 같다. 단지 전압과 전류가 반비례하여 나올 뿐이다. 예로 1000V-1A가 1차로 인가되면, 2차에서 100V-10A로 출력이 된다. 권선비와는 상관없이 소모되는 손실이 없기 때문에 입력 및 출력의 전력량은 같게 된다.

변압기의 권선비 $n = \frac{N_1}{N_2} = \frac{V_1}{V_2} = \frac{I_2}{I_1} = \sqrt{\frac{Z_1}{Z_2}}$ 가 되며

$N_1 : N_2 = 1 : 10$이므로 다음이 성립한다.

구분	1차	2차
권선비(N)	1	10
전압(V)	1	10
전류(I)	10	1
임피던스(Z)	1	100
전력(P)	1	1

정답 및 해설 3.③ 4.④ 5.④

6 비투자율 100인 철심을 코어로 하고 단위길이당 권선수가 100회인 이상적인 솔레노이드의 자속밀도가 0.2Wb/m^2일 때, 솔레노이드에 흐르는 전류[A]는?

① $\frac{20}{\pi}$ ② $\frac{30}{\pi}$

③ $\frac{40}{\pi}$ ④ $\frac{50}{\pi}$

7 50V, 250W 니크롬선의 길이를 반으로 잘라서 20V 전압에 연결하였을 때, 니크롬선의 소비전력[W]은?

① 80 ② 100

③ 120 ④ 140

8 정전계 내의 도체에 대한 설명으로 옳지 않은 것은?

① 도체표면은 등전위면이다.

② 도체내부의 정전계 세기는 영이다.

③ 등전위면의 간격이 좁을수록 정전계 세기가 크게 된다.

④ 도체표면상에서 정전계 세기는 모든 점에서 표면의 접선방향으로 향한다.

9 단상 교류회로에서 80kW의 유효전력이 역률 80%(지상)로 부하에 공급되고 있을 때, 옳은 것은?

① 무효전력은 50kVar이다.

② 역률은 무효율보다 크다.

③ 피상전력은 $100\sqrt{2}$ kVA이다.

④ 코일을 부하에 직렬로 추가하면 역률을 개선시킬 수 있다.

6 자기장의 세기 $H = n_o I[AT/m]$

자속밀도 $B = \mu H = \mu_o \mu_s H[W/m^2]$

비투자율 $\mu_s = 4\pi \times 10^{-7}[H/m]$

$H = \dfrac{B}{\mu_o \mu_s}$ 이므로 $n_o I = \dfrac{B}{\mu_o \mu_s}$ 이고, 전류 $I = \dfrac{B}{n_o \mu_o \mu_s}$ 이므로

전류값은 $I = \dfrac{50}{\pi}$ 이 된다.

7 전력 $P = \dfrac{V^2}{R}[W]$, 자르기 전의 니크롬선의 저항은 $R = \dfrac{V^2}{P}[\Omega] = \dfrac{(50)^2}{250} = \dfrac{2500}{250} = 10[\Omega]$이다.

전선의 고유저항 $R = \rho\dfrac{l}{A}[\Omega]$에 따라 길이가 1/2이 되면 저항값도 1/2이 된다. 그러므로 저항은 5[Ω]이 된다.

니크롬선의 길이를 반으로 자른 후 20V의 전압에 연결했을 때의 니크롬선의 저항은

$R^2 = \dfrac{1}{2}R = \dfrac{1}{2} \cdot 10 = 5[\Omega]$

$P = \dfrac{V^2}{R}[W] = \dfrac{20^2}{5} = 80[W]$

8 도체표면상에서 정전계 세기는 모든 점에서 표면의 법선방향으로 향한다. (등전위면과 전기력선은 항상 수직이다.)

9 ① 무효전력 $P_r = P_a \sin\theta[kVar] = 100 \cdot 0.6 = 60[kVar]$

③ 피상전력은 $P_a = \dfrac{P}{\cos\theta} = \dfrac{80}{0.8} = 100[kVA]$이다.

④ 콘덴서를 부하에 직렬로 추가하면 역률을 개선시킬 수 있다.

정답 및 해설 6.④ 7.① 8.④ 9.②

10 다음 회로에서 $v_s(t) = 20\cos(t)\,V$의 전압을 인가했을 때, 전류 $i_s(t)[A]$는?

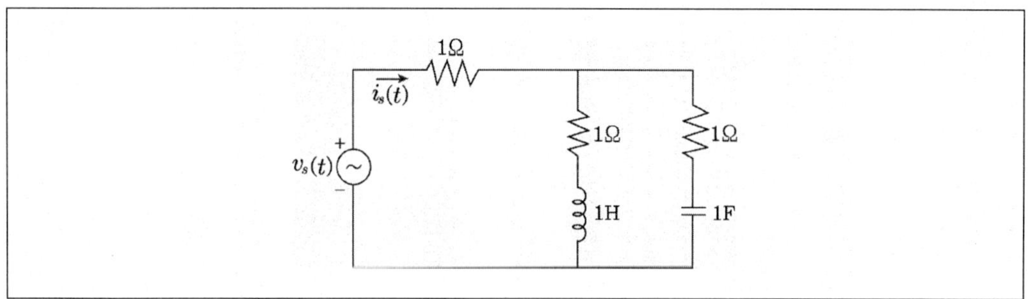

① $10\cos(t)$

② $20\cos(t)$

③ $10\cos(t-45°)$

④ $20\cos(t-45°)$

11 커패시터만의 교류회로에 대한 설명으로 옳지 않은 것은?

① 전압과 전류는 동일 주파수이다.

② 전류는 전압보다 위상이 $\frac{\pi}{2}$ 앞선다.

③ 전압과 전류의 실효값의 비는 1이다.

④ 정전기에서 커패시터에 축적된 전하는 전압에 비례한다.

10 전압 $v_s(t) = 20\cos(t)[V]$의 각속도는 $w = 1$이다.

유도리액턴스와 용량리액턴스를 구하면,

유도리액턴스 $X_L = jwL[\Omega] = j \times 1 \times 1 = j1[\Omega]$

용량리액턴스 $X_C = \dfrac{1}{jwC}[\Omega] = \dfrac{1}{j \cdot 1 \cdot 1} = -j1[\Omega]$

이후, 등가회로 치환법을 이용하여 풀어나간다.(등가회로를 2회 연속으로 적용하여 풀어나간다.)

• 등가회로 1

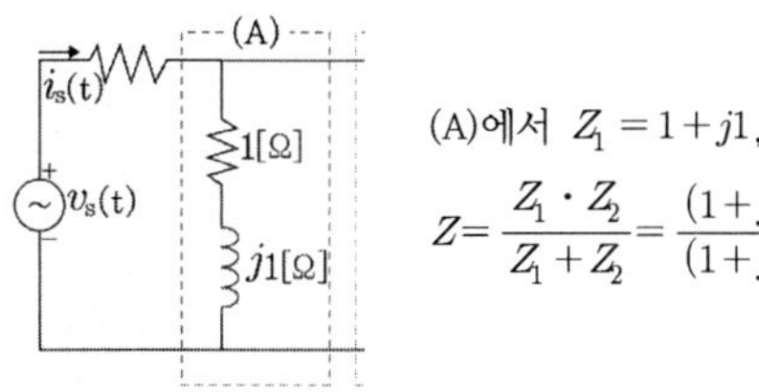

(A)에서 $Z_1 = 1 + j1$, (B)에서 $Z_2 = 1 - j1$이므로

$$Z = \frac{Z_1 \cdot Z_2}{Z_1 + Z_2} = \frac{(1+j1) \cdot (1-j1)}{(1+j1)+(1-j1)} = \frac{1+1}{1+1} = 1[\Omega]$$

• 등가회로 2

$$Z = 1 + 1 = 2[\Omega]$$

전류 $i_s(t) = \dfrac{v_s(t)}{Z} = \dfrac{20\cos(t)}{2} = 10\cos(t)$가 된다.

11 전압과 전류의 비는 1로 정해진 것이 아니라, 용량리액턴스의 값에 따라 결정된다.

정답 및 해설 10.① 11.③

12 R-L-C 직렬회로에서 $R : X_L : X_C = 1 : 2 : 1$일 때, 역률은?

① $\frac{1}{\sqrt{2}}$ ② $\frac{1}{2}$

③ $\sqrt{2}$ ④ 1

13 그림 (b)는 그림 (a)의 회로에 흐르는 전류들에 대한 벡터도를 나타낸 것이다. 이러한 조건이 되기 위한 각주파수[rad/sec]는?

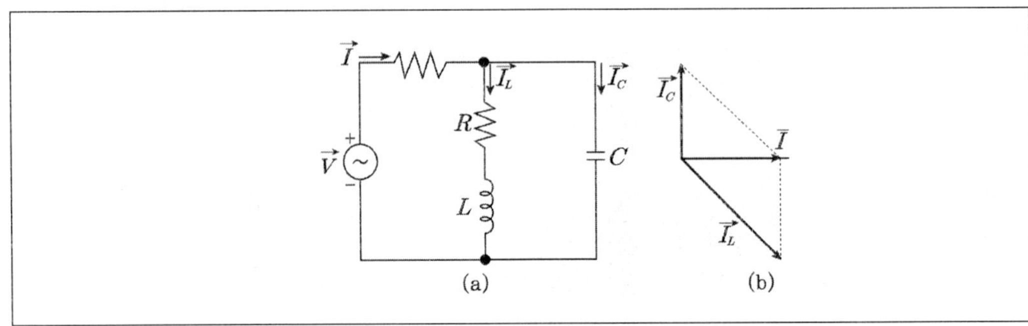

① $\sqrt{\frac{1}{LC}-\frac{R^2}{C^2}}$ ② $\sqrt{\frac{1}{LC}-\frac{R^2}{L^2}}$

③ $\sqrt{\frac{1}{LC}-\frac{L^2}{R^2}}$ ④ $\sqrt{\frac{1}{LC}-\frac{C^2}{R^2}}$

14 한 상의 임피던스가 3+j4Ω인 평형 3상 Δ부하에 선간전압 200V인 3상 대칭전압을 인가할 때, 3상 무효전력[Var]은?

① 600 ② 14,400

③ 19,200 ④ 30,000

12 역률 $\cos\theta = \frac{R}{|Z|}$

임피던스 $Z = R + jX_L - jX_C[\Omega] = 1 + j2 - j1 = 1 + j1[\Omega]$

$|Z| = \sqrt{(실수)^2 + (허수)^2} = \sqrt{1^2 + 1^2} = \sqrt{2}$

역률 $\cos\theta = \frac{R}{|Z|} = \frac{1}{\sqrt{2}}$

13 전압과 전류의 위상이 동일하므로 공진회로이며, 공진회로의 허수부는 0이 된다.

등가회로도의 (1)에서의 어드미턴스는 $Y_1 = \frac{1}{R + jwL}[\Omega]$

등가회로도의 (2)에서의 어드미턴스는 $Y_2 = jwC[\Omega]$

$Y = Y_1 + Y_2 = \frac{R}{R^2 + (wL)^2} - j\left(\frac{wL}{R^2 + (wL)^2} - wC\right)$

공진회로이므로 허수부가 0이 되어 $\frac{wL}{R^2 + (wL)^2} = wC$

$R^2 + (wL)^2 = \frac{L}{C}$가 되며 $(wL)^2 = \frac{L}{C} - R^2$이므로,

$wL = \sqrt{\frac{L}{C} - R^2}$ 가 되어 $w = \sqrt{\frac{1}{LC} - \frac{R^2}{L^2}}$

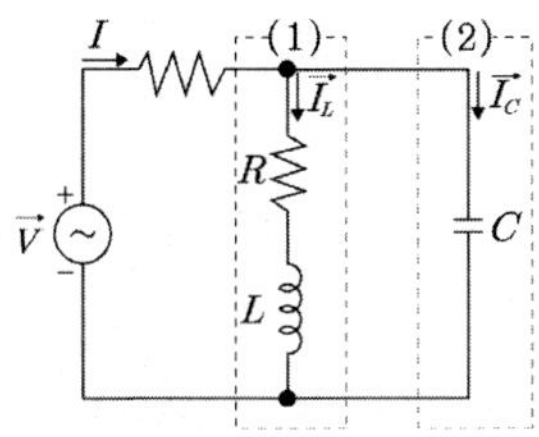

14 △결선은 상전압과 선전압이 동일하며 3상 무효전력의 크기는 $P_r = 3I_p^2 X[Var]$가 된다.

△결선은 상전압과 선전압이 동일하므로 $V_P = V_L = 200[V]$이며,

한 상당 임피던스이므로, 상전류는 $I_P = \frac{V_L}{|Z|} = \frac{200}{5} = 40[A]$, 3상 무효전력의 크기는

$P_r = 3I_p^2 X[Var] = 3 \cdot (40)^2 \cdot 4 = 19,200[Var]$

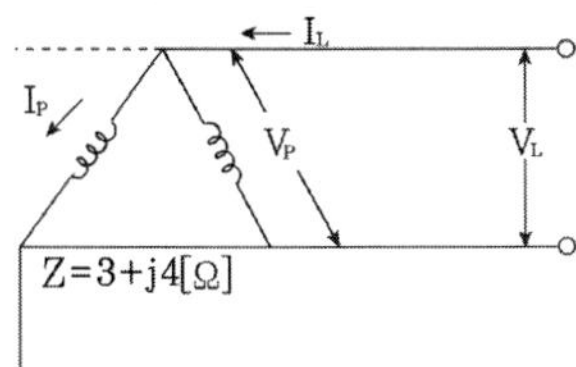

* 다른 풀이 : $P_r = 3I^2X = 3\left(\frac{V}{Z}\right)^2 X = 3\frac{V^2X}{R^2 + X^2} = \frac{3 \times 200^2 \times 4}{3^2 + 4^2} = 19,200[Var]$

정답 및 해설 12.① 13.② 14.③

15 다음 회로에서 전압 V_0[V]는?

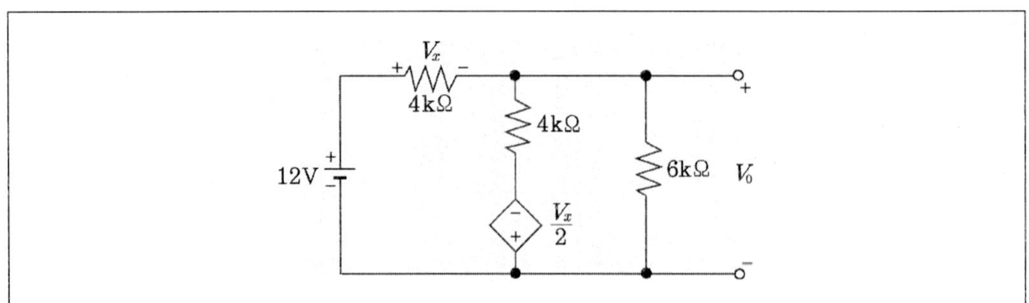

① $\frac{6}{13}$　　② $\frac{24}{13}$

③ $\frac{30}{13}$　　④ $\frac{36}{13}$

16 평형 3상 Y결선 회로에서 a상 전압의 순시값이 $v_a = 100\sqrt{2}\,sin(wt + \frac{\pi}{3})\,V$일 때, c상 전압의 순시값 v_c[V]은? (단, 상 순은 a, b, c이다)

① $100\sqrt{2}\,sin(wt + \frac{5}{3}\pi)$

② $100\sqrt{2}\,sin(wt + \frac{1}{3}\pi)$

③ $100\sqrt{2}\,sin(wt - \pi)$

④ $100\sqrt{2}\,sin(wt - \frac{2}{3}\pi)$

15 A점에서 $\sum I=0$ $(I_1+I_2+I_3=0)$이며,

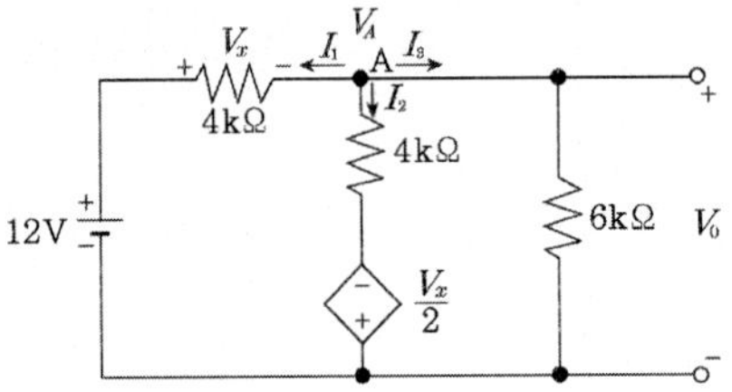

$I_1=\dfrac{V_A-12}{4}$, $I_2=\dfrac{V_A-\left(-\dfrac{V_x}{2}\right)}{4}$, $I_3=\dfrac{V_A}{6}$

$I_1+I_2+I_3=0$의 조건에 위의 각 식을 대입하면,

$$\frac{V_A-12}{4}+\frac{V_A-\left(-\dfrac{V_x}{2}\right)}{4}+\frac{V_A}{6}=0$$

$6(V_A-12)+6(V_A+\dfrac{V_x}{2})+4V_A=0$이며

$V_x=12-V_A$이므로 $13V_A=36$이 되어 $V_A=\dfrac{36}{13}$이 된다.

"$V_A=V_o$이므로 $V_o=\dfrac{36}{13}[V]$가 된다."

16 그림을 그려보면 다음과 같다.

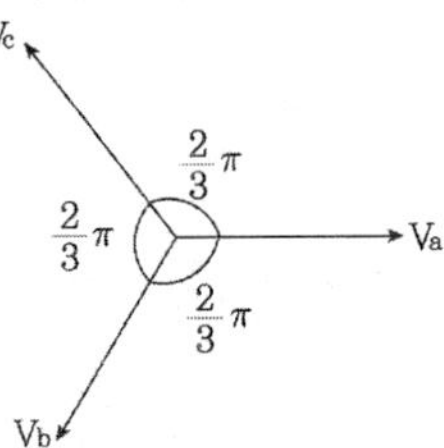

a상 $v_a=100\sqrt{2}\,sin\left(wt+\dfrac{\pi}{3}\right)[V]$에서 위상이 $\theta=\dfrac{\pi}{3}$이며,

c상 $v_c=100\sqrt{2}\,sin\left(wt-\dfrac{4}{3}\pi+\dfrac{\pi}{3}\right)[V]$이므로

c상 전압의 순시값은 $v_c=100\sqrt{2}\,sin(wt-\pi)[V]$이다.

정답 및 해설 15.④ 16.③

17 다음 R-C 회로에 대한 설명으로 옳은 것은? (단, 입력 전압 v_s의 주파수는 10Hz이다)

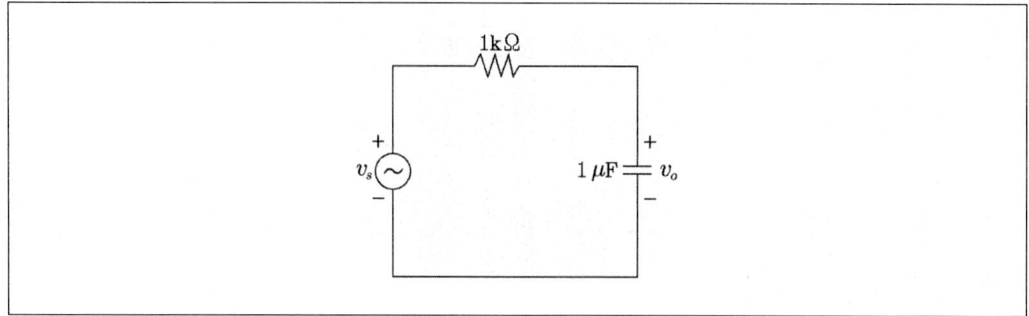

① 차단주파수는 $\frac{1000}{\pi}$ Hz이다.

② 이 회로는 고역 통과 필터이다.

③ 커패시터의 리액턴스는 $\frac{50}{\pi}$ kΩ이다.

④ 출력 전압 v_o에 대한 입력 전압 v_s의 비는 0.6이다.

18 어떤 인덕터에 전류 $i = 3 + 10\sqrt{2}\,sin50t + 4\sqrt{2}\,sin100t[A]$가 흐르고 있을 때, 인덕터에 축적되는 자기 에너지가 125J이다. 이 인덕터의 인덕턴스[H]는?

① 1 ② 2

③ 3 ④ 4

17 용량리액턴스는 $X_C = \frac{1}{wC} = \frac{1}{2\pi fC}[\Omega]$이므로 주어진 조건들을 대입하면

$X_C = \frac{50}{\pi}[k\Omega] \fallingdotseq 16[k\Omega]$이 도출된다.

① 차단주파수는 $f_C = \frac{1}{2\pi RC} = \frac{1}{2000\pi}$ Hz이다.

② RC(resistor-capacitor)회로는 저항과 커패시터로 구성된 회로로서 저주파를 주로 통과시키는 저역 통과 필터(low pass filter)와 고주파를 주로 통과시키는 고역 통과 필터(high pass filter)로 구분할 수 있다.
문제에서 주어진 회로는 저역 통과 필터 회로이다.

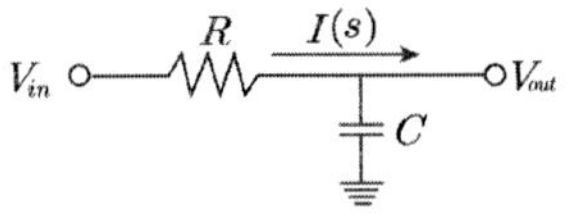

V_{in} — R — $I(s)$ → — V_{out}, C (접지)

한편, 고역 통과 필터 회로는 다음과 같다.

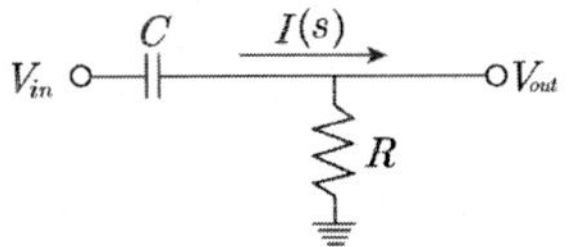

V_{in} — C — $I(s)$ → — V_{out}, R (접지)

④ 출력 전압 v_o에 대한 입력 전압 v_s의 비는 약 0.94이다

$$V_o = V_S \cdot \frac{X_C}{R + X_C} = V_S \cdot \frac{16000}{1000 + 16,000} \fallingdotseq V_S \cdot 0.94$$

18 실효전류의 값은 다음의 식으로 구하면 $I = \sqrt{125}[A]$가 도출된다.

$$I = \sqrt{\text{직류분}^2 + \left(\frac{\text{기본파전류}}{\sqrt{2}}\right)^2 + \left(\frac{\text{고조파전류}}{\sqrt{2}}\right)^2}$$

이 때 코일에 축적되는 에너지는 $W_L = \frac{1}{2}LI^2[J]$이므로

$125 = \frac{1}{2} \times L \times (\sqrt{125})^2$이고, $L = \frac{125}{125} \times 2 = 2[H]$

정답 및 해설 17.③ 18.②

19 다음 회로와 같이 평형 3상 R-L 부하에 커패시터 C를 설치하여 역률을 100[%]로 개선할 때, 커패시터의 리액턴스[Ω]는? (단, 선간전압은 200V, 한 상의 부하는 12+j9[Ω]이다.)

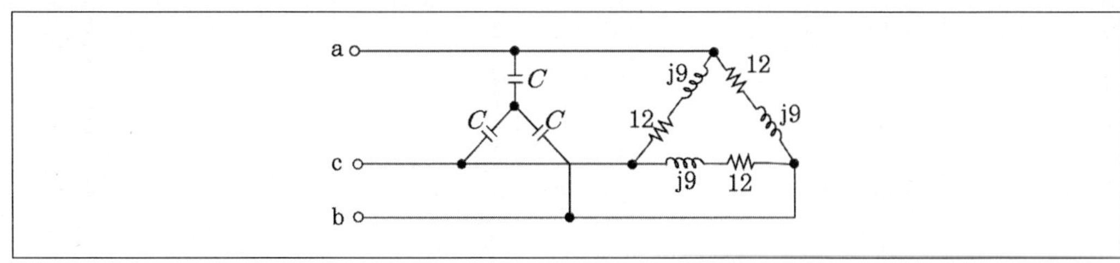

① $\frac{20}{4}$

② $\frac{20}{3}$

③ $\frac{25}{4}$

④ $\frac{25}{3}$

20 다음 R-L직렬회로에서 t=0일 때, 스위치를 닫은 후 $\frac{di(t)}{dt}$에 대한 설명으로 옳은 것은?

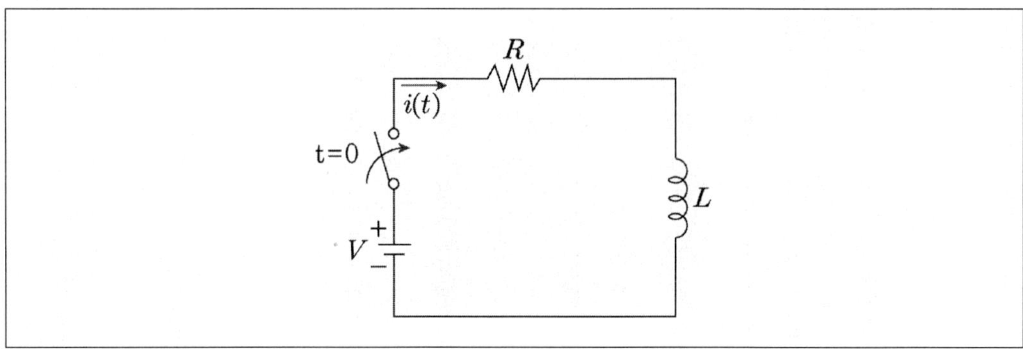

① 인덕턴스에 비례한다.

② 인덕턴스에 반비례한다.

③ 저항과 인덕턴스의 곱에 비례한다.

④ 저항과 인덕턴스의 곱에 반비례한다.

19 주어진 회로를 Y변환 등가회로로 변환시키면 다음과 같다.

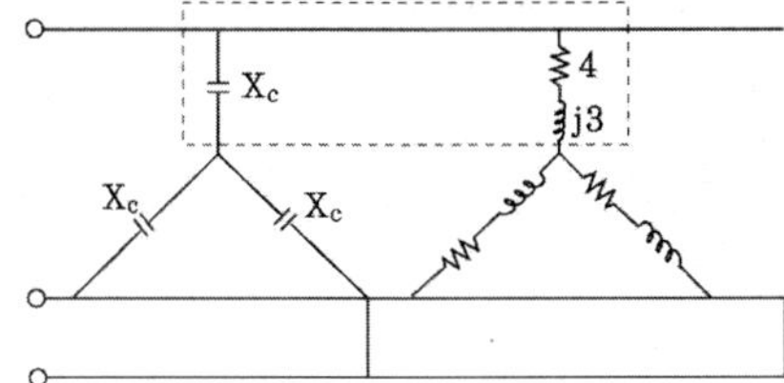

(△→Y 변환시 한 상당 임피던스는 Z=4+j3[Ω])

위의 회로를 병렬등가회로화 시키면 다음과 같다.

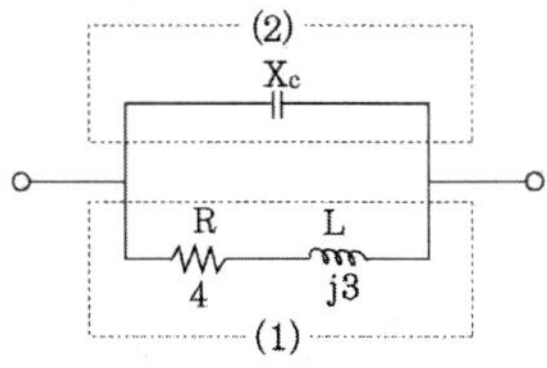

RL직렬에 C병렬연결인 등가회로로 구성된다.

(1)에서 어드미턴스 $Y_1 = \frac{1}{4+j3}[\Omega]$

(2)에서 어드미턴스 $Y_2 = j\frac{1}{X_C}[\Omega]$

$$Y = Y_1 + Y_2 = \frac{1}{4+j3} + j\frac{1}{X_C} = \frac{4}{25} - j\frac{3}{25} + j\frac{1}{X_C}$$

허수부가 0이므로 $X_C = \frac{25}{3}[\Omega]$이 도출된다.

20 $v_L = L\frac{di(t)}{dt}[V]$이고, $\frac{di(t)}{dt} = \frac{v_L}{L}$이므로 스위치를 닫은 후 t=0일 때, 인덕턴스 L에 반비례한다.

정답 및 해설 19.④ 20.②

2016 6월 18일 | 제1회 지방직 시행

1 전압원의 기전력은 20[V]이고 내부저항은 2[Ω]이다. 이 전압원에 부하가 연결될 때 얻을 수 있는 최대 부하전력[W]은?

① 200　　② 100
③ 75　　④ 50

2 다음 회로에서 조정된 가변저항값이 100[Ω]일 때 A와 B 사이의 저항 100[Ω] 양단 전압을 측정하니 0[V]일 경우, R_x[Ω]은?

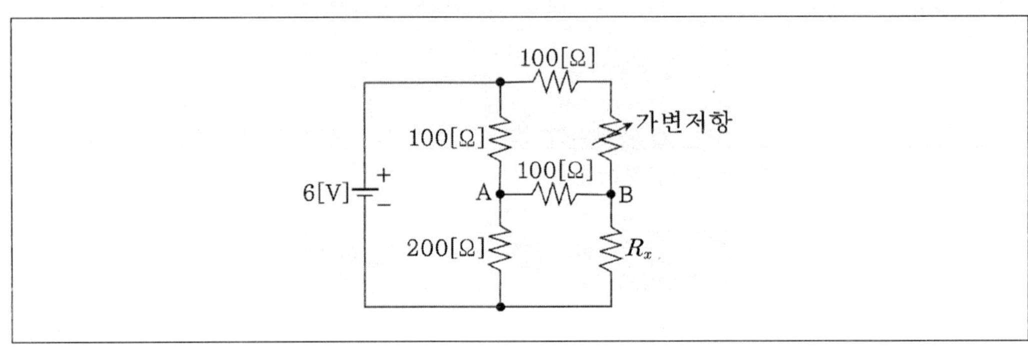

① 400　　② 300
③ 200　　④ 100

1 최대전력의 전달조건은 내부 저항과 부하 저항이 동일한 경우가 되므로

$$P_{max} = I^2 R = \left(\frac{V}{R_{내부} + R_{부하}}\right)^2 R_{부하} = \frac{V^2}{4R} = \frac{20^2}{4 \times 2} = 50[W]$$

2 브리지의 평형시에는 AB 양단에는 전류가 흐르지 않아야 한다.

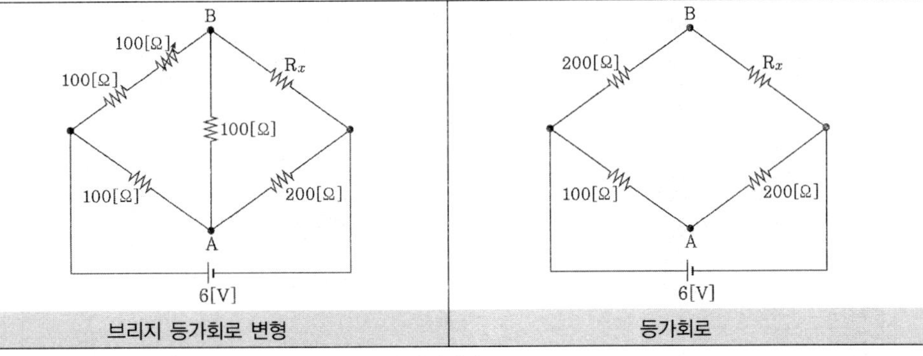

브리지의 평형조건에 의해 $200 \cdot 200 = R_x \cdot 100$가 성립한다.

$$R_x = \frac{40,000}{100} = 400[\Omega]$$

정답 및 해설 1.④ 2.①

3 다음 회로와 같이 직렬로 접속된 두 개의 코일이 있을 때, $L_1 = 20[mH]$, $L_2 = 80[mH]$, 결합계수 k=0.8이다. 이 때 상호인덕턴스 M의 극성과 크기[mH]는?

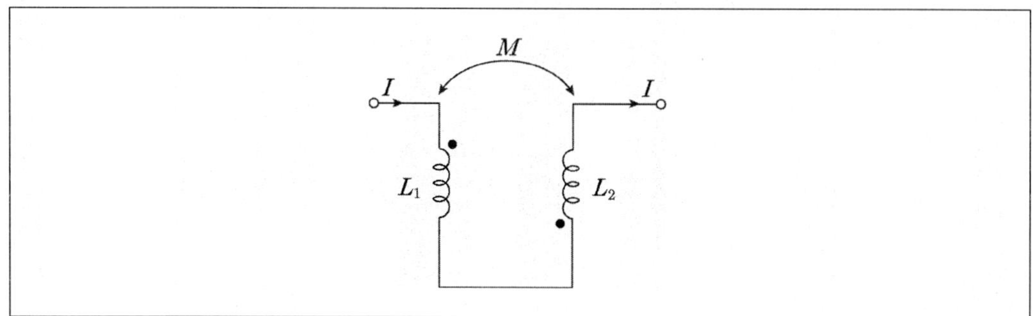

	극성	크기
①	가극성	32
②	가극성	40
③	감극성	32
④	감극성	40

4 단상 교류전압 $v = 300\sqrt{2}\,coswt$[V]를 전파 정류하였을 때, 정류회로 출력 평균전압[V]은? (단, 이상적인 정류 소자를 사용하여 정류회로 내부의 전압강하는 없다)

① 150　　② $\dfrac{300}{2\pi}$

③ $\dfrac{300}{\pi}$　　④ $\dfrac{600\sqrt{2}}{\pi}$

5 다음 회로에서 $V=96[\text{V}]$, $R=8[\Omega]$, $X_L=6[\Omega]$일 때, 전체전류 $I[\text{A}]$는?

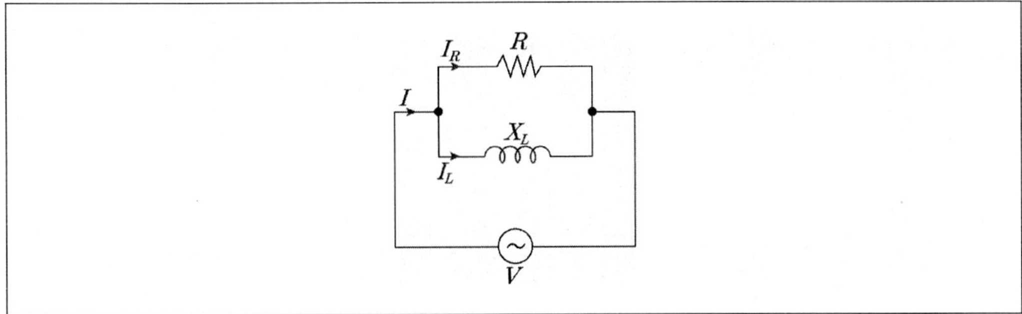

① 38　　② 28
③ 9.6　　④ 20

3
그림에서 두 개의 코일은 가극성이므로 결합계수 $k=\dfrac{M}{\sqrt{L_1L_2}}=0.8$

상호인덕턴스의 크기는

$M=k\sqrt{L_1L_2}=0.8\cdot\sqrt{20\cdot 80}=0.8\cdot 40=32[mH]$

4
출력평균전압은 최대전압값에 $\dfrac{2}{\pi}$를 곱한 값이므로,

$V_{avg}=\dfrac{2V_m}{\pi}[V]=\dfrac{2}{\pi}\cdot 300\sqrt{2}=\dfrac{600\sqrt{2}}{\pi}[V]$

5
RL병렬회로 임피던스 $Z=\dfrac{R\cdot X_L}{\sqrt{R^2+X_L^2}}=4.8[\Omega]$

전체전류는 96/4.8이므로 20[A]가 된다.

* 다른 풀이 : $I_R=\dfrac{V}{R}=\dfrac{96}{8}=12[A]$, $I_L=\dfrac{V}{X_L}=\dfrac{96}{j6}=-j16[A]$

$I=I_R+I_L=12-j16=\sqrt{12^2+(-16)^2}=20[A]$

정답 및 해설 3.① 4.④ 5.④

6 다음 (a)는 반지름 2r을 갖는 두 원형 극판 사이에 한 가지 종류의 유전체가 채워져 있는 콘덴서이다. (b)는 (a)와 동일한 크기의 원형 극판 사이에 중심으로부터 반지름 r인 영역 부분을 (a)의 경우보다 유전율이 2배인 유전체로 채우고 나머지 부분에는 (a)와 동일한 유전체로 채워 놓은 콘덴서이다. (b)의 정전용량은 (a)와 비교하여 어떠한가? (단, (a)와 (b)의 극판 간격 d는 동일하다.)

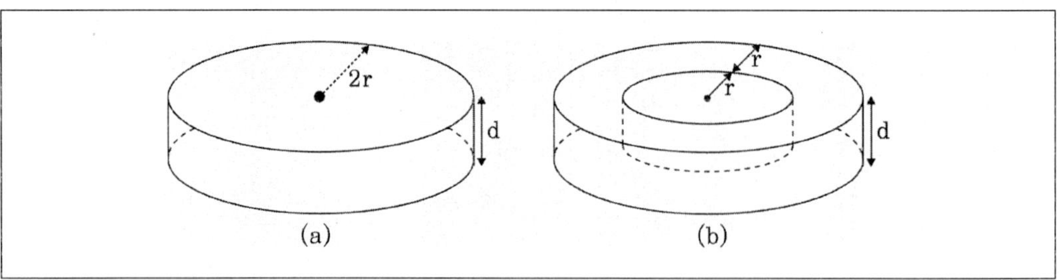

① 15.7% 증가한다.
② 25% 증가한다.
③ 31.4% 증가한다.
④ 50% 증가한다.

7 부하임피던스 $\dot{Z}=jwL[\Omega]$에 전압 V[V]가 인가되고 전류 $2I$[A]가 흐를 때의 무효전력[Var]을 w, L, I로 표현한 것은?

① $2wLI^2$　　② $4wLI^2$
③ $4wLI$　　④ $2wLI$

8 다음 식으로 표현되는 비정현파 전압의 실횻값[V]은?

$$v=2+5\sqrt{2}\,sinwt+4\sqrt{2}\,sin(3wt)+2\sqrt{2}\,sin(5wt)[V]$$

① $13\sqrt{2}$　　② 11
③ 7　　④ 2

6 콘덴서의 정전용량 : $C=\frac{\varepsilon_1 A}{d}$ 이며 $A=\pi r^2$ 이다.

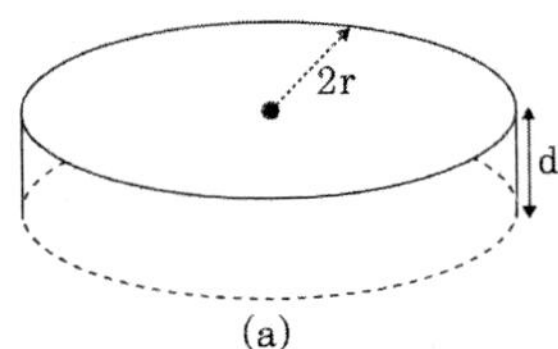

(a)

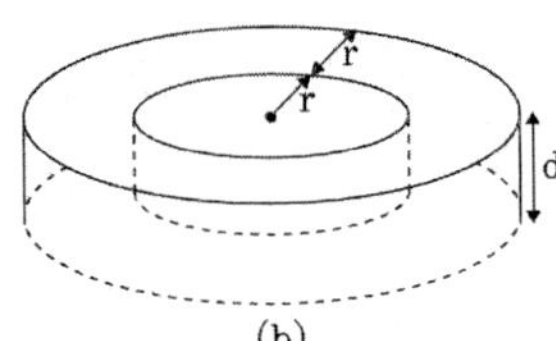

(b)

㉠ 그림(a)의 경우 정전용량 : $C_a=\frac{4\varepsilon_1 \pi r^2}{d}$

㉡ 그림(b)의 경우

- 내부의 정전용량 : $C_1=\frac{2\varepsilon_1 \pi r^2}{d}$
- 나머지 부분의 정전용량 : $C_2=\frac{3\varepsilon_1 \pi r^2}{d}$

($C=\frac{\varepsilon_1 A}{d}$ 에 $A=4\pi r^2-\pi r^2=3\pi r^2$ 을 대입)

그림(b)의 경우 정전용량은 내부와 나머지 부분이 서로 병렬로 연결된 것으로 볼 수 있으므로 다음과 같은 식이 성립한다.

$C_b=C_1+C_2=\frac{5\varepsilon_1 \pi r^2}{d}$ 이며 $\frac{C_b}{C_a}=\frac{5}{4}$ 이므로 25%가 증가된다.

7 무효전력 산정식은 $P_r=I^2 X_L[Var]$

주어진 식에 문제에서 주어진 조건을 대입하면,

$P_r=(2I)^2 \cdot jwL=4I^2 \cdot jwL=4wLI^2[Var]$

8 실효전압은 다음의 식으로 산출한다.

$$V=\sqrt{(\text{직류분})^2+\left(\frac{\text{기본파 전압}}{\sqrt{2}}\right)^2+\left(\frac{\text{고조파 전압}}{\sqrt{2}}\right)^2}$$

$$=\sqrt{2^2+\left(\frac{5\sqrt{2}}{\sqrt{2}}\right)^2+\left(\frac{4\sqrt{2}}{\sqrt{2}}\right)^2+\left(\frac{2\sqrt{2}}{\sqrt{2}}\right)^2}=\sqrt{49}=7$$

정답 및 해설 6.② 7.② 8.③

9 다음 회로 (a), (b)에서 스위치 S1, S2를 동시에 닫았다. 이 후 50초 경과 시 $(I_1 - I_2)$[A]로 가장 적절한 것은? (단, L과 C의 초기전류와 초기전압은 0이다)

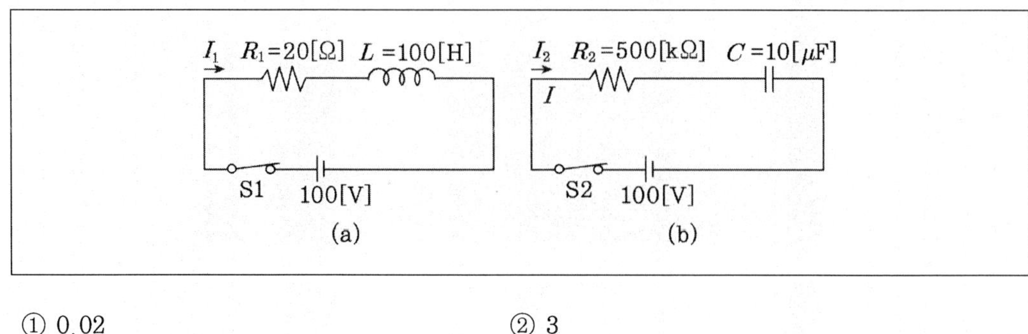

① 0.02　　② 3

③ 5　　④ 10

10 다음 회로와 같이 평형 3상 전원을 평형 3상 Δ결선 부하에 접속하였을 때 Δ결선 부하 1상의 유효전력이 P[W]였다. 각 상의 임피던스 Z를 그대로 두고 Y결선으로 바꾸었을 때 Y결선 부하의 총전력[W]은?

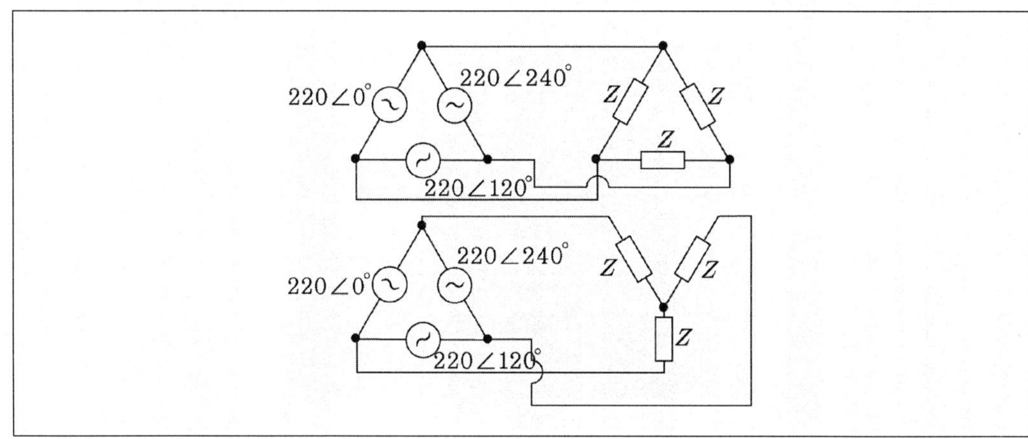

① $\frac{P}{3}$　　② P

③ $\sqrt{3}$ P　　④ 3P

9 좌측회로 (a)는 R-L직렬회로이며 우측회로 (b)는 R-C직렬회로이다. 이 두 회로의 시정수가 5[s]로 같다. 50초 경과시에는 정상상태이므로 인덕턴스 L은 단락되고 커패시터 C는 개방된 상태이다.

(a)와 (b)의 등가회로를 그리면 다음과 같다.

• (a)의 등가회로(RL직렬)

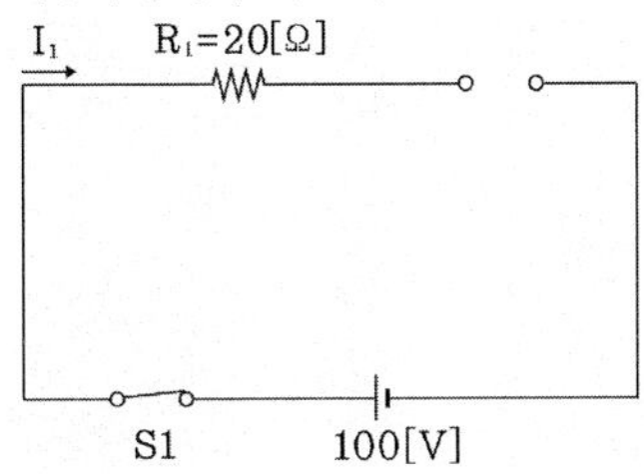

$I_1 = \frac{V}{R} = \frac{100}{20} = 5[A]$

• (b)의 등가회로(RC직렬)

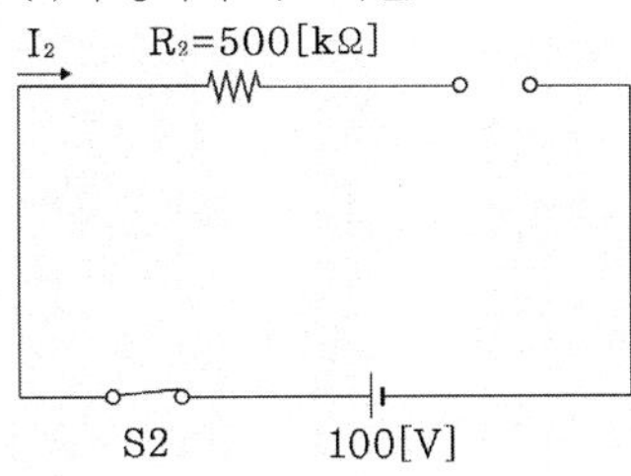

회로는 개방상태이므로 $I_2 = 0$이 된다.

$\therefore I_1 - I_2 = 5 - 0 = 5[A]$

10 3상 전력은 Y결선과 △결선에 관계없이 모두 같다.

정답 및 해설 9.③ 10.②

11 다음 회로에서 직류전압 $V_s = 10$[V]일 때, 정상상태에서의 전압 $V_c[V]$와 전류 $I_R[mA]$은?

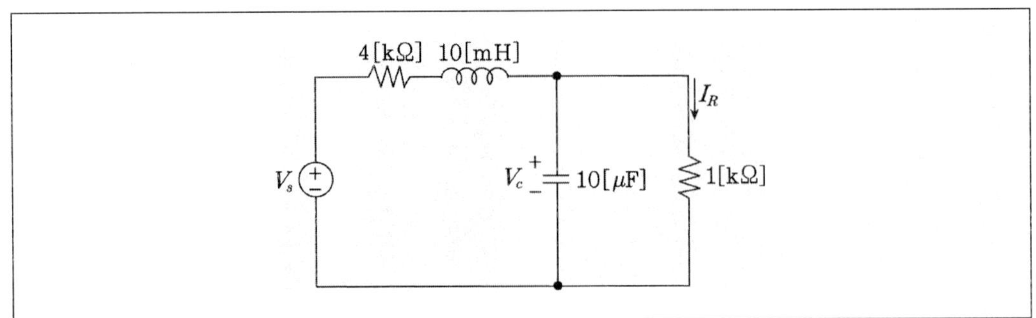

	V_c	I_R
①	8	20
②	2	20
③	8	2
④	2	2

12 진공 중의 한점에 음전하 5[nC]가 존재하고 있다. 이 점에서 5[m] 떨어진 곳의 전기장의 세기 [V/m]는? (단, $\frac{1}{4\pi\epsilon_o} = 9 \times 10^9$이고, ϵ_o는 진공의 유전율이다.)

① 1.8
② −1.8
③ 3.8
④ −3.8

13 철심 코어에 권선수 10인 코일이 있다. 이 코일에 전류 10[A]를 흘릴 때, 철심을 통과하는 자속이 0.001[Wb]이라면 이 코일의 인덕턴스[mH]는?

① 100
② 10
③ 1
④ 0.1

11 정상상태(과도현상을 지난 안정된 상태)인 경우, 인덕턴스 L은 단락시키고, 커패시터 C는 개방시킨다. 정상상태의 경우 등가회로를 그리면 다음과 같다.

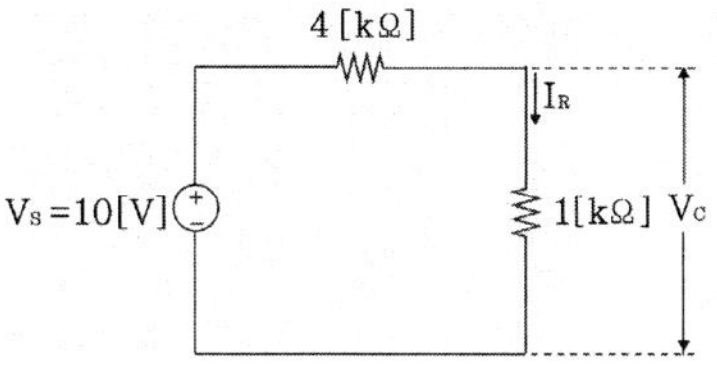

$$V_c = \frac{1}{4+1} \cdot 10 = 2[V]$$

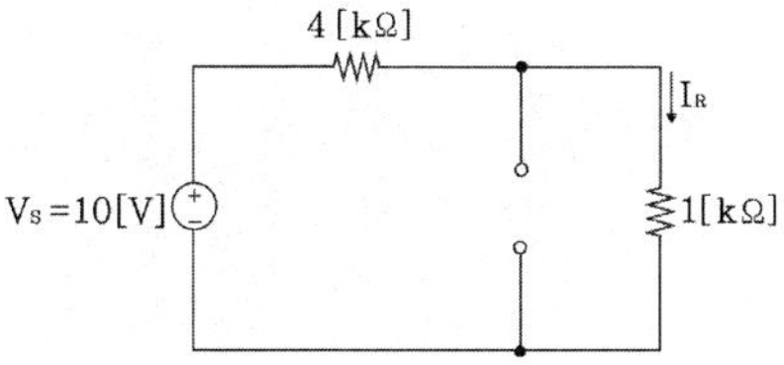

$$I_R = \frac{V}{R} = \frac{10}{(4+1)} = 2[A]$$

12 전기장의 세기 $E = \frac{1}{4\pi\varepsilon_o} \cdot \frac{Q}{r^2}[V/m] = 9 \times 10^9 \times \frac{Q}{r^2}[V/m]$

위의 식에 주어진 조건을 대입하면 −1.8[V/m]이 산출된다(전하가 음전하이므로 부호가 (−)가 된다).

13 $LI = N\phi$이므로 $L = \frac{N\phi}{I} = \frac{10 \cdot 0.001}{10} = 0.001[H] = 1[mH]$

정답 및 해설 11.④ 12.② 13.③

14 다음 그림과 같이 자극(N, S) 사이에 있는 도체에 전류 I[A]가 흐를 때, 도체가 받는 힘은 어느 방향인가?

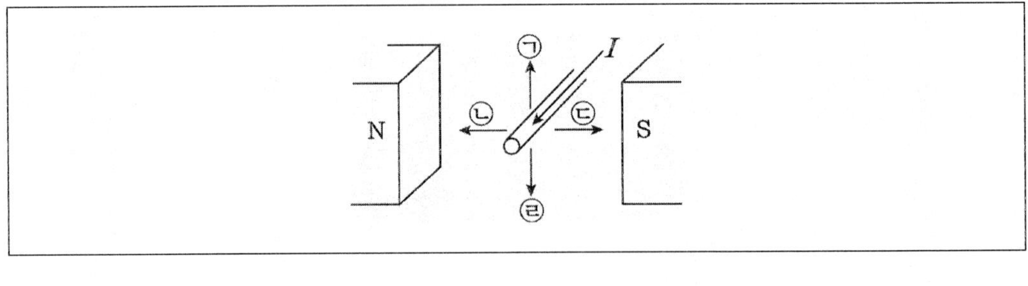

① ㉠ ② ㉡
③ ㉢ ④ ㉣

15 이상적인 단상 변압기의 2차측에 부하를 연결하여 2.2[kW]를 공급할 때의 2차측 전압이 220[V], 1차측 전류가 50[A]라면 이 변압기의 권선비 $N_1 : N_2$는? (단, N_1은 1차측 권선수이고 N_2는 2차측 권선수이다)

① 1 : 5 ② 5 : 1
③ 1 : 10 ④ 10 : 1

16 교류회로의 전압 $\dot{V}$와 전류 $\dot{I}$가 다음 벡터도와 같이 주어졌을 때, 임피던스 $\dot{Z}$[Ω]는?

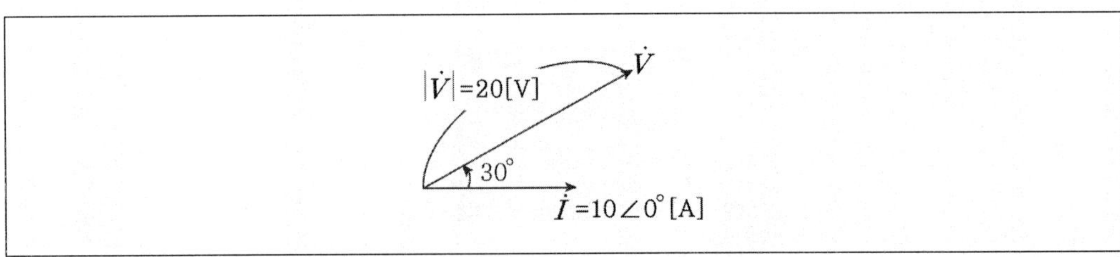

① $\sqrt{3}-j$ ② $\sqrt{3}+j$
③ $1+j\sqrt{3}$ ④ $1-j\sqrt{3}$

14 도체에 전류가 흐르는 경우이므로 전동기의 원리인 플레밍의 왼손법칙이 적용된다. 따라서 전류를 검지손가락 방향으로 흘릴 때 엄지손가락 방향에 회전력이 생긴다.

15 2차측의 전력은 $P_2 = V_2 I_2$이므로 $I_2 = \frac{P_2}{V_2} = \frac{2200}{220} = 10[A]$

$\frac{V_1}{V_2} = \frac{I_2}{I_1}$이므로 $\frac{V_1}{220} = \frac{10}{50}$이 된다.

$V_1 = \frac{220 \times 10}{50} = 44[V]$이므로 $N_1 : N_2 = 1 : 5$가 된다.

(권수비 $n = \frac{V_1}{V_2} = \frac{N_1}{N_2} = \frac{I_2}{I_1} = \sqrt{\frac{Z_1}{Z_2}}$)

16 임피던스 $Z = \frac{V}{I}[\Omega] = \frac{20\angle 30^\circ}{10\angle 0^\circ} = 2\angle 30^\circ$

극좌표 표시 $2\angle 30^\circ = 2(\cos 30^\circ + j\sin 30^\circ) = 2\left(\frac{\sqrt{3}}{2} + j\frac{1}{2}\right) = \sqrt{3} + j1$

정답 및 해설 14.① 15.① 16.②

17 다음과 같은 정현파 전압 v와 전류 i로 주어진 회로에 대한 설명으로 옳은 것은?

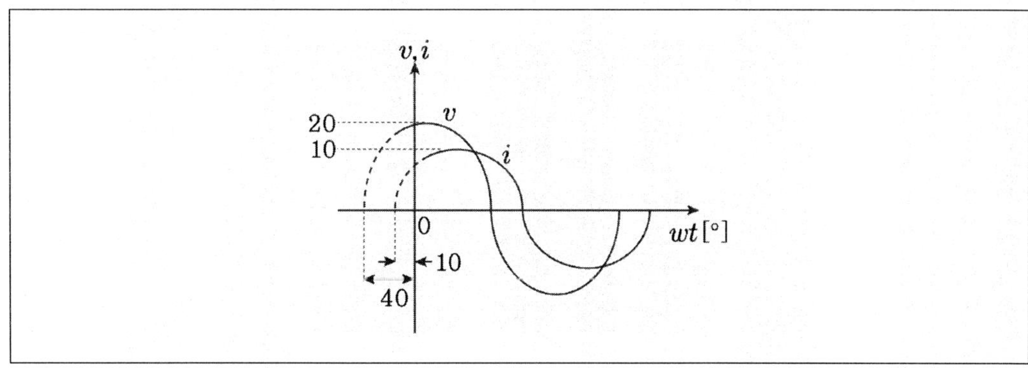

① 전압과 전류의 위상차는 40°이다.
② 교류전압 $v = 20\sin(wt - 40°)$이다.
③ 교류전류 $i = 10\sqrt{2}\,sin(wt + 10°)$이다.
④ 임피던스 $\dot{Z} = 2\angle 30°$ 이다.

18 다음 회로에서 $\dot{V}_{Th} = 12\angle 0°\,[V]$이고 $\dot{Z}_{Th} = 600 + j150\,[\Omega]$일 때, 최대전력을 전달하기 위한 부하임피던스 $\dot{Z}_L[\Omega]$과 부하임피던스에 소비되는 전력 $P_L[W]$은?

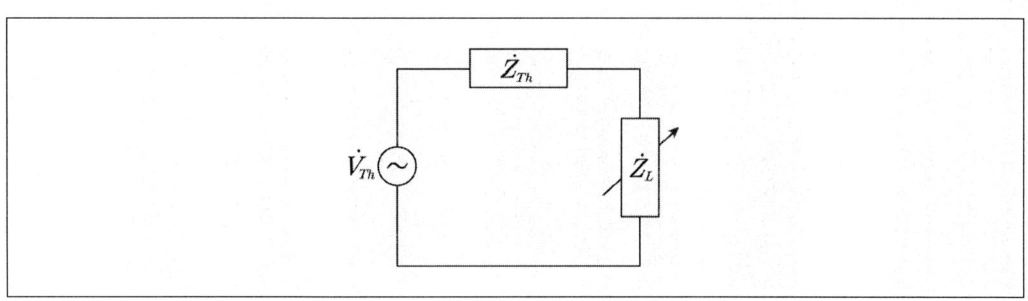

	$\dot{Z}_L$	P_L
①	600−j150	0.06
②	600+j150	0.6
③	600−j150	0.6
④	600+j150	0.06

19 다음 평형 3상 교류회로에서 선간전압의 크기 $V_L = 300[V]$, 부하 $\dot{Z}_P = 12 + j9[\Omega]$일 때, 선전류의 크기 $I_L[A]$는?

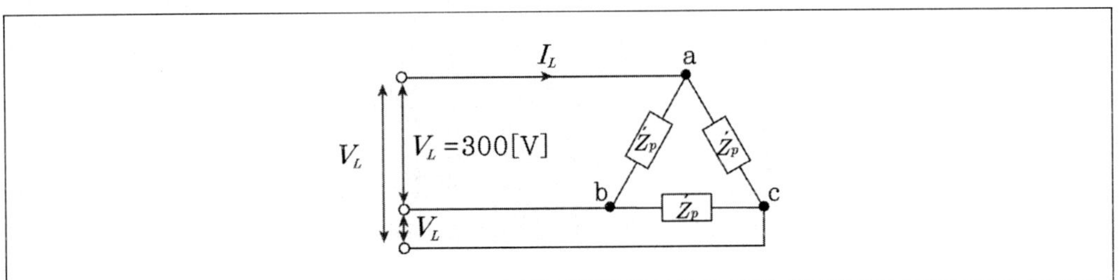

① 10　　② $10\sqrt{3}$

③ 20　　④ $20\sqrt{3}$

---

17 ① 전압과 전류의 위상차는 30°이다.

② 교류전압 $v = 20\sin(wt + 40°)$이다.

③ 교류전류 $i = 10\sin(wt + 10°)$이다.

④ 임피던스 $Z = \dfrac{v(t)}{i(t)} = \dfrac{\dfrac{20}{\sqrt{2}}\angle 40°}{\dfrac{10}{\sqrt{2}}\angle 10°} = 2\angle 30°$

18 부하임피던스 Z_L은 내부임피던스의 켤레복소수이므로 600-j150이 된다.

최대전력을 전달하기 위해서는 $P_{max} = \dfrac{E^2}{4R}[W]$이어야 하므로

$P_{max} = \dfrac{E^2}{4R}[W] = \dfrac{12^2}{4 \cdot 600} = 0.06[W]$

19 임피던스 $Z = \sqrt{12^2 + 9^2} = \sqrt{225} = 15[\Omega]$

상전류 $I_P = \dfrac{V_P}{Z_P} = \dfrac{300}{15} = 20[A]$

선전류 $I_L = \sqrt{3}I_P = \sqrt{3} \times 20 = 20\sqrt{3}[A]$

정답 및 해설 17.④ 18.① 19.④

20 다음 회로가 정상상태를 유지하는 중, $t=0$에서 스위치 S를 닫았다. 이 때 전류 i의 초기전류 $i_{(0+)}[mA]$는?

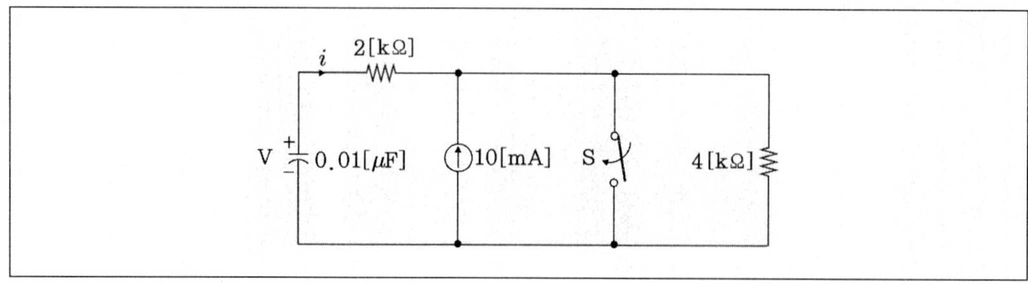

① 0
② 2
③ 10
④ 20

20 콘덴서를 개방시키고 스위치를 Open하면 다음과 같은 회로도가 성립한다.

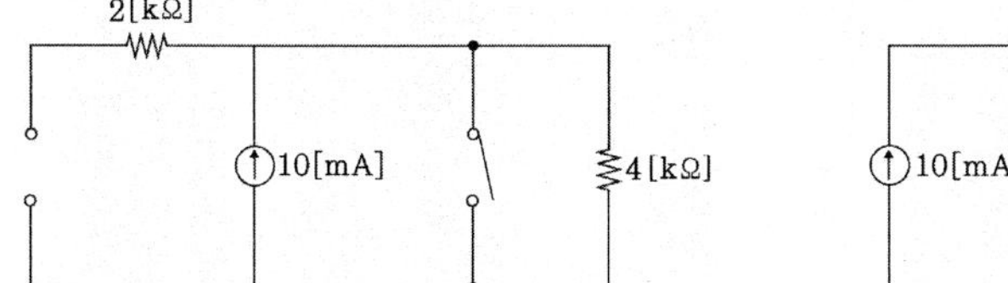

이 때 4[kΩ] 양단의 전압강하는 $V = IR = 10 \cdot 10^{-3} \cdot 4 \cdot 10^{3} = 40[V]$가 된다.

스위치만 닫으면 다음과 같은 회로도가 성립한다.

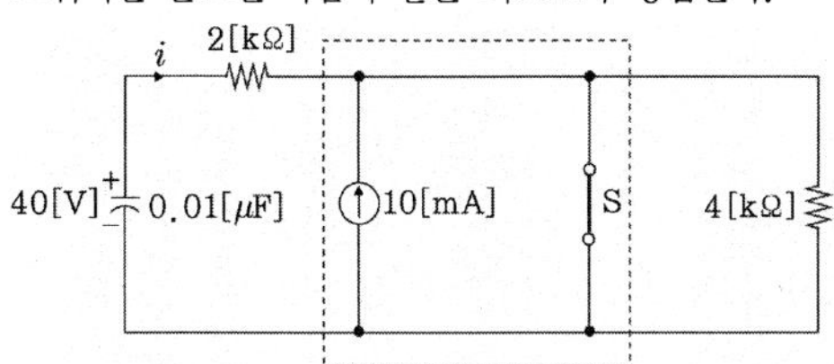

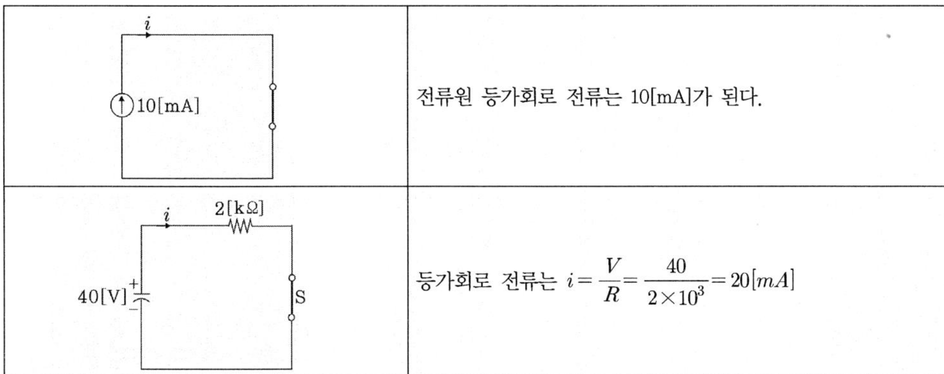

i, 10[mA]	전류원 등가회로 전류는 10[mA]가 된다.
i, 2[kΩ], 40[V], S	등가회로 전류는 $i = \frac{V}{R} = \frac{40}{2 \times 10^{3}} = 20[mA]$

즉, 초기전류 $i_{(0+)} = 20[mA]$가 흐른다.

정답 및 해설 20.④

2016 6월 25일 | 서울특별시 시행

1 4[μF]과 6[μF]의 정전용량을 가진 두 콘덴서를 직렬로 연결하고 이 회로에 100[V]의 전압을 인가할 때 6[μF]의 양단에 걸리는 전압[V]은?

① 40
② 60
③ 80
④ 100

2 그림과 같은 회로에서 a, b에 나타나는 전압[V]값은?

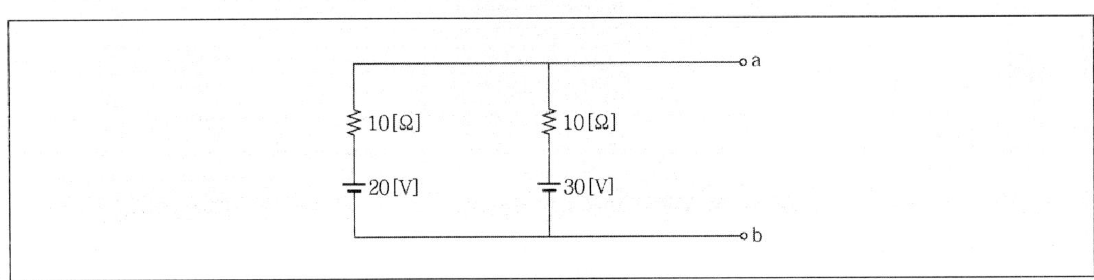

① 15
② 20
③ 25
④ 30

3 자체 인덕턴스가 L = 0.1[H]인 코일과 R = 1[Ω]인 저항을 직렬로 연결하고 교류전압 $v = 100\sqrt{2}\,sin(10t)$[V]인 정현파를 가할 때, 코일에 흐르는 전류의 실횻값[A]과 전류와 전압의 위상차는 각각 어떻게 되는가?

① $\frac{100}{\sqrt{2}}[A],\ 90^{\circ}$
② $100[A],\ 90^{\circ}$
③ $100[A],\ 45^{\circ}$
④ $\frac{100}{\sqrt{2}}[A],\ 45^{\circ}$

1 두 개의 콘덴서를 직렬로 연결하고 이 회로에 100[V]의 전압을 가하면 4[μF]콘덴서에는 60[V], 6[μF]콘덴서에는 40[V]가 걸리게 된다. (콘덴서의 직렬 연결인 경우, 콘덴서에 걸리는 전압의 크기와 정전용량은 서로 반비례 관계를 갖는다.)

2 밀만의 정리에 따라서 푼다.

$$V_{ab} = \frac{\frac{V_1}{R_1}+\frac{V_2}{R_2}}{\frac{1}{R_1}+\frac{1}{R_2}} = \frac{\frac{20}{10}+\frac{30}{10}}{\frac{1}{10}+\frac{1}{10}} = 25$$

3 $R-L$ 직렬회로이며 교류전압을 가하는 경우이다.

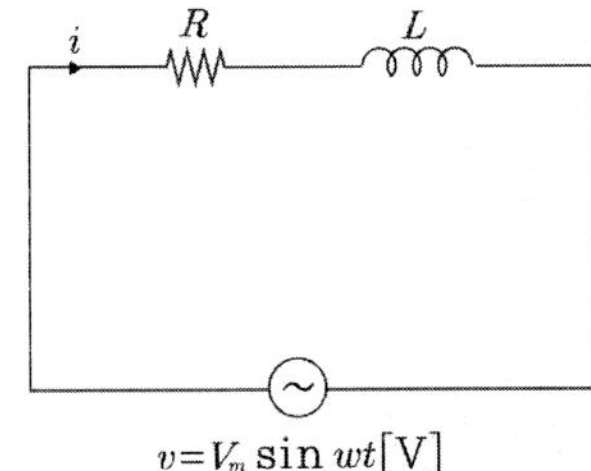

$v = V_m \sin wt[\mathrm{V}]$

jwL
|Z|
θ
R

Y축(허수축)의 wL값과 X축(실수축)의 R이 서로 같으므로

$\theta = \frac{\pi}{4} = \tan^{-1}\frac{wL}{R}$가 된다. 그러므로 전류의 위상은 전압의 위상보다 45° 뒤지게 된다.

$$i = \frac{v}{Z} = \frac{V_m}{\sqrt{R^2+(wL)^2}} sin\left(wt - \tan^{-1}\frac{wL}{R}\right)$$

또한, 코일에 흐르는 전류의 실횻값은 100[V]가 된다.

자체 인덕턴스가 L=0.1[H]인 코일과 R=1[Ω]인 저항이며 $w = 10$이므로

$i = \frac{v}{Z} = \frac{100\sqrt{2}}{\sqrt{1^2+(1)^2}} sin\left(10t - \frac{\pi}{4}\right) = 100\sin\left(10t - \frac{\pi}{4}\right)$ 가 되며

이 전류의 실횻값은 $\frac{100}{\sqrt{2}}$이 된다.

정답 및 해설 1.① 2.③ 3.④

4 **다음 전력계통 보호계전기의 기능에 대한 설명 중 옳은 것만을 모두 고르면?**

> (가) 과전류 계전기(Overcurrent Relay) : 일정값 이상의 전류(고장전류)가 흘렀을 때 동작하고 보호협조를 위해 동작시간을 설정할 수 있다.
> (나) 거리 계전기(Distance Relay) : 전압, 전류를 통해 현재 선로의 임피던스를 계산하여 고장여부를 판단하고 주로 배전계통에 사용된다.
> (다) 재폐로기(Recloser) : 과전류계전기능과 차단기능이 함께 포함된 보호기기로 고장전류가 흐를 경우, 즉각적으로 일시에 차단을 하게 된다.
> (라) 차동 계전기(Differential Relay) : 전류의 차를 검출하여 고장을 판단하는 계전기로 보통 변압기, 모선, 발전기 보호에 사용된다.

① (가), (나), (다), (라)
② (가), (라)
③ (나), (다)
④ (다), (라)

5 **그림은 이상적인 연산증폭기(Op Amp)이다. 이에 대한 설명으로 옳은 것은?**

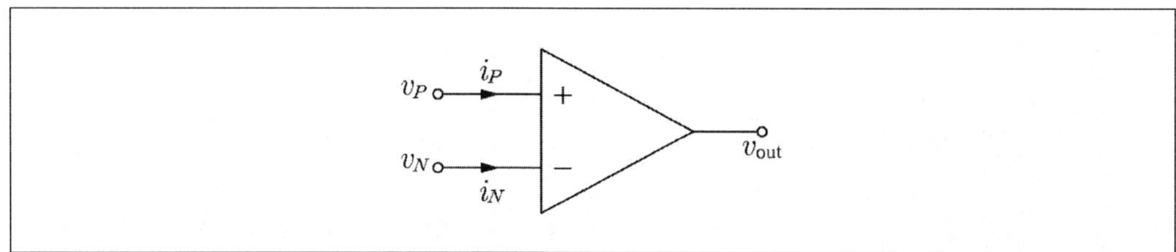

① 입력 전압 v_P와 v_N은 같은 값을 갖는다.
② 입력 저항은 0의 값을 갖는다.
③ 입력 전류 i_P와 i_N은 서로 다른 값을 갖는다.
④ 출력 저항은 무한대의 값을 갖는다.

4 (나) **거리 계전기**(Distance Relay) : 송전선에 사고가 발생했을 때 고장구간의 전류를 차단하는 작용을 하는 계전기이다. 실제로 전압과 전류의 비는 전기적인 거리, 즉 임피던스를 나타내므로 거리계전기라는 명칭을 사용하며 송전선의 경우는 선로의 길이가 전기적인 길이에 비례하므로 이 계전기를 사용 용이하게 보호할 수 있게 된다. 거리계전기에는 동작 특성에 따라 임피던스형, 모우(MHO)형, 리액턴스형, 오옴(OHM)형, 오프셋모우(off set mho)형 등이 있다. 전압이 큰 송전계통에 주로 사용하지만 배전계통은 오동작이 많아서 잘 사용하지 않는다.

(다) **재폐로기**(Recloser) : 고장이 감지될 경우 회로를 자동으로 차단하는 기기이다. 일시적 고장의 경우 자동적으로 수 차례 폐로를 시행하여(보통 3회) 반복적으로 자체적인 고장해소 기회를 부여하며, 고장이 해소되지 않으면 최종적으로 회로를 개로(open)하고 분리시킨다.

5 이상적인 연산증폭기의 특징

- 입력 전압 v_P와 v_N은 같은 값을 갖는다.
- 입력 저항은 무한대의 값을 갖는다.
- 입력 전류 i_P와 i_N은 서로 같은 값을 갖는다.
- 출력 저항은 0의 값을 갖는다.
- 개방전압이득이 무한대이다.
- 대역폭이 무한대이다.
- 오프셋 전압이 0이다.

※ 기본적인 연산증폭기의 특징

- 입력 임피던스가 크며 출력 임피던스는 작다.
- 정부(+, -) 2개의 전원을 필요로 한다.
- 증폭도가 매우 크다.

정답 및 해설 4.② 5.①

6 **평형 3상회로에 대한 설명 중 옳은 것을 모두 고르면? (단, 전압, 전류는 페이저로 표현되었다고 가정한다.)**

> ㈎ Y결선 평형 3상회로에서 상전압은 선간전압에 비해 크기가 $1/\sqrt{3}$ 배이다.
> ㈏ Y결선 평형 3상회로에서 상전류는 선전류에 비해 크기가 $\sqrt{3}$ 배이다.
> ㈐ Δ결선 평형 3상회로에서 상전압은 선간전압에 비해 크기가 $\sqrt{3}$ 배이다.
> ㈑ Δ결선 평형 3상회로에서 상전류는 선전류에 비해 크기가 $1/\sqrt{3}$ 배이다.

① ㈎, ㈏
② ㈎, ㈑
③ ㈏, ㈑
④ ㈐, ㈑

7 **다음의 합성저항의 값으로 옳은 것은?**

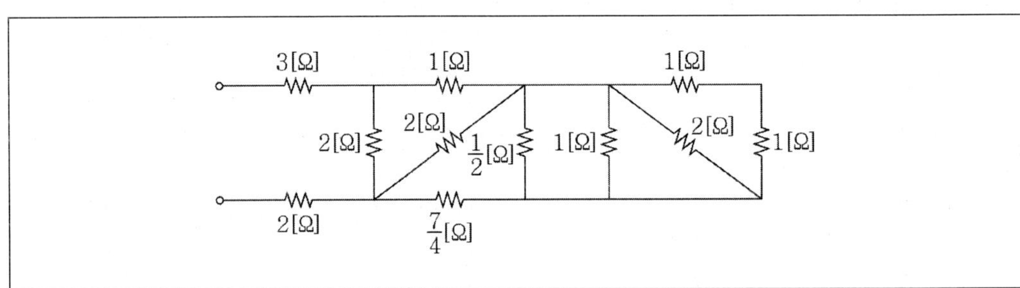

① 9[Ω]
② 8[Ω]
③ 7[Ω]
④ 6[Ω]

6 ㈏ Y결선 평형 상회로에서 상전류는 선전류와 동일하다.
㈐ Δ결선 평형 상회로에서 상전압은 선간전압과 동일하다.

7 회로에서 대칭성을 잘 살펴보고, 전위(potential)가 같은 점들을 물리학의 기본적인 원리를 활용해서 처리한다면 쉽게 답을 구할 수 있다.

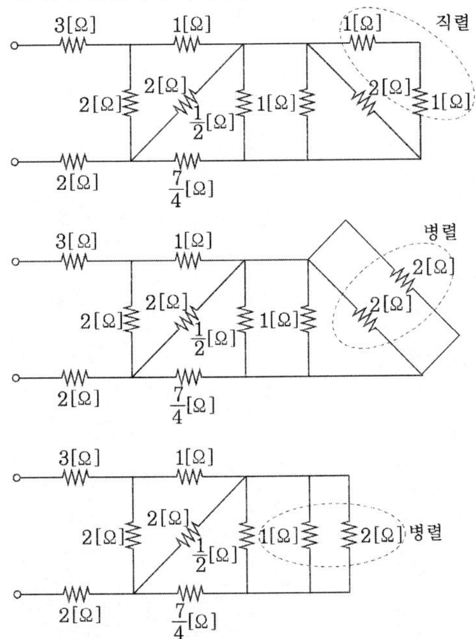

병렬연결방식이 연속된 것으로 해석할 수 있으므로, 위와 같은 순서대로 풀어나가면 최종적으로 합성저항은 6[Ω]이 도출된다.

정답 및 해설 6.② 7.④

8 **다음 설명 중 옳은 것은 무엇인가?**

① 전원회로에서 부하(load) 저항이 전원의 내부저항보다 커야 부하로 최대 전력이 공급된다.
② 코일의 권선수를 2배로 하면 자체 인덕턴스도 2배가 된다.
③ 같은 크기의 전류가 흐르고 있는 평행한 두 도선의 거리를 2배로 멀리하면 그 작용력은 반(1/2)이 된다.
④ 커패시터를 직렬로 연결하면 전체 정전용량은 커진다.

9 **자극의 세기가 2×10^{-6}[Wb], 길이가 10[cm]인 막대자석을 120[AT/m]의 평등 자계 내에 자계와 30°의 각도로 놓았을 때 자석이 받는 회전력은 몇[N · m]인가?**

① 1.2×10^{-5}
② 2.4×10^{-5}
③ 1.2×10^{-3}
④ 2.4×10^{-3}

10 **정격 100[V], 2[kW]의 전열기가 있다. 소비전력이 2,420[W]라 할 때 인가된 전압은 몇 [V]인가?**

① 90
② 100
③ 110
④ 120

11 현재 부하에 유효전력은 1[MW], 무효전력은 $\sqrt{3}$[MVar], 역률 cos60˚로 전력을 공급하고 있다. 이때, 커패시터를 투입하여 역률을 cos45˚로 개선했을 경우의 유효전력 값[MW]으로 옳은 것은?

① $\sqrt{2}$　　② $\sqrt{3}$
③ 2　　④ $2\sqrt{3}$

12 $e=100\sqrt{2}sinwt+50\sqrt{2}sin3wt+25\sqrt{2}sin5wt[V]$인 전압을 $R=8[\Omega]$, $wL=2[\Omega]$의 직렬회로에 인가할 때 제3고조파 전류의 실횻값[A]은?

① 2.5　　② 5
③ $5\sqrt{2}$　　④ 10

8 ① 전원회로의 부하저항과 내부저항이 같을 때 최대 전력이 공급된다.
② 권선수를 2배로 하면 인덕턴스는 4배가 된다.
④ 커패시터는 병렬로 연결해야 정전용량이 커진다.

9 $T=MHsin\theta=mlHsin\theta=2\times10^{-6}\times10\times10^{-2}\times120\times\sin30^{\circ}=1.2\times10^{-5}[N\cdot m]$

10 $P=\dfrac{V^2}{R}$이며 전열기의 저항값은 고정이고 전력이 2,420[W]이므로
$V=\sqrt{\dfrac{2,420W}{2,000W}}\times100[V]=110[V]$가 된다.

11 유효전력 : $VIcos\theta=1[MW]$
$\cos60^{\circ}=0.5$이므로 $VI=2$, $2\cdot\cos45^{\circ}$이므로 답은 $\sqrt{2}$가 된다.

12 $I_3=\dfrac{V_3}{Z_3}=\dfrac{V_3}{R+j3wL}=\dfrac{V_3}{\sqrt{R^2+(3wL)^2}}=\dfrac{50}{\sqrt{8^2+(3\times2)^2}}=5[A]$

정답 및 해설 8.③ 9.① 10.③ 11.① 12.②

13 **정재파비(S, standing wave ratio)에 대한 설명으로 옳은 것은?**

① 정재파비 $S=\dfrac{1+\text{반사계수}}{1-\text{반사계수}}$로 나타내며, ∞에 가까울수록 정합 상태가 좋다.

② 전압 정재파비와 저항 정재파비가 있다.

③ 데시벨[dB]로 나타내면 $S=20\log_{10}\dfrac{1-\text{반사계수}}{1+\text{반사계수}}[dB]$이다.

④ 전송 선로에서 최대 전압과 최소 전압의 비로 구한다.

14 **그림과 같은 회로에서 저항 R의 양단에 걸리는 전압을 V라고 할 때 기전력 E[V]의 값은?**

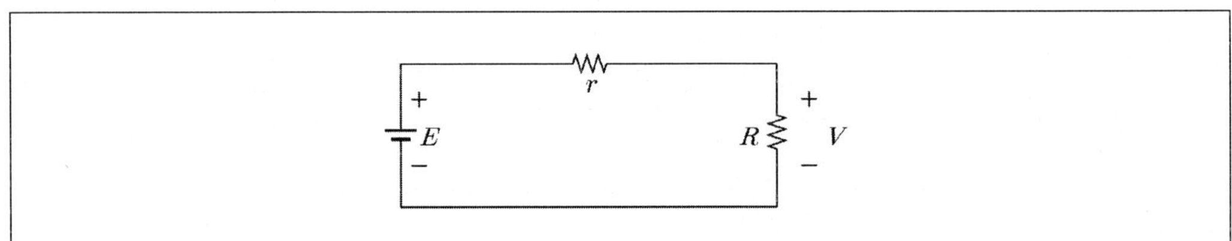

① $V(1-\dfrac{R}{r})$

② $V(1+\dfrac{r}{R})$

③ $V(1-\dfrac{r}{R})$

④ $V(1+\dfrac{2R}{r})$

15 그림과 같은 회로에서 저항 R_1에서 소모되는 전력[W]은 얼마인가?

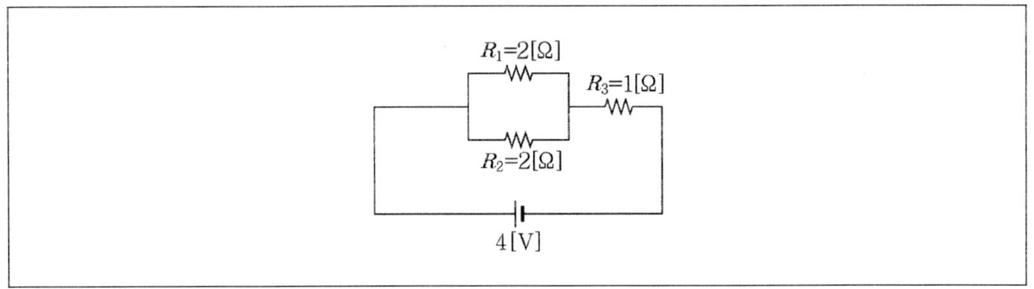

① 0.5 ② 1

③ 2 ④ 4

13 정재파 … 자유공간에서 전계와 자계는 모든 z에 대해 90°의 위상차를 가지고 있으며, 파형은 일정한 채로 진행하지 않고 시간에 따라 변화하고 있는 것처럼 보이는데 이와 같은 파를 정재파라고 한다.

정재파비 … 정재파의 최솟값과 최댓값의 비이다.

① 정재파비 $S=\frac{1+반사계수}{1-반사계수}$로 나타내며, 0에 가까울수록 정합 상태가 좋다.

② 전압 정재파비는 있으나 저항 정재파비는 없다.

③ 데시벨[dB]로 나타내면 $S=20\log_{10}\frac{1+반사계수}{1-반사계수}[dB]$이다.

14 주어진 회로의 저항 R의 양단에 걸리는 전압을 V라고 할 때 기전력 E[V]의 값은

$E=V(1+\frac{r}{R})$이 된다.

15 R_1과 R_2의 합성저항은 1[Ω]이 된다. 따라서 회로전체에 흐르는 전류는 2[A]가 된다. 2[A]가 병렬회로에서 분기되므로 R_1과 R_2 각각에는 1[A]의 전류가 흐르게 된다. 전력은 전류의 제곱에 저항을 곱해주면 되므로 1[A]의 제곱에 2[Ω]을 곱한 값이므로 2[W]가 된다.

정답 및 해설 13.④ 14.② 15.③

16 $e = E_m \sin(wt + 30^\circ)[V]$ **이고** $i = I_m \cos(wt - 60^\circ)[A]$ **일 때 전류는 전압보다 위상이 어떻게 되는가?**

① $\frac{\pi}{6}$[rad]만큼 앞선다.

② $\frac{\pi}{6}$[rad]만큼 뒤선다.

③ $\frac{\pi}{3}$[rad]만큼 뒤선다.

④ 전압과 전류는 동상이다.

17 다음 설명 중 옳은 것을 모두 고르면?

가. 부하율 : 수용가 또는 변전소 등 어느 기간 중 평균 수요 전력과 최대 수요전력의 비를 백분율로 표시한 것
나. 수용률 : 어느 기간 중 수용가의 최대 수요전력과 사용전기설비의 정격용량[W]의 합계의 비를 백분율로 표시한 것
다. 부등률 : 하나의 계통에 속하는 수용가의 각각의 최대 수요전력의 합과 각각의 사용전기설비의 정격용량[W]의 합의 비

① 가, 나　② 가, 다
③ 나, 다　④ 가, 나, 다

18 아래 그림과 같은 RLC 병렬회로에서 a, b 단자에 $v = 100\sqrt{2}\,sin(wt)[V]$인 교류를 가할 때, 전류 I의 실횻값[A]은 얼마인가?

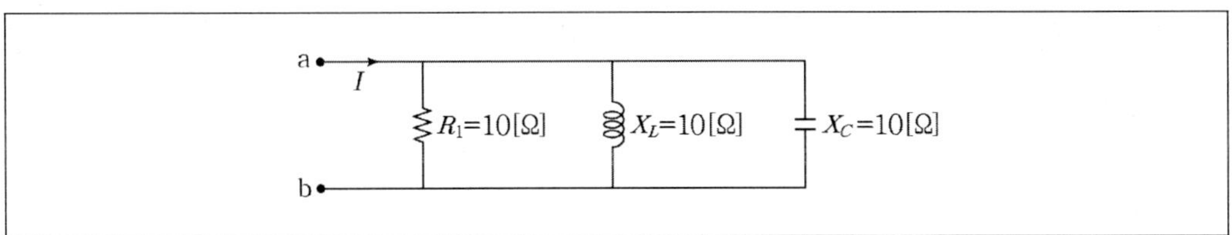

① $\dfrac{100}{\sqrt{3}}$　　② 10

③ $10\sqrt{2}$　　④ $100\sqrt{2}$

16 $e = E_m \sin(wt + 30^\circ)[V]$이고 $i = I_m \cos(wt - 60^\circ)[A]$일 때 전압과 전류는 위상이 같다. 즉 동상이다.

$(\sin\theta = \cos\left(\theta - \frac{\pi}{2}\right))$

17 수용률 : 총부하 설비용량에 대한 최대수용전력의 비를 백분율로 표시한 값이다.

부등률 : 수용설비 각각의 최대수용전력의 합을 합성최대수용전력으로 나눈 값이다.

18 일반적으로 교류에서의 전압과 전류의 계산은 실횻값으로 한다. 다음 회로의 전류값 산정식에 따르면, 주어진 회로의 교류전압 정현파의 실횻값은 100[V]가 산출된다.

$$I = I_R + I_L + I_C = \frac{V}{R} - j\frac{V}{wL} + j\frac{V}{\frac{1}{wC}} = \frac{V}{R} + j\left(\frac{V}{X_C} - \frac{V}{X_L}\right)$$

$$I = \frac{100}{10} + j\left(\frac{100}{10} - \frac{100}{10}\right) = 10[A]$$

정답 및 해설 16.④ 17.① 18.②

19 RLC 직렬회로에서 R, L, C 값이 각각 2배가 되면 공진 주파수는 어떻게 변하는가?

① 변화 없다.
② 2배 커진다.
③ $\sqrt{2}$ 배 커진다.
④ 1/2로 줄어든다.

20 기본파의 실횻값이 100[V]라 할 때 기본파의 3[%]인 제3고조파와 4[%]인 제5고조파를 포함하는 전압파의 왜형률[%]은?

① 1
② 3
③ 5
④ 7

19 RLC 직렬회로에서 공진주파수 $f_r = \dfrac{1}{2\pi\sqrt{LC}}$ 이므로 R, L, C 값이 각각 2배가 되면 공진주파수는 1/2로 줄어들게 된다.

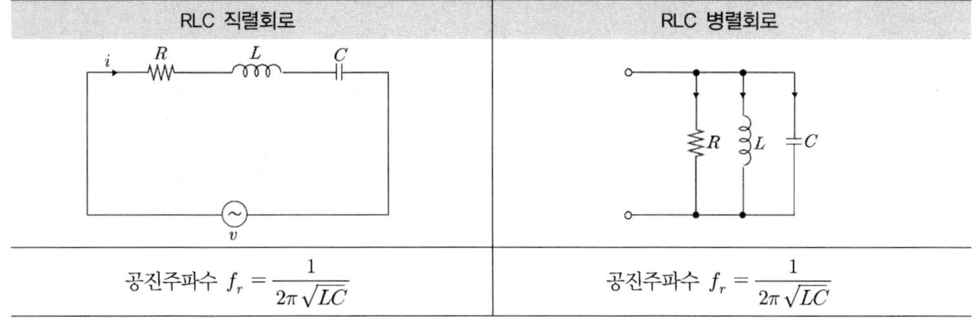

RLC 직렬회로	RLC 병렬회로
공진주파수 $f_r = \dfrac{1}{2\pi\sqrt{LC}}$	공진주파수 $f_r = \dfrac{1}{2\pi\sqrt{LC}}$

20 왜형률은 고조파만의 실효치를 기본파의 실효치로 나눈 값으로서 기본파를 1로 보고 고조파의 [%]를 적용한다. 기본파의 실횻값이 100[V]라 할 때 기본파의 3[%]인 제3고조파와 4[%]인 제5고조파를 포함하는 전압파의 왜형률은 $\dfrac{\sqrt{3^2+4^2}}{100} \times 100 = 5[\%]$가 된다.

정답 및 해설 19.④ 20.③

2017 4월 8일 | 인사혁신처 시행

1 그림과 같은 회로에서 단자전압 V_a [V]는?

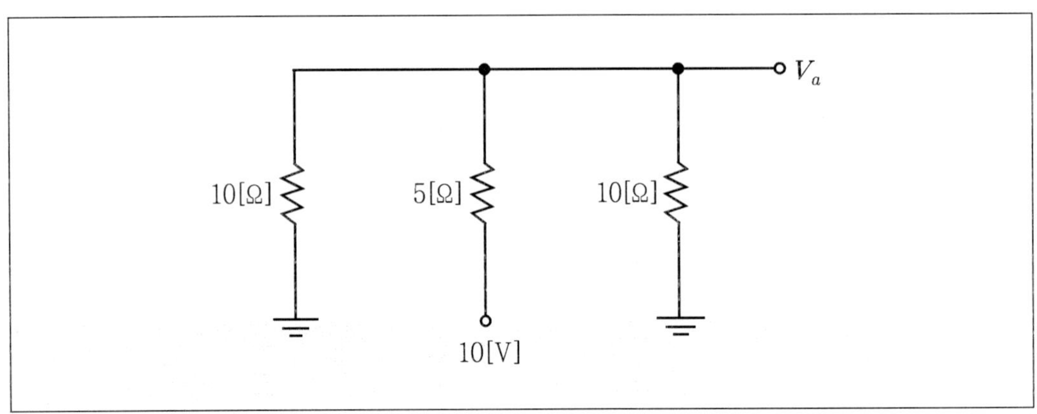

① −5
② −4
③ 4
④ 5

2 진공상태에 놓여있는 정전용량이 6 [μF]인 평행 평판 콘덴서에 두께가 극판간격(d)과 동일하고 길이가 극판길이(L)의 $\frac{2}{3}$에 해당하는 비유전율이 3인 운모를 그림과 같이 삽입하였을 때 콘덴서의 정전용량[μF]은?

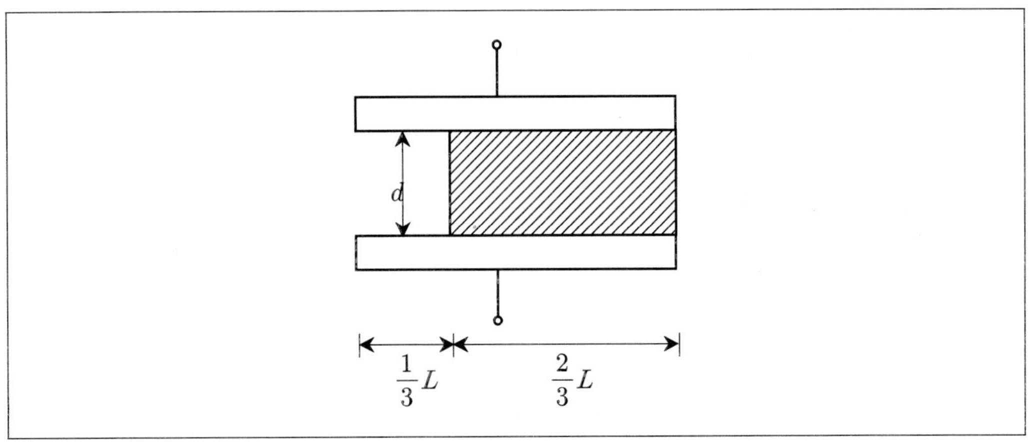

① 12 ② 14
③ 16 ④ 18

1 밀만의 정리를 이용해서 구한다.

$$V_a = \frac{\frac{10}{5}}{\frac{1}{10}+\frac{1}{10}+\frac{1}{5}} = \frac{2}{\frac{2}{5}} = 5[V]$$

2 병렬합성이므로

정전용량 $C = \epsilon_0 \frac{\frac{1}{3}S}{d} + \epsilon_0 \epsilon_s \frac{\frac{2}{3}S}{d} = \epsilon_0 \frac{S}{d}(\frac{1}{3}+2) = 6 \times \frac{7}{3} = 14[\mu F]$

정답 및 해설 1.④ 2.②

3 220 [V], 55 [W] 백열등 2개를 매일 30분씩 10일간 점등했을 때 사용한 전력량과 110 [V], 55 [W]인 백열등 1개를 매일 1시간씩 10일간 점등했을 때 사용한 전력량의 비는?

① 1 : 1　　② 1 : 2
③ 1 : 3　　④ 1 : 4

4 그림과 같은 회로에서 저항(R_1) 양단의 전압 V_{R_1}[V]은?

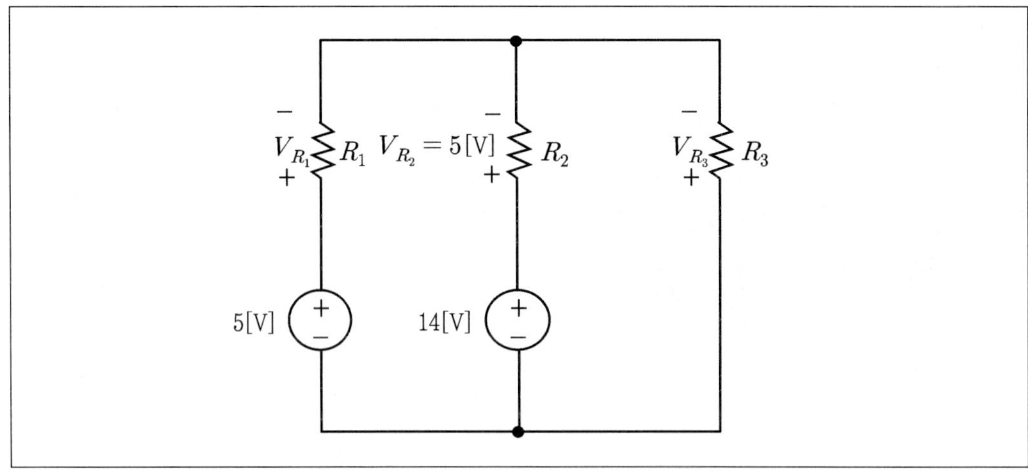

① 4　　② −4
③ 5　　④ −5

5 상호인덕턴스가 10 [mH]이고, 두 코일의 자기인덕턴스가 각각 20 [mH], 80 [mH]일 경우 상호유도 회로에서의 결합계수 k는?

① 0.125　　② 0.25
③ 0.375　　④ 0.5

3 전력량은 동일하다.

㉠ $55\times2\times\frac{1}{2}\times10=550[WH]$

㉡ $55\times1\times1\times10=550[WH]$

따라서 전력량 비는 1 : 1

4 중성점에서 볼 때

$14[V]-5[V]=5[V]-V_{R_1}$ 이어야 하므로

$V_{R_1}=-4[V]$

5 결합계수는 1차측의 에너지가 2차측으로 얼마만큼 전달되는가를 나타내는 수치이다.

$k=\frac{M}{\sqrt{L_1L_2}}=\frac{10}{\sqrt{20\times80}}=0.25$

정답 및 해설 3.① 4.② 5.②

6 그림과 같은 평형 3상 Y－Δ 결선 회로에서 상전압이 200 [V]이고, 부하단의 각 상에 $R=90$ [Ω], $X_L=120$ [Ω]이 직렬로 연결되어 있을 때 3상 부하의 소비 전력[W]은?

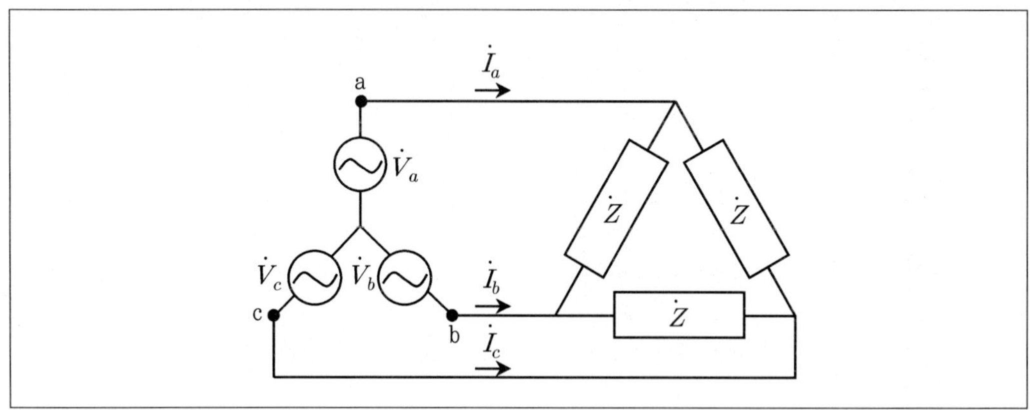

① 480
② $480\sqrt{3}$
③ 1440
④ $1440\sqrt{3}$

7 그림과 같은 회로의 이상적인 단권변압기에서 Z_{in}과 Z_L 사이의 관계식으로 옳은 것은? (단, V_1은 1차측 전압, V_2는 2차측 전압, I_1은 1차측 전류, I_2는 2차측 전류, N_1+N_2는 1차측 권선수, N_2는 2차측 권선수이다)

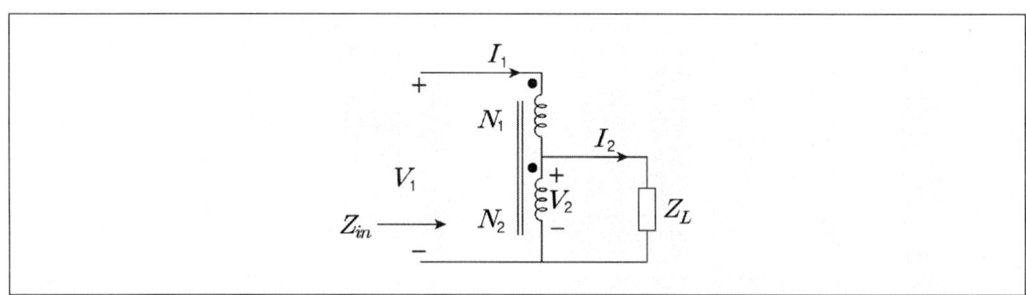

① $Z_{in}=Z_L\left(\dfrac{N_1+N_2}{N_2}\right)^2$
② $Z_{in}=Z_L\left(\dfrac{N_1+N_2}{N_1}\right)^2$
③ $Z_{in}=Z_L\left(\dfrac{N_1+N_2}{N_2}\right)$
④ $Z_{in}=Z_L\left(\dfrac{N_1+N_2}{N_1}\right)$

8 직각좌표계의 진공 중에 균일하게 대전되어 있는 무한 $y-z$ 평면 전하가 있다. x축 상의 점에서 r만큼 떨어진 점에서의 전계 크기는?

① r^2에 반비례한다.
② r에 반비례한다.
③ r에 비례한다.
④ r과 관계없다.

6 3상부하의 소비전력 부하를 Y결선으로 하면 1/3이 되므로 임피던스는 $Z=30+j40[\Omega]$이 된다.

$$P=3\times\frac{V^2R}{R^2+X^2}=3\times\frac{200^2\times30}{30^2+40^2}=1440[W]$$

7 변압비 $a=\frac{V_1}{V_2}=\frac{N_1+N_2}{N_2}=\sqrt{\frac{Z_{in}}{Z_L}}$ 이므로

$$Z_{in}=Z_L(\frac{N_1+N_2}{N_2})^2$$

8 면전하에서 전계는 $E=\frac{\sigma}{\epsilon_0}[V/m]$로서 거리와는 무관하다.

정답 및 해설 6.③ 7.① 8.④

9 $R = 90\ [\Omega]$, $L = 32$ [mH], $C = 5\ [\mu F]$의 직렬회로에 전원전압 $v(t) = 750\cos(5000t + 30°)$ [V]를 인가했을 때 회로의 리액턴스[Ω]는?

① 40　　② 90

③ 120　　④ 160

10 그림과 같은 회로에서 4단자 임피던스 파라미터 행렬이 〈보기〉와 같이 주어질 때 파라미터 Z_{11}과 Z_{22}, 각각의 값[Ω]은?

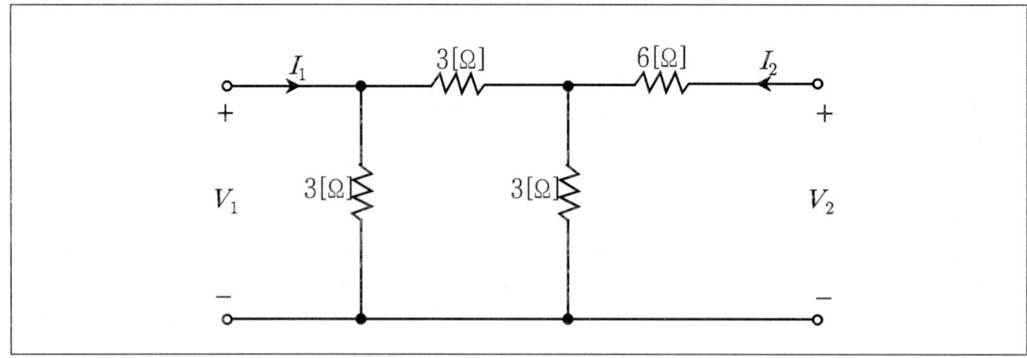

보기

$$\begin{bmatrix} V_1 \\ V_2 \end{bmatrix} = \begin{bmatrix} Z_{11} & Z_{12} \\ Z_{21} & Z_{22} \end{bmatrix} \begin{bmatrix} I_1 \\ I_2 \end{bmatrix}$$

① 1, 9　　② 2, 8

③ 3, 9　　④ 6, 12

11 20[V]를 인가했을 때 400[W]를 소비하는 굵기가 일정한 원통형 도체가 있다. 체적을 변하지 않게 하고 지름이 $\frac{1}{2}$로 되게 일정한 굵기로 잡아 늘였을 때 변형된 도체의 저항 값[Ω]은?

① 10
② 12
③ 14
④ 16

9 회로의 리액턴스 $\omega = 5000$이므로

$X = X_L - X_C = \omega L - \frac{1}{\omega C} = 5000 \times 32 \times 10^{-3} - \frac{1}{5000 \times 5 \times 10^{-6}}$

$X = 160 - 40 = 120[\Omega]$

10 $\begin{vmatrix} Z_{11} & Z_{12} \\ Z_{21} & Z_{22} \end{vmatrix} = \begin{vmatrix} 1 & 0 \\ \frac{1}{3} & 1 \end{vmatrix} \begin{vmatrix} 1 & 3 \\ 0 & 1 \end{vmatrix} \begin{vmatrix} 1 & 0 \\ \frac{1}{3} & 1 \end{vmatrix} \begin{vmatrix} 1 & 6 \\ 0 & 1 \end{vmatrix} = \begin{vmatrix} 1 & 3 \\ \frac{1}{3} & 2 \end{vmatrix} \begin{vmatrix} 1 & 0 \\ \frac{1}{3} & 1 \end{vmatrix} \begin{vmatrix} 1 & 6 \\ 0 & 1 \end{vmatrix} = \begin{vmatrix} 2 & 3 \\ 1 & 2 \end{vmatrix} \begin{vmatrix} 1 & 6 \\ 0 & 1 \end{vmatrix}$

$\begin{vmatrix} Z_{11} & Z_{12} \\ Z_{21} & Z_{22} \end{vmatrix} = \begin{vmatrix} 2 & 3 \\ 1 & 2 \end{vmatrix} \begin{vmatrix} 1 & 6 \\ 0 & 1 \end{vmatrix} = \begin{vmatrix} 2 & 15 \\ 1 & 8 \end{vmatrix}$

11
20[V]를 인가했을 때 400[W]를 소비하는 저항 $R = \frac{V^2}{P} = \frac{20^2}{400} = 1[\Omega]$

체적을 변하지 않도록 하고 지름이 1/2이면 원통형 도체의 체적은 $\pi r^2 l = \frac{\pi d^2}{4} l$ 지름을 1/2로 줄이면 길이는 4배가 되므로 저항은 지름으로 4배, 길이로 4배가 되어 16배가 된다. 따라서 변형된 도체의 저항 값은 16[Ω]이다.

정답 및 해설 9.③ 10.② 11.④

12 인덕터(L)와 커패시터(C)가 병렬로 연결되어 있는 회로에서 공진현상이 발생하였다. 이때 임피던스(Z)의 크기 변화로 옳은 것은?

① $Z=0$ [Ω]이 된다.
② $Z=1$ [Ω]이 된다.
③ $Z=\infty$ [Ω]가 된다.
④ 변화가 없다.

13 직류전원[V], $R=20$ [kΩ], $C=2$ [μF]의 값을 갖고 스위치가 열린 상태의 RC직렬회로에서 $t=0$일 때 스위치가 닫힌다. 이때 시정수 τ [s]는?

① 1×10^{-2}
② 1×10^{4}
③ 4×10^{-2}
④ 4×10^{4}

14 전압과 전류의 순시값이 아래와 같이 주어질 때 교류 회로의 특성에 대한 설명으로 옳은 것은?

$$v(t)=200\sqrt{2}\sin\left(\omega t+\frac{\pi}{6}\right)[\mathrm{V}]$$

$$i(t)=10\sin\left(\omega t+\frac{\pi}{3}\right)[\mathrm{A}]$$

① 전압의 실횻값은 $200\sqrt{2}$ [V]이다.
② 전압의 파형률은 1보다 작다.
③ 전류의 파고율은 10이다.
④ 위상이 30° 앞선 진상 전류가 흐른다.

15 두 종류의 수동 소자가 직렬로 연결된 회로에 교류 전원전압 $v(t)=200\sin(200t+\frac{\pi}{3})$ [V]를 인가하였을 때 흐르는 전류는 $i(t)=10\sin(200t+\frac{\pi}{6})$ [A]이다. 이때 두 소자 값은?

① $R=10\sqrt{3}$ [Ω], $L=0.05$ [H]
② $R=20$ [Ω], $L=0.5$ [H]
③ $R=10\sqrt{3}$ [Ω], $C=0.05$ [F]
④ $R=20$ [Ω], $C=0.5$ [F]

12 병렬회로에서 공진은 임피던스가 커지므로 전류가 작아지는 현상이다.
지금 L-C회로이므로 임피던스는

$$Z=\frac{j\omega L\frac{1}{j\omega C}}{j\omega L+\frac{1}{j\omega C}}=\frac{X^2}{jX_L-jX_C}=\frac{X^2}{0}=\infty$$

13 R-C회로의 시정수는 $RC=20\times10^3\times2\times10^{-6}=4\times10^{-2}$[sec]

14 전압의 최댓값 $200\sqrt{2}$[V], 실횻값 200[V], 파형률 $=\frac{\text{실횻값}}{\text{평균값}}>1$

전류의 최댓값 10[A], 파고율 $=\frac{\text{최대값}}{\text{실효값}}=\frac{10}{\frac{10}{\sqrt{2}}}=\sqrt{2}$

15

임피던스 $Z=\frac{v(t)}{i(t)}=\frac{\frac{200}{\sqrt{2}}\angle\frac{\pi}{3}}{\frac{10}{\sqrt{2}}\angle\frac{\pi}{6}}=20\angle\frac{\pi}{6}=20(\cos30^\circ+j\sin30^\circ)=10\sqrt{3}+j10[\Omega]$

따라서 두 소자 $R=10\sqrt{3}[\Omega]$, $X_L=\omega L=10[\Omega]$
$\omega=200$ 이므로 L = 0.05[H]

정답 및 해설 12.③ 13.③ 14.④ 15.①

16 진공 중에 두 개의 긴 직선도체가 6 [cm]의 거리를 두고 평행하게 놓여있다. 각 도체에 10 [A], 15 [A]의 전류가 같은 방향으로 흐르고 있을 때 단위 길이당 두 도선 사이에 작용하는 힘 [N/m]은? (단, 진공 중의 투자율 $\mu_0 = 4\pi \times 10^{-7}$ 이다)

① 5.0×10^{-5}　　② 5.0×10^{-4}
③ 3.3×10^{-3}　　④ 4.1×10^{2}

17 300 [Ω]과 100 [Ω]의 저항성 임피던스를 그림과 같이 회로에 연결하고 대칭 3상 전압 $V_L = 200\sqrt{3}$ [V]를 인가하였다. 이 때 회로에 흐르는 전류 I [A]는?

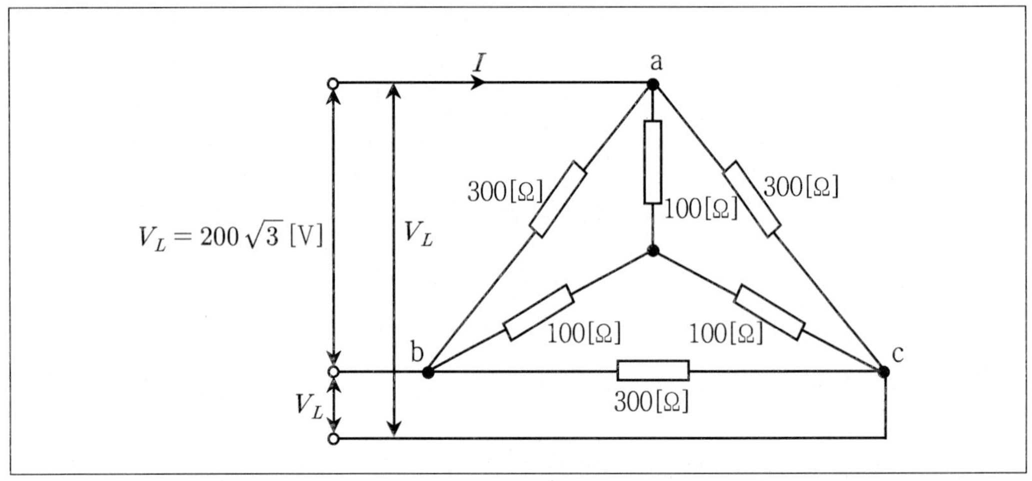

① 1　　② 2
③ 3　　④ 4

18 부하 양단 전압이 $v(t)=60\cos(\omega t-10°)$ [V]이고 부하에 흐르는 전류가 $i(t)=1.5\cos(\omega t+50°)$ [A]일 때 복소전력 S [VA]와 부하 임피던스 Z [Ω]는?

	S [VA]	Z [Ω]
①	$45\angle 40°$	$40\angle 60°$
②	$45\angle 40°$	$40\angle -60°$
③	$45\angle -60°$	$40\angle 60°$
④	$45\angle -60°$	$40\angle -60°$

16 두 도선이 평행하고 전류가 같은 방향으로 흐르면 흡인력이 작용한다.

$F=\dfrac{2I_1I_2}{r}\times10^{-7}=\dfrac{2\times10\times15}{0.06}\times10^{-7}=5\times10^{-4}[N/m]$

17 일단 부하측 델타 임피던스를 Y로 바꾸면 저항이 $\dfrac{1}{3}$로 감소하므로 100[Ω]이 되고, Y로 있던 100[Ω]과 병렬이므로 합성이 50[Ω]이 된다. 따라서 $I=\dfrac{E}{Z}=\dfrac{200}{50}=4[A]$

18 $S=VI\cos\theta=\dfrac{60}{\sqrt{2}}\times\dfrac{1.5}{\sqrt{2}}\cos(-10°-50°)=45\cos(-60°)=45\angle-60°[VA]$, 참고 유효전력은

$P=45\cos60°=22.5[W]$

임피던스 $Z=\dfrac{\dfrac{60}{\sqrt{2}}\angle-10°}{\dfrac{1.5}{\sqrt{2}}\angle50°}=40\angle-60°$

정답 및 해설 16.② 17.④ 18.④

19 그림과 같은 회로에서 스위치는 긴 시간 동안 개방되어 있다가 $t=0$에서 닫힌다. $t \geq 0$에서 인덕터에 흐르는 전류 $i(t)$[A]는?

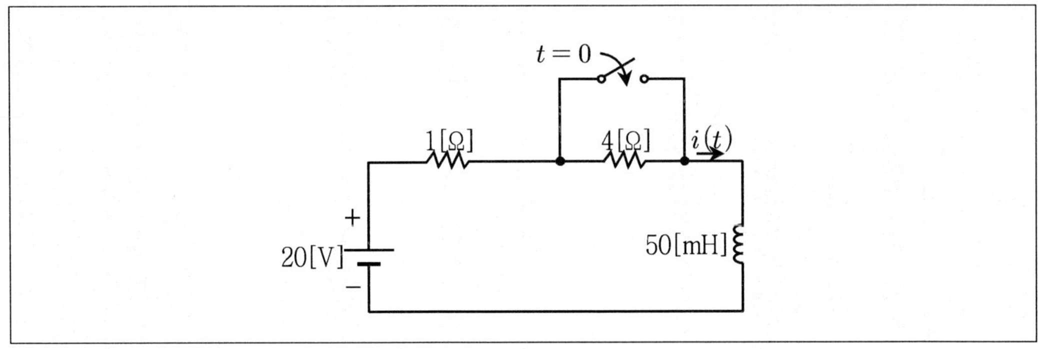

① $20-16e^{-10t}$
② $20-16e^{-20t}$
③ $20-24e^{-10t}$
④ $20-24e^{-20t}$

20 그림과 같은 회로에 $R=3$ [Ω], $\omega L=1$ [Ω]을 직렬 연결한 후 $v(t)=100\sqrt{2}\sin\omega t+30\sqrt{2}\sin 3\omega t$ [V]의 전압을 인가했을 때 흐르는 전류 $i(t)$의 실횻값[A]은?

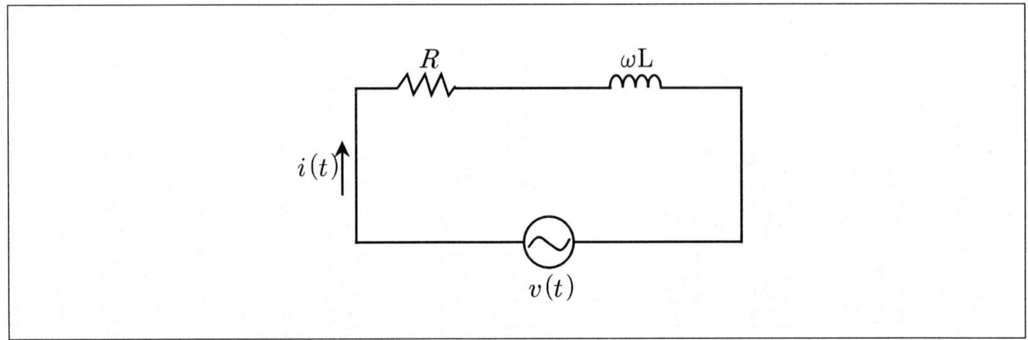

① $4\sqrt{3}$
② $5\sqrt{5}$
③ $5\sqrt{42}$
④ $6\sqrt{17}$

19 정상전류 $i(0)=\dfrac{E}{R}=\dfrac{20}{5}=4[A]$. 스위치를 닫으면 $4[\Omega]$의 저항이 단락되므로 전류의 최종값은

$I=\dfrac{E}{R}=\dfrac{20}{1}=20[A]$가 된다. 시정수는 $\dfrac{L}{R}=\dfrac{50\times 10^{-3}}{1}=0.05[\sec]$이므로 감소지수는 $e^{-\frac{R}{L}t}=e^{-\frac{1000}{50}t}=e^{-20t}$

따라서 전류는 초기에 $4[A]$에서 시간이 흘러 과도항이 사라지고 정상이 되면 $20[A]$가 된다.

$i(t)=20-16e^{-20t}[A]$

20 3고조파를 포함하고 있으므로

기본파 전류 $i_1(t)=\dfrac{V_1}{Z_1}=\dfrac{100}{\sqrt{3^2+1^2}}=\dfrac{100}{\sqrt{10}}[A]$

3고조파 전류 $i_3(t)=\dfrac{V_3}{Z_3}=\dfrac{30}{\sqrt{R^2+(3\omega L)^2}}=\dfrac{30}{\sqrt{3^2+3^2}}=\dfrac{30}{\sqrt{18}}[A]$

그러므로 전류의 실횻값은

$i(t)=\sqrt{i_1(t)^2+i_3(t)^2}=\sqrt{\dfrac{100^2}{10}+\dfrac{30^2}{18}}=\sqrt{1050}=5\sqrt{42}[A]$

정답 및 해설 19.② 20.③

2017 6월 17일 | 제1회 지방직 시행

1 그림과 같은 회로에서 a, b 단자에서의 테브난(Thevenin) 등가전압[V]과 등가저항[Ω]은?

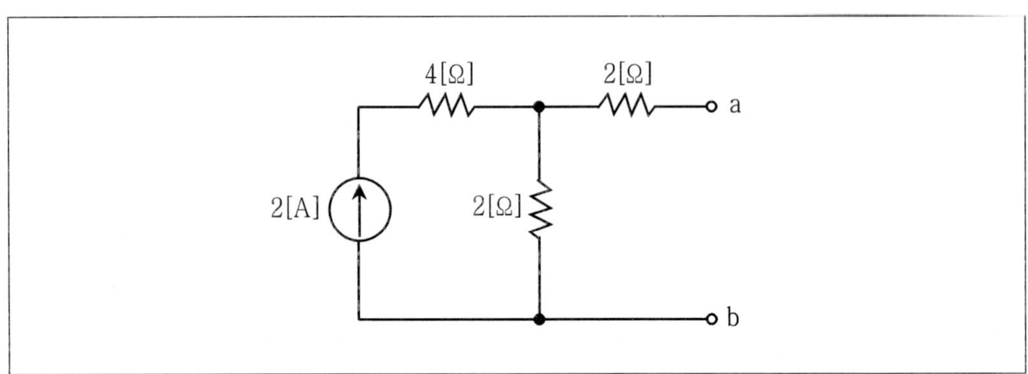

	등가전압[V]	등가저항[Ω]
①	4	4
②	4	3.33
③	12	4
④	12	3.33

2 그림과 같이 커패시터 C_1 = 100 [μF], C_2 = 120 [μF], C_3 = 150 [μF]가 직렬로 연결된 회로에 14 [V]의 전압을 인가할 때, 커패시터 C_1에 충전되는 전하량[C]은?

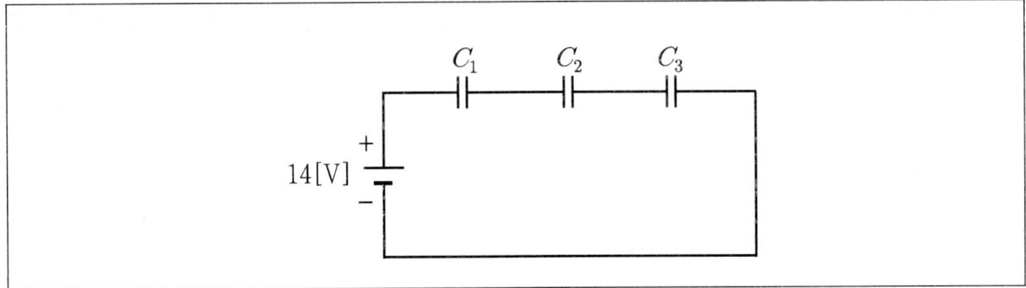

① 2.86×10^{-6}
② 2.64×10^{-5}
③ 5.60×10^{-4}
④ 5.18×10^{-3}

---

1 그림에서 전류원을 개방하면 4[Ω]에는 전류가 흐르지 않으므로 ab단자에서 본 등가저항은 $R = 2 + 2 = 4[\Omega]$이 된다.
전류원에 의하여 회로의 등가전압은 2[A]의 전류원이 2[Ω]에 흘러서 4[V]의 등가전압이 인가된다.

2 직렬회로이므로 각 콘덴서에는 같은 양의 전기량이 충전된다.
C_2와 C_3를 합성하면 $C = \dfrac{C_2 C_3}{C_2 + C_3} = \dfrac{120 \times 150}{120 + 150} = 66.67[\mu F]$
C_1에 걸리는 전압은 $V_1 = \dfrac{C}{C_1 + C} V = \dfrac{66.67}{100 + 66.67} \times 14 = 5.6[V]$
따라서 C_1에 충전되는 전하량은
$Q_1 = C_1 V_1 = 100 \times 10^{-6} \times 5.6 = 5.6 \times 10^{-4}[C]$

정답 및 해설 1.① 2.③

3 220 [V]의 교류전원에 소비전력 60 [W]인 전구와 500 [W]인 전열기를 직렬로 연결하여 사용하고 있다. 60 [W] 전구를 30 [W] 전구로 교체할 때 옳은 것은?

① 전열기의 소비전력이 증가한다.
② 전열기의 소비전력이 감소한다.
③ 전열기에 흐르는 전류가 증가한다.
④ 전열기의 소비전력은 변하지 않는다.

4 어떤 부하에 100 + j50 [V]의 전압을 인가하였더니 6 + j8 [A]의 부하전류가 흘렀다. 이 때 유효전력[W]과 무효전력[Var]은?

	유효전력[W]	무효전력[Var]
①	200	1,100
②	200	−1,100
③	1,000	500
④	1,000	−500

5 그림과 같은 회로에서 부하저항 R_L에 최대전력이 전달되기 위한 R_L [Ω]과 이 때 R_L에 전달되는 최대전력 P_{max} [W]는?

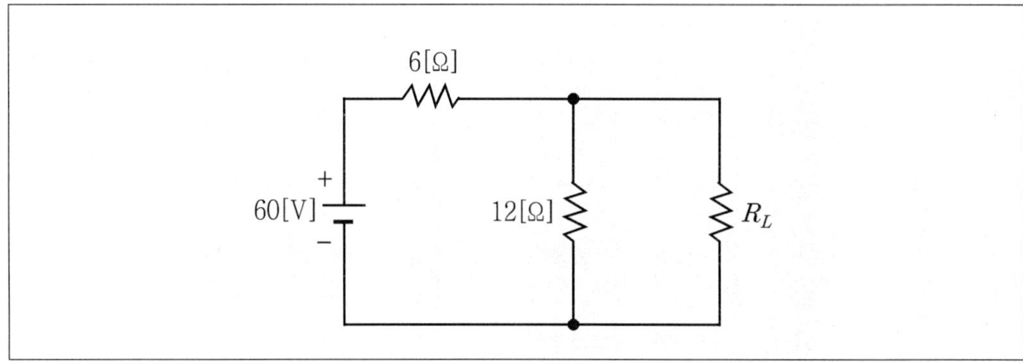

	R_L [Ω]	P_{max} [W]
①	4	100
②	4	225
③	6	100
④	6	225

3 지금 60[W]의 전구와 500[W]의 전열기의 저항을 구하면

$R_{60} = \frac{V^2}{P} = \frac{220^2}{60} = 806.7[\Omega]$

$R_{500} = \frac{V^2}{P} = \frac{220^2}{500} = 96.8[\Omega]$

60[W]의 전구보다 30[W]의 전구는 저항이 두 배나 크다.
직렬이기 때문에 전류는 같고 저항비에 따라 전압비가 달라진다.
30[W]전구로 바꾸면 전열기의 전압이 낮아진다. 따라서 전열기의 소비전력이 낮아지는 것이다.

4 $V = 100 + j50 = \sqrt{100^2 + 50^2} \angle \tan^{-1}0.5 = 111.8 \angle 26.56^\circ [V]$

$I = 6 + j8 = 10 \angle 53.13^\circ [A]$

유효전력 $P = VI\cos\theta = 111.8 \times 10 \times \cos(26.56^\circ - 53.13^\circ) = 1000[W]$

무효전력 $P_r = VIsin(26.56^\circ - 53.13^\circ) = -500[Var]$

5 부하저항 R_L에 최대전력이 전달되려면 전압을 단락시킨 회로의 합성저항과 같아야 한다.

따라서 합성 등가저항은 $R = \frac{6 \times 12}{6 + 12} = 4[\Omega]$이 되며 이때의 최대 전력은

$P_{\max} = I^2 R_L = (\frac{V}{R + R_L})^2 R_L = \frac{V^2}{4R_L} = \frac{40^2}{4 \times 4} = 100[W]$

정답 및 해설 3.② 4.④ 5.①

6 자유공간에서 자기장의 세기가 $yz^2 \mathbf{a}_x$[A/m]의 분포로 나타날 때, 점 P(5, 2, 2)에서의 전류밀도 크기[A/m^2]는?

① 4
② 12
③ $4\sqrt{5}$
④ $12\sqrt{5}$

7 그림과 같이 비유전율이 각각 5와 8인 유전체 A와 B를 동일한 면적, 동일한 두께로 접합하여 평판전극을 만들었다. 전극 양단에 전압을 인가하여 완전히 충전한 후, 유전체 A의 양단전압을 측정하였더니 80[V]였다. 이 때 유전체 B의 양단전압[V]은?

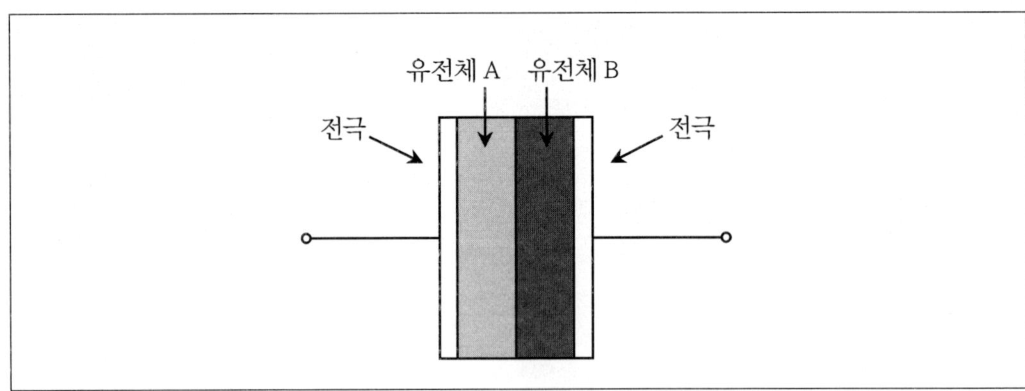

① 50
② 80
③ 96
④ 128

8 그림과 같이 자기 인덕턴스가 L_1 = 8 [H], L_2 = 4 [H], 상호 인덕턴스가 M = 4 [H]인 코일에 5[A]의 전류를 흘릴 때, 전체 코일에 축적되는 자기에너지[J]는?

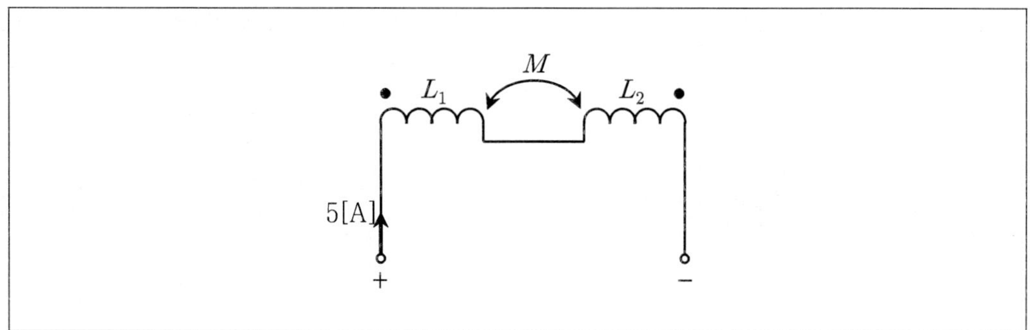

① 10　　② 25
③ 50　　④ 100

---

6 $rot\,H = J[A/m^2]$ 에서

$$J = rot\,H = \begin{vmatrix} i & j & k \\ \frac{\partial}{\partial x} & \frac{\partial}{\partial y} & \frac{\partial}{\partial z} \\ yz^2 & 0 & 0 \end{vmatrix} = -j\frac{\partial yz^2}{\partial z} - k\frac{\partial yz^2}{\partial y} = -2yzj - z^2k = -8j - 4k$$

따라서 크기는 $J = \sqrt{8^2 + 4^2} = 4\sqrt{5}\,[A/m^2]$

7 지금 두 개의 콘덴서가 직렬로 결합된 것과 같고 정전용량은 유전율과 비례하고 전압에 반비례하므로 전압은 유전율의 크기 비에 반비례하는 것으로 풀면 된다.
A와 B의 전압비는 유전율의 비 5 : 8과 반비례하므로

$V_A = \frac{8}{5+8}V = 80[V]$이므로 전원전압 V = 130[V]이다.

따라서 $V_B = 50[V]$

8 두 개의 코일이 감극성으로 결합되었으므로 합성 인덕턴스는
$L = L_1 + L_2 - 2M = 8 + 4 - 2\times 4 = 4[H]$

코일에 축적되는 자기에너지는 $W = \frac{1}{2}LI^2 = \frac{1}{2}\times 4\times 5^2 = 50[J]$

정답 및 해설 6.③ 7.① 8.③

9 그림과 같이 어떤 부하에 교류전압 $v(t) = \sqrt{2}\,V\sin\omega t$를 인가하였더니 순시전력이 $p(t)$와 같은 형태를 보였다. 부하의 역률은?

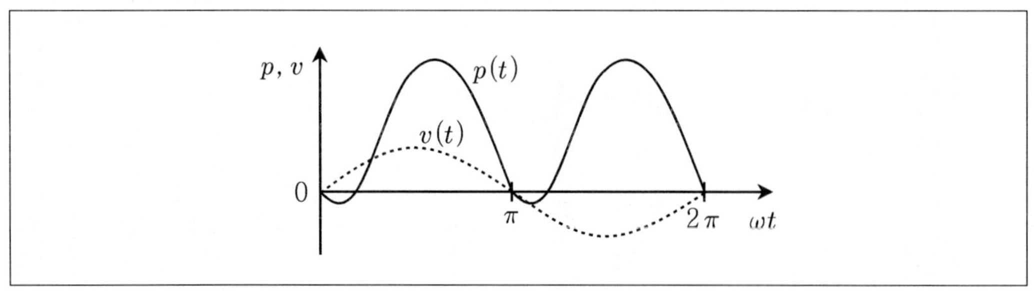

① 동상
② 진상
③ 지상
④ 알 수 없다.

10 정현파 교류전압의 실횻값에 대한 물리적 의미로 옳은 것은?

① 실횻값은 교류전압의 최댓값을 나타낸다.
② 실횻값은 교류전압 반주기에 대한 평균값이다.
③ 실횻값은 교류전압의 최댓값과 평균값의 비율이다.
④ 실횻값은 교류전압이 생성하는 전력 또는 에너지의 효능을 내포한 값이다.

11 평형 3상 Y-결선의 전원에서 선간전압의 크기가 100 [V]일 때, 상전압의 크기[V]는?

① $100\sqrt{3}$
② $100\sqrt{2}$
③ $\dfrac{100}{\sqrt{2}}$
④ $\dfrac{100}{\sqrt{3}}$

12 그림과 같은 $R-C$ 직렬회로에서 크기가 $1\angle 0°$[V]이고 각주파수가 ω[rad/sec]인 정현파 전압을 인가할 때, 전류(I)의 크기가 $2\angle 60°$[A]라면 커패시터(C)의 용량[F]은?

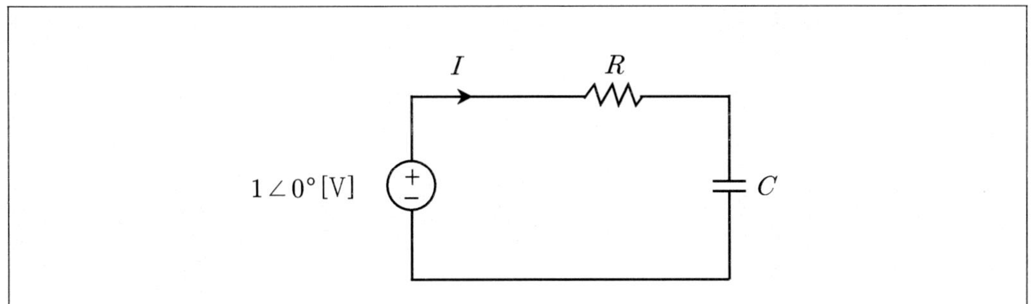

① $\dfrac{4}{\sqrt{2}\ \omega}$　　② $\dfrac{4}{\sqrt{3}\ \omega}$

③ $\dfrac{2}{\sqrt{2}\ \omega}$　　④ $\dfrac{2}{\sqrt{3}\ \omega}$

---

9 전압은 기본파인데 전력의 위상이 늦음이 있으므로 전류의 위상이 뒤지는 것을 알 수 있다. 전류의 위상은 유도성회로에서 지상이 되므로 부하의 역률은 1보다 낮은 지상역률이다.

10 실횻값이란 교류전압의 최댓값의 70.7[%]의 값으로 직류와 동일한 에너지 효능을 갖는 값을 말한다.

11 평형 3상 Y결선에서 상전압은 $E=\dfrac{V}{\sqrt{3}}[V]$, 선전류와 상전류는 같다.

따라서 선간전압이 100[V]이면 상전압은 $\dfrac{100}{\sqrt{3}}[V]$

12 회로의 임피던스를 구하면

$$Z=\frac{V}{I}=\frac{1\angle 0^{\circ}}{2\angle 60^{\circ}}=0.5\angle -60^{\circ}=\frac{1}{2}(\cos 60^{\circ}-j\sin 60^{\circ})=\frac{1}{4}-j\frac{\sqrt{3}}{4}[\Omega]$$

용량성 리액턴스 $X_c=\dfrac{\sqrt{3}}{4}=\dfrac{1}{\omega C}[\Omega]$이므로

$$C=\frac{4}{\omega\sqrt{3}}[F]$$

정답 및 해설 9.③ 10.④ 11.④ 12.②

13 그림과 같은 10 [V]의 전압이 인가된 $R-C$ 직렬회로에서 시간 $t=0$에서 스위치를 닫을 때의 설명으로 옳지 않은 것은? (단, 커패시터의 초기($t=0^-$) 전압은 0 [V]이다)

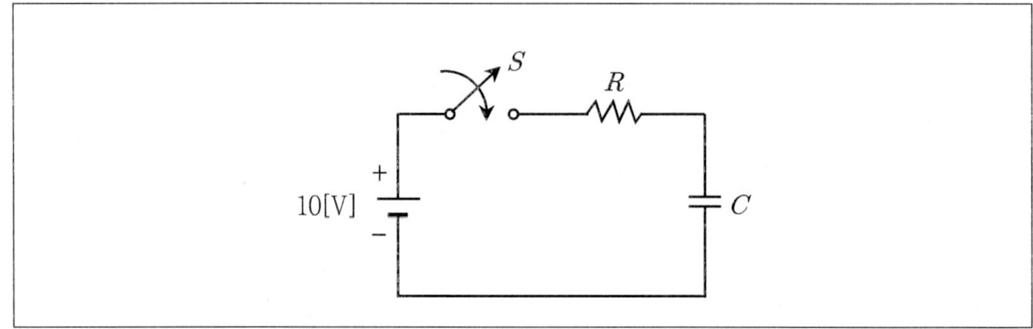

① 시정수(τ)는 RC [sec]이다.
② 충분한 시간이 경과하면 전류는 거의 흐르지 않는다.
③ 충분한 시간이 경과하면 커패시터의 전압은 10 [V]를 초과한다.
④ 초기 3τ 동안 커패시터에 충전되는 전압은 정상상태 충전전압의 90 % 이상이다.

14 정격전압에서 50 [W]의 전력을 소비하는 저항에 정격전압의 60 %인 전압을 인가할 때 소비전력[W]은?

① 16 ② 18
③ 20 ④ 30

15 그림과 같은 회로에서 60 [Hz], 100 [V]의 정현파 전압을 인가하였더니 위상이 60° 뒤진 2 [A]의 전류가 흘렀다. 임피던스 Z [Ω]는?

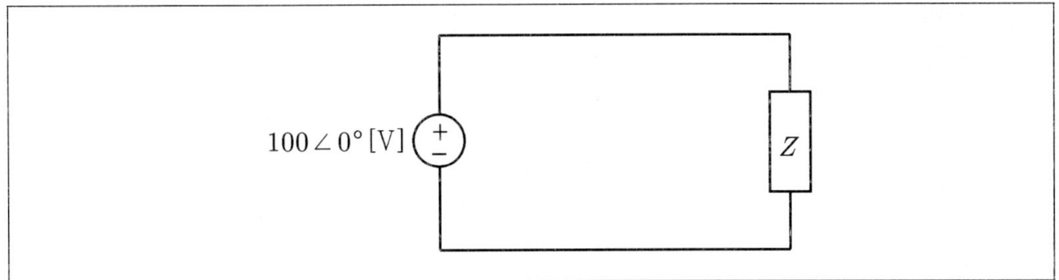

① $25\sqrt{3}-j25$
② $25\sqrt{3}+j25$
③ $25-j25\sqrt{3}$
④ $25+j25\sqrt{3}$

13 R-C회로의 과도 현상을 다루는 문제이다. C의 초기에는 전압이 0[v]이지만 시간이 지나면 충전이 되어 전원전압과 같게 된다. 이 때에는 회로 내에 전위차가 없어져서 전류가 흐르지 않는다. 전원전압 이상의 전압을 충전할 수는 없다.

14 전압을 낮추면 소비전력이 낮아진다.

$P=\frac{V^2}{R}[W]$, $R=\frac{V^2}{P}[\Omega]$이므로

전압을 60[%]로 낮추면

$$P'=\frac{V^2}{R}\Rightarrow\frac{(0.6V)^2}{\frac{V^2}{P}}=0.6^2P=0.6^2\times50=18[W]$$

15 임피던스 $Z=\frac{V}{I}=\frac{100}{2\angle-60^\circ}=50\angle60^\circ=50(\cos60^\circ+j\sin60^\circ)=25+j25\sqrt{3}\,[\Omega]$

정답 및 해설 13.③ 14.② 15.④

16 내부저항이 5 [Ω]인 코일에 실횻값 220 [V]의 정현파 전압을 인가할 때, 실횻값 11 [A]의 전류가 흐른다면 이 코일의 역률은?

① 0.25　　② 0.4
③ 0.45　　④ 0.6

17 그림과 같이 동일한 크기의 전류가 흐르고 있는 간격(d)이 20 [cm]인 평행 도선에 1 [m]당 3 $\times 10^{-6}$ [N]의 힘이 작용한다면 도선에 흐르는 전류(I)의 크기[A]는?

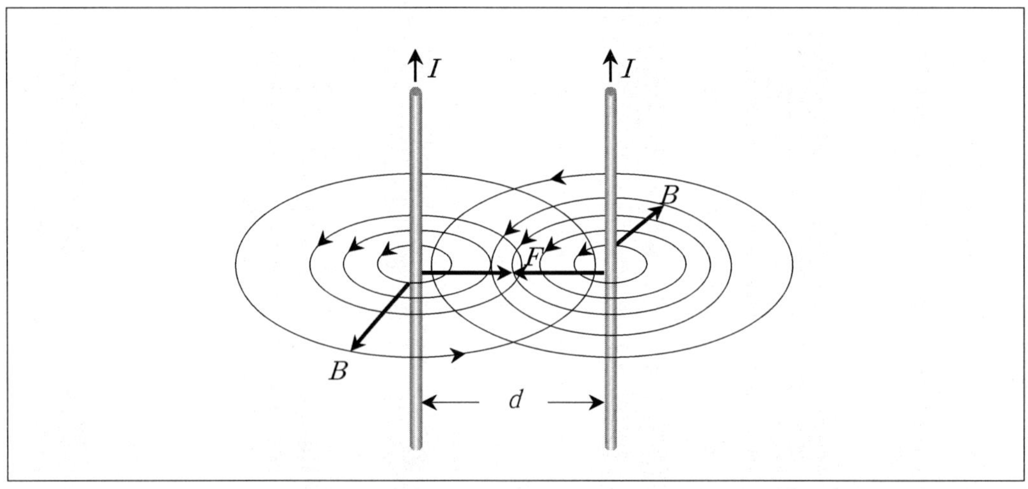

① 1　　② $\sqrt{2}$
③ $\sqrt{3}$　　④ 2

18 그림과 같은 파형에서 실횻값과 평균값의 비($\frac{\text{실횻값}}{\text{평균값}}$)는?

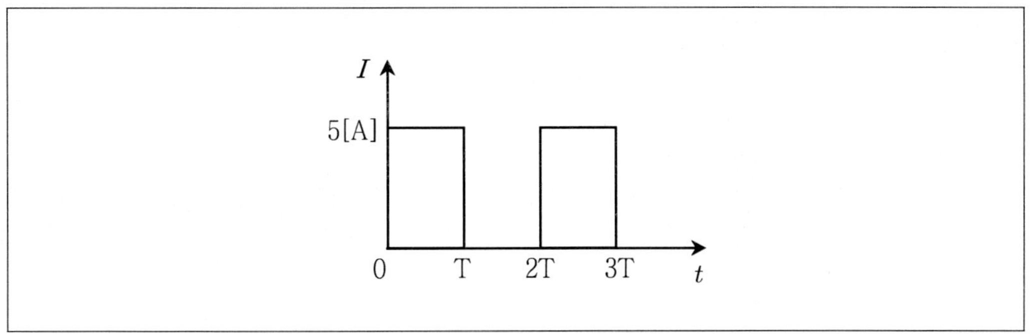

① 1
② $\sqrt{2}$
③ 2
④ $5\sqrt{2}$

16 임피던스 $Z = \frac{V}{I} = \frac{220}{11} = 20[\Omega]$

$Z = R + jX = 5 + jX = 20[\Omega]$

회로의 역률은 $\cos\theta = \frac{R}{Z} = \frac{5}{20} = 0.25$

17 평행도선에 작용하는 힘

$F = \frac{2I_1I_2}{r} \times 10^{-7} = \frac{2I^2}{0.2} \times 10^{-7} = 3 \times 10^{-6}[N/m]$

$I = \sqrt{3}[A]$의 전류가 흐르고 두 도선 간에는 흡인력이 작용한다.

18 구형파의 파형률

$$\text{파형률} = \frac{\text{실횻값}}{\text{평균값}} = \frac{\frac{I_m}{\sqrt{2}}}{\frac{I_m}{2}} = \frac{2}{\sqrt{2}} = \sqrt{2}$$

정답 및 해설 16.① 17.③ 18.②

19 그림과 같은 회로에서 1 [V]의 전압을 인가한 후, 오랜 시간이 경과했을 때 전류(I)의 크기[A]는?

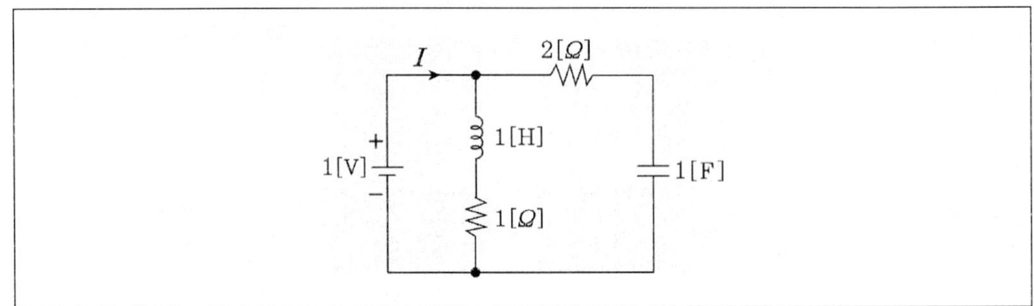

① 0.33
② 0.5
③ 0.66
④ 1

20 권선수 1,000인 코일과 20 [Ω]의 저항이 직렬로 연결된 회로에 10 [A]의 전류가 흐를 때, 자속이 3×10^{-2} [Wb]라면 시정수[sec]는?

① 0.1
② 0.15
③ 0.3
④ 0.4

19 오랜 시간이 경과하면 L은 단락, C는 개방 상태가 된다.
따라서 회로에 인가되는 전압은 1[V], 저항1[Ω]뿐이므로 1[A]의 전류가 흐른다.

20 R-L직렬회로이므로 시정수는 $\frac{L}{R}$[sec]

L은 $N\varnothing = LI$ 로 구한다.

$N\varnothing = LI$, $1000 \times 3 \times 10^{-2} = L \times 10$에서 L=3[H]

그러므로 시정수는 $\frac{L}{R} = \frac{3}{20} = 0.15$[sec]

정답 및 해설 19.④ 20.②

2017 6월 24일 | 제2회 서울특별시 시행

1 일정한 기전력이 가해지고 있는 회로의 저항값을 2배로 하면 소비전력은 몇 배가 되는가?

① $\frac{1}{8}$
② $\frac{1}{4}$
③ $\frac{1}{2}$
④ 2

2 다음 회로에서 저항에 흐르는 전류 I_1[mA]은?

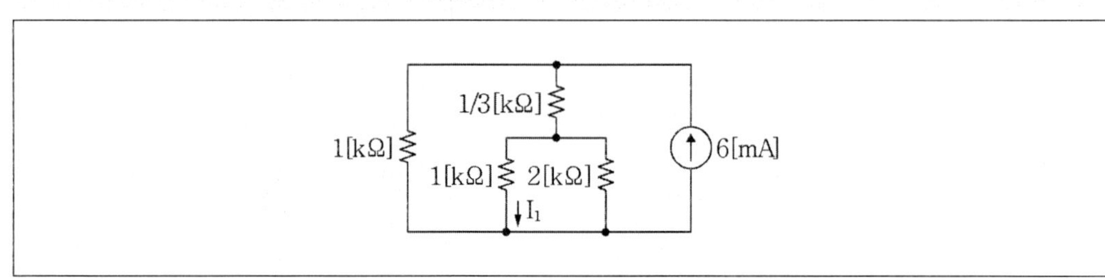

① 0.5
② 1
③ 2
④ 4

3 다음 회로를 테브난 등가회로로 변환하면 등가 저항 R_{Th}[KΩ]은?

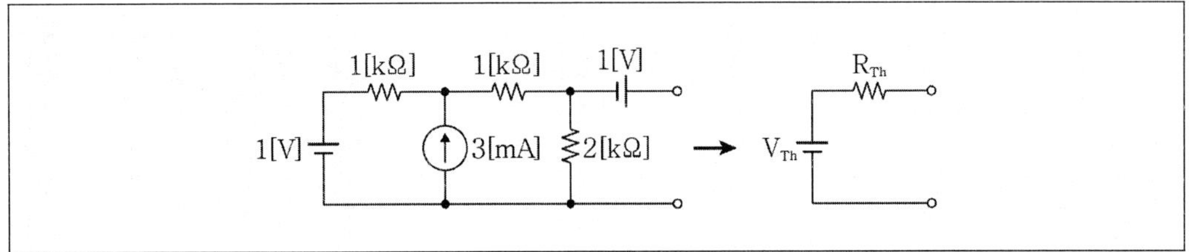

① 0.5 ② 1

③ 2 ④ 3

---

1 기전력이 일정할 때

전력 $P=\dfrac{V^2}{R}[W]$이므로 저항을 2배로 하면 전력은 1/2배가 된다.

2 $1[K\Omega]$과 $2[K\Omega]$의 합성저항은 $\dfrac{1\times 2}{1+2}=\dfrac{2}{3}[K\Omega]$ 그러므로

$1[K\Omega]$과 $2[K\Omega]$ 병렬회로에는 전류가 3[mA]가 흐르고 그중에 $1[K\Omega]$에 흐르는 전류는 2[mA]가 된다.

3 회로를 테브난의 등가회로로 바꾸면 전압원은 단락하고 전류원은 개방시킨다.

따라서 회로는 $2[K\Omega]$과 $2[K\Omega]$의 병렬회로가 되어 합성저항은 $R_e=1[K\Omega]$이 된다.

정답 및 해설 1.③ 2.③ 3.②

4 다음 회로에서 부하저항 R_L=10[Ω]에 흐르는 전류 I[A]는?

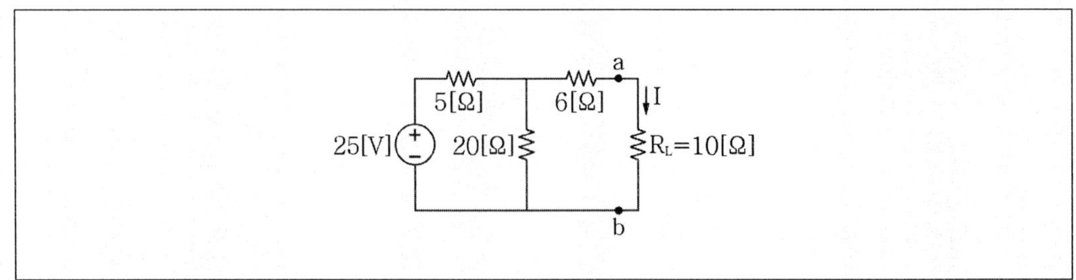

① 1
② 1.25
③ 1.75
④ 2

5 다음 회로에서 저항 R_1의 저항값[KΩ]은?

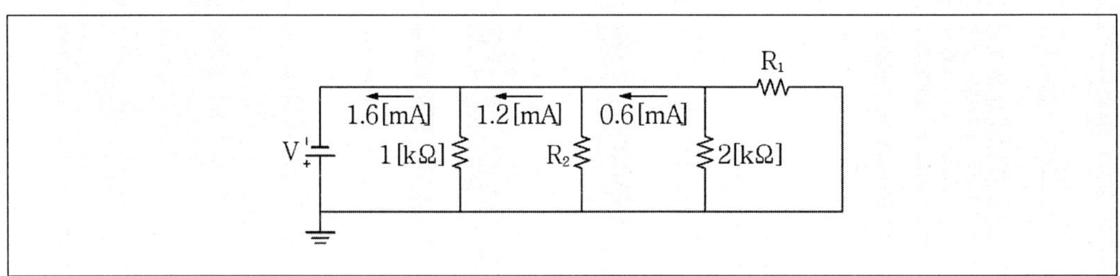

① 0.2
② 0.6
③ 1
④ 1.2

6 R-L-C 직렬회로에서 R = 20[Ω], L = 32[mH], C = 0.8[μF]일 때, 선택도 Q는?

① 0.00025
② 1.44
③ 5
④ 10

7 내부저항 0.1[Ω], 전원전압 10[V]인 전원이 있다. 부하 R_L에서 소비되는 최대전력[W]은?

① 100
② 250
③ 500
④ 1000

4 테브난의 정리로 전압원을 구하면 $V_{ab}=20[V]$, 등가저항은 $R_e=6+\frac{5\times 20}{5+20}=10[\Omega]$

따라서 R_L에 흐르는 전류는 $I=\frac{20}{10+10}=1[A]$

5 전전류가 1.6[mA], 저항이 모두 병렬이므로 전압은 전압원의 오른쪽에 있는 저항에 흐른 전류로 구한다.

$V=1[K\Omega]\times 0.4[mA]=0.4[V]$

$\frac{0.4}{\frac{2[K\Omega]\times R_1}{2[K\Omega]+R_1}}=0.6\times 10^{-3}$에서 $0.4(2000+R_1)=2000R_1\times 0.6\times 10^{-3}$

$800+0.4R_1=1.2R_1$, $R_1=1[K\Omega]$

6 R-L-C 직렬회로에서 선택도

$Q=\frac{V_L}{V}=\frac{V_c}{V}$에서 $Q=\frac{\omega L}{R}=\frac{1}{\omega CR}$이므로 $Q=\frac{1}{R}\sqrt{\frac{L}{C}}=\frac{1}{20}\sqrt{\frac{32\times 10^{-3}}{0.8\times 10^{-6}}}=10$

7 최대전력 $P_{\max}=I^2R_L=(\frac{V}{R+R_L})^2R_L[W]$에서 최대전력은 손실이 가장 적은 회로이므로

조건은 $R=R_L$, 따라서 $P_{\max}=\frac{V^2}{4R_L}=\frac{10^2}{4\times 0.1}=250[W]$

정답 및 해설 4.① 5.③ 6.④ 7.②

8 $100\sin(3\omega t + \frac{2\pi}{3})$[V]인 교류전압의 실횻값은 약 몇 [V]인가?

① 70.7　　② 100
③ 141　　④ 212

9 다음 그림의 인덕턴스 브리지에서 L_4[mH]값은? (단, 전류계 Ⓐ에 흐르는 전류는 0[A]이다.)

① 2　　② 4
③ 8　　④ 16

10 다음 회로에서 전류 I[A]값은?

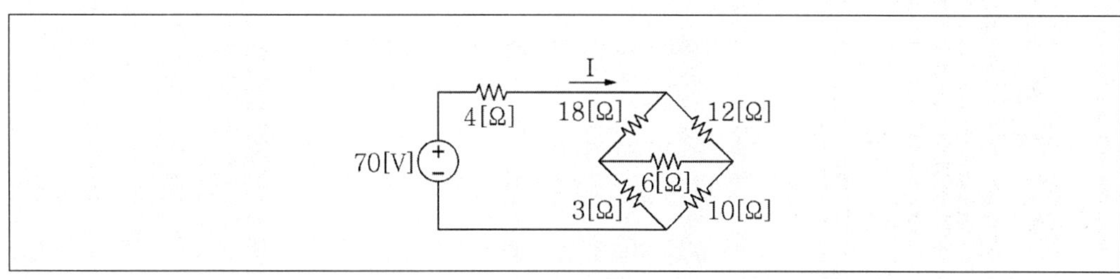

① 2.5　　② 5
③ 7.5　　④ 10

8 $v = 100\sin(3\omega t + \frac{2\pi}{3})[V]$ 이면 전압의 최댓값은 100[V], 실횻값은 $\frac{100}{\sqrt{2}} = 70.7[V]$

9 브리지가 평형상태이므로 대각선 임피던스의 곱은 같다.

$R_1(R_4 + j\omega L_4) = R_2(R_3 + j\omega L_3)$

양변의 허수부가 같으므로 $j\omega R_1 L_4 = j\omega R_2 L_3$

$5 \times 10^3 L_4 = 4 \times 10^3 \times 10 \times 10^{-3}$ 에서 $L_4 = 8[mH]$

10 브리지의 저항을 구하고, 전체 저항을 구하면

$R = 4 + 6 + \frac{12 \times 6}{12 + 6} = 14[\Omega]$

회로의 전류는 $I = \frac{V}{R} = \frac{70}{14} = 5[A]$

정답 및 해설 8.① 9.③ 10.②

11 다음 반전 연산 증폭기회로에서 입력저항 2[KΩ], 피드백 저항 5[kΩ]에 흐르는 전류 i_s, i_F [mA]는? (단, V_s=2[V])

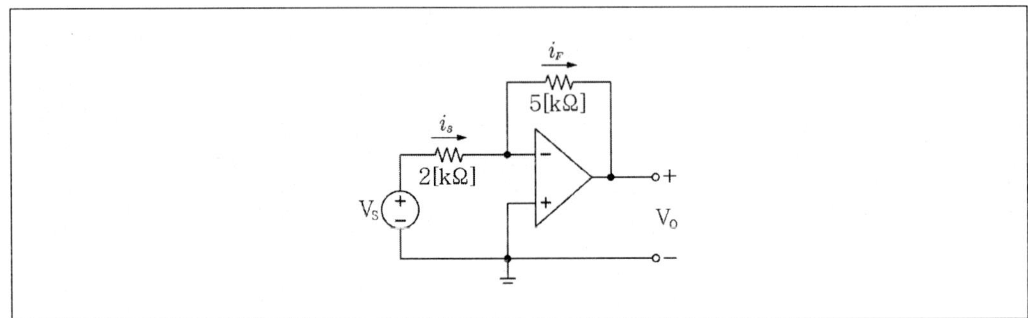

① i_s=1[mA], i_F=1[mA]

② i_s=1[mA], i_F=2[mA]

③ i_s=2[mA], i_F=1[mA]

④ i_s=2[mA], i_F=2[mA]

12 다음 4단자 회로망(two port network)의 Y 파라미터 중 $Y_{11}[\Omega^{-1}]$은?

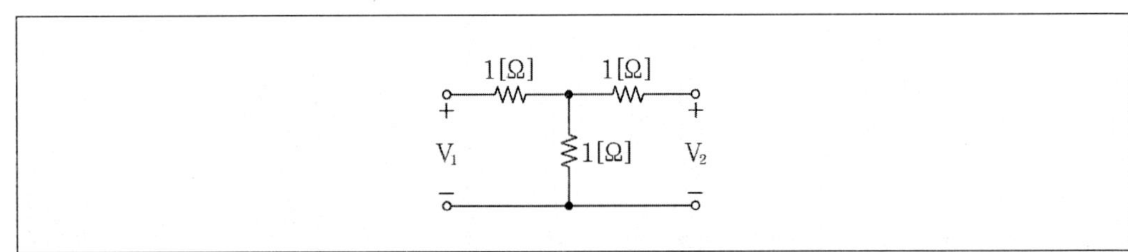

① 1/2　　② 2/3

③ 1　　④ 2

13 다음과 같은 T형 회로에서 4단자 정수 중 AD값은? [기출변형]

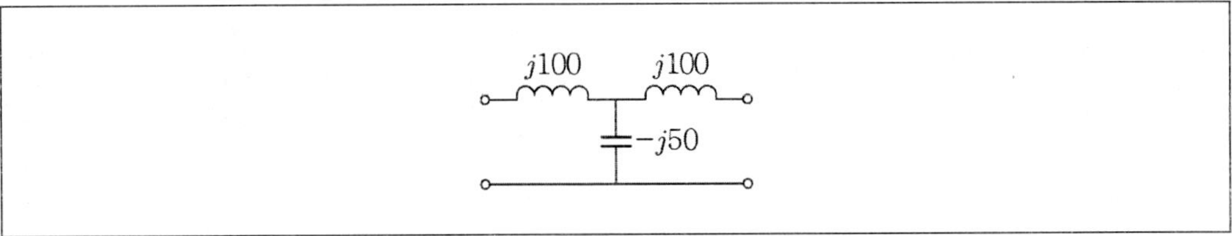

① −2
② −1
③ 0
④ 1

---

11 $i_s = \frac{V_s}{2\times10^3} = \frac{2}{2\times10^3} = 1[mA]$,

$\frac{V_s}{2\times10^3} = -\frac{V_F}{5\times10^3}$에서 $V_s = 2[V]$를 대입하면 $V_F = -5[V]$ 그러므로 $i_F = \frac{5}{5\times10^3} = 1[mA]$

12 그림을 △(π형)회로로 변환을 하면 그림과 같다.

3[Ω] $Y_b = \frac{1}{3}$[℧]
3[Ω] $Y_a = \frac{1}{3}$[℧]
3[Ω] $Y_c = \frac{1}{3}$[℧]

$Y_{11} = Y_a + Y_b = \frac{1}{3} + \frac{1}{3} = \frac{2}{3}[\Omega^{-1}]$

13 4단자 정수 $A = D = 1 + \frac{j100}{-j50} = 1 - 2 = -1$

그러므로 AD = 1

$C = \frac{1}{-j50} = j\frac{1}{50} = j0.02$

정답 및 해설 11.① 12.② 13.④

14 $F(s)=\dfrac{2(s+2)}{s(s^2+3s+4)}$ 일 때, $F(s)$의 역 라플라스 변환(inverse Laplace transform)된 함수 $f(t)$의 최종값은?

① $\dfrac{1}{4}$

② $\dfrac{1}{2}$

③ $\dfrac{3}{4}$

④ 1

15 $F(s)=\dfrac{2}{s(s+2)}$ 의 역 라플라스 변환(inverse Laplace transform)을 바르게 표현한 식은? (단, $u(t)$는 단위 계단함수(unit step function)이다.)

① $f(t)=(2+e^{-2t})u(t)$

② $f(t)=(2-e^{-2t})u(t)$

③ $f(t)=(1+e^{-2t})u(t)$

④ $f(t)=(1-e^{-2t})u(t)$

16 다음과 같이 연결된 커패시터를 1[kV]로 충전하였더니 2[J]의 에너지가 충전되었다면, 커패시터 C_X의 정전용량[μF]은?

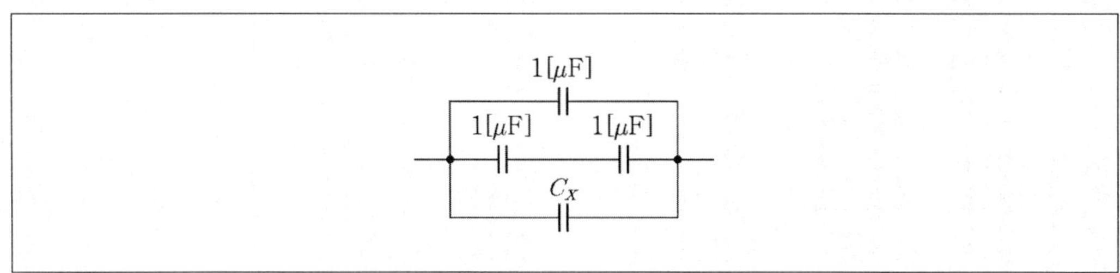

① 1

② 1.5

③ 2

④ 2.5

17 자속이 반대 방향이 되도록 직렬 접속한 두 코일의 인덕턴스가 5[mH], 20[mH]이다. 이 두 코일에 10[A]의 전류를 흘려주었을 때, 코일에 저장되는 에너지는 몇 [J]인가? (단, 결합계수 k=0.25)

① 1
② 1.5
③ 2
④ 3

14 최종값 정리

$\lim_{t \to \infty} f(t) = \lim_{s \to 0} sF(s)$ 에서

$\lim_{t \to \infty} f(t) = \lim_{s \to 0} sF(s) = \lim_{s \to 0} s\frac{2(s+2)}{s(s^2+3s+4)} = 1$

15 $F(s) = \frac{2}{s(s+2)} = \frac{1}{s} - \frac{1}{s+2} = u(t) - u(t)e^{-2t} = (1-e^{-2t})u(t)$

이항정리로 바로 위와 같이 구할 수 있지만 일반적인 방법으로

$F(s) = \frac{2}{s(s+2)} = \frac{A}{s} + \frac{B}{s+2} \Rightarrow A + Be^{-2t}$ 처럼 전개하고 A, B를 각각 구해서 답을 구할 수 있다.

A는 양변에 s를 곱해서 $A = \frac{2}{s+2}$, $s=0$이면 $A=1$

B는 양변에 s+2를 곱해서 $B = \frac{2}{s}$, $s=-2$이면 $B=-1$로 해서 구할 수 있다.

16 커패시터의 크기를 합성하면

$C = 1 + 0.5 + C_x [\mu F]$ 전압과 충전된 에너지를 볼 때 커패시터 용량은

$W = \frac{1}{2}CV^2 = 2[J]$ 에서 $C = \frac{2W}{V^2} = \frac{2 \times 2}{(10^3)^2} = 4[\mu F]$

그러므로 $C_x = 2.5[\mu F]$

17 자속의 방향이 반대이므로 감극성의 결합이다.

결합계수 $K = \frac{M}{\sqrt{L_1 L_2}} = 0.25$

그러므로 합성 인덕턴스

$L = L_1 + L_2 - 2M = L_1 + L_2 - 2K\sqrt{L_1 L_2} = 5 + 20 - 2 \times 0.25 \times \sqrt{5 \times 20} = 20[mH]$

코일에 저장되는 에너지

$W = \frac{1}{2}LI^2 = \frac{1}{2} \times 20 \times 10^{-3} \times 10^2 = 1[J]$

정답 및 해설 14.④ 15.④ 16.④ 17.①

18 그림처럼 두 개의 평행하고 무한히 긴 도선에 반대방향의 전류가 흐르고 있다. 자계의 세기가 0[V/m]인 지점은?

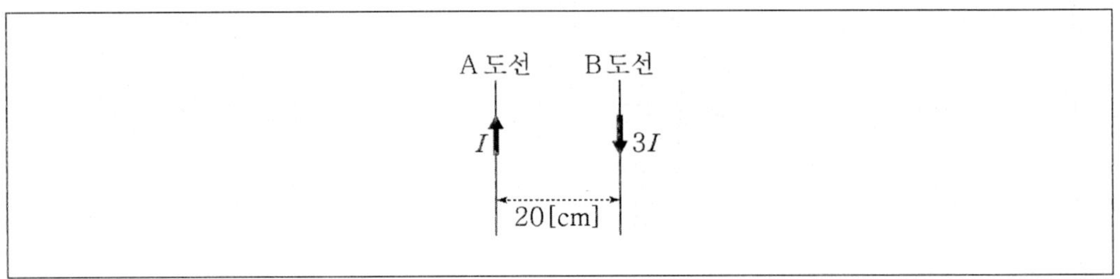

① A도선으로부터 왼쪽 10[cm] 지점
② A도선으로부터 오른쪽 5[cm] 지점
③ A도선으로부터 오른쪽 10[cm] 지점
④ B도선으로부터 오른쪽 10[cm] 지점

19 내 · 외 도체의 반경이 각각 a, b이고 길이 L인 동축케이블의 정전용량[F]은?

① $C=\dfrac{2\pi\epsilon L}{\ln(b/a)}$
② $C=\dfrac{4\pi\epsilon L}{\ln(b/a)}$
③ $C=\dfrac{2\pi\epsilon L}{\ln(a/b)}$
④ $C=\dfrac{4\pi\epsilon L}{\ln(a/b)}$

20 다음 그림과 같이 자속밀도 1.5[T]인 자계 속에서 자계의 방향과 직각으로 놓여진 도체(길이 50[cm])가 자계와 30°방향으로 10[m/s]의 속도로 운동한다면 도체에 유도되는 기전력[V]은?

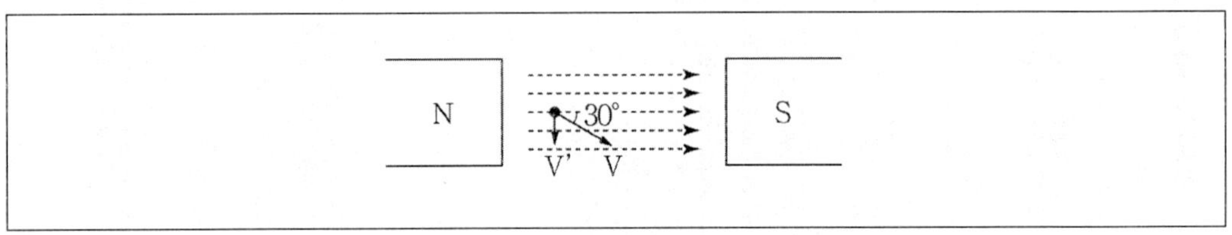

① 3.5
② 3.75
③ 4
④ 4.25

18 두 도선 전류의 방향이 반대이므로 선과 선 사이의 자계는 0이 되지 않는다.
자계의 세기가 0이 되는 점은 전류가 약한 A도선의 왼쪽이 될 것이기 때문에 A도선으로부터 r만큼 왼쪽으로 떨어진 점에서의 두 도선의 자계를 합성하는 식을 사용한다.

$\frac{I_A}{2\pi r}=\frac{I_B}{2\pi(0.2+r)}=\frac{3I_A}{2\pi(0.2+r)}$ 에서 $(0.2+r)I_A=3I_A r$, 그러므로 $r=0.1[m]$

19 선 전하 $\lambda[C/m]$에서 전계 $E=\frac{\lambda}{2\pi\epsilon r}[V/m]$이고

전위 $V_{ab}=-\int_b^a Edr=\int_a^b \frac{\lambda}{2\pi\epsilon r}dr=\frac{\lambda}{2\pi\epsilon}[\ln r]_a^b=\frac{\lambda}{2\pi f}[\ln b-\ln a]=\frac{\lambda}{2\pi\epsilon}\ln\frac{b}{a}[V]$

정전용량 $C=\frac{Q}{V}=\frac{\lambda L}{V}=\frac{\lambda L}{\frac{\lambda}{2\pi\epsilon}\ln\frac{b}{a}}=\frac{2\pi\epsilon L}{\ln\frac{b}{a}}[F]$

20 유기기전력 $e=Blv\sin\theta=1.5\times0.5\times10\times\sin30^\circ=3.75[V]$

정답 및 해설 18.① 19.① 20.②

2017 12월 16일 | 지방직 추가선발 시행

1 그림과 같은 회로에서 전류 I_s[mA]는?

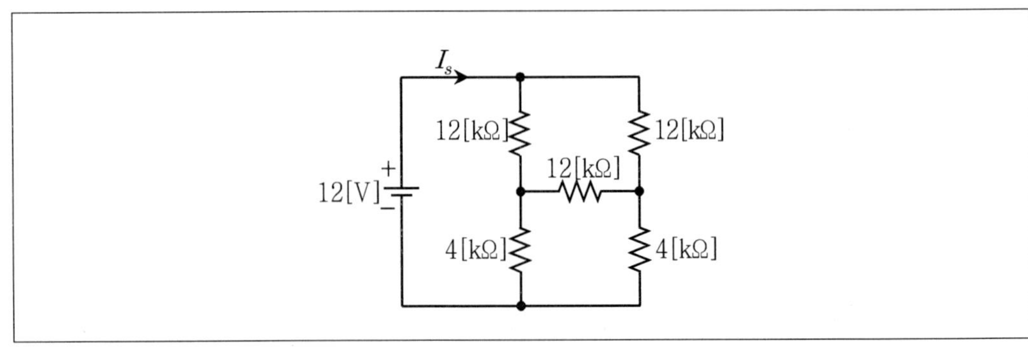

① 0.5 ② 1.0
③ 1.5 ④ 2.0

2 그림과 같은 회로에서 a와 b 단자에서의 등가 인덕턴스[H]는?

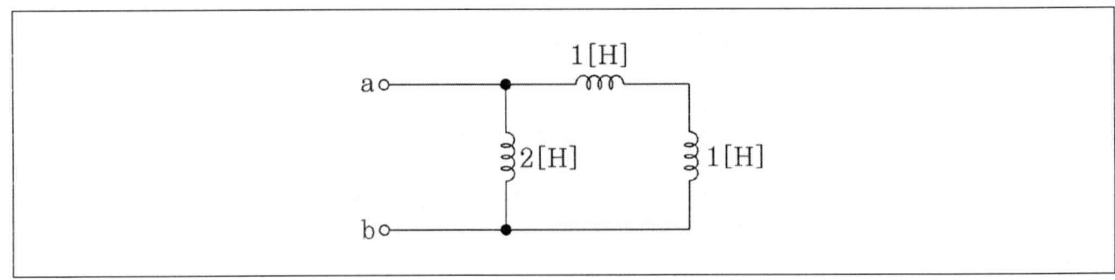

① 0.5 ② 1.0
③ 1.5 ④ 2.0

3 권수 N회인 코일에 쇄교하는 자속이 0.1 [sec] 동안 0.1 [Wb]에서 0.5 [Wb]로 변하여 전자유도에 의해 40 [V]의 유도 기전력이 발생하였다. 이 코일에 0.2 [sec] 동안 자속의 변화가 0.6 [Wb]일 때 발생되는 유도 기전력의 크기[V]는?

① 30　　② 50

③ 70　　④ 90

1 브리지 저항의 대각선 저항의 곱이 같으므로 평형상태가 되기 때문에 중간에 있는 $12[K\Omega]$에는 전류가 흐르지 않는다. 그러므로 합성저항은 $R_e = \frac{16\times16}{16+16} = 8[K\Omega]$

전류는 $I = \frac{V}{R} = \frac{12}{8\times10^3} = 1.5\times10^{-3} = 1.5[mA]$

2 등가 인덕턴스 $L_e = \frac{(1+1)\times2}{(1+1)+2} = 1[H]$

3 유도기전력 $e = N\frac{\partial\varnothing}{\partial t} = N\times\frac{0.5-0.1}{0.1} = 40[V]$ 에서 $N = 10[\text{turn}]$

따라서 $e = N\frac{\partial\varnothing}{\partial t} = 10\times\frac{0.6}{0.2} = 30[V]$

정답 및 해설 1.③ 2.② 3.①

4 자성체에 자계의 세기 10 [AT/m]가 인가되고 단위체적당 저장된 자계 에너지가 25 [J/m^3]일 때, 이 자성체의 투자율[H/m]은?

① 0.5　　② 1.0
③ 1.5　　④ 2.5

5 100 [V]의 교류전압을 $R-L$ 직렬회로에 인가할 때 역률이 0.6이다. 이 회로의 저항이 60 [Ω]일 때, 회로의 리액턴스 X_L [Ω]과 회로의 소비전력 P [W]는?

	X_L [Ω]	P [W]
①	60	60
②	60	80
③	80	60
④	80	80

6 어떤 회로에 $v(t) = V_m \sin(\omega t - 60°)$[V]의 전압을 인가할 때 $i(t) = I_m \sin(\omega t + \frac{\pi}{6})$[A]의 전류가 흐른다. 다음 설명으로 옳은 것은?

① 전류의 위상이 전압의 위상보다 $\frac{\pi}{2}$[rad] 앞선다.
② 역률은 0.5이다.
③ 유효전력이 무효전력보다 크다.
④ 유도성 리액턴스와 용량성 리액턴스가 서로 상쇄되어 저항만 존재한다.

4 단위체적에 저장된 자계에너지

$W=\frac{1}{2}BH=\frac{1}{2}\mu H^2\,[J/m^3]$에서

$W=\frac{1}{2}\mu H^2=\frac{1}{2}\mu\times 10^2=25\,[J/m^3]$, 투자율 $\mu=0.5\,[H/m]$

5 R-L직렬회로에서 역률이 0.6이면

$\cos\theta=\frac{R}{Z}=0.6$, $\mathrm{R}=60[\Omega]$이므로 임피던스 $Z=R+jX_L=\sqrt{R^2+X_L^2}=100[\Omega]$

$X_L=80[\Omega]$

소비전력 $P=\frac{V^2R}{R^2+X^2}=\frac{100^2\times 60}{60^2+80^2}=60[W]$

6 임피던스는 $Z=\frac{v(t)}{i(t)}=\frac{V\angle-60^\circ}{I\angle 30^\circ}=\frac{V}{I}\angle-90^\circ$ 이므로 전류의 위상이 전압의 위상보다 $\frac{\pi}{2}[rad]$ 앞선 C(순용량성)회로이다. 따라서 역률은 1이고, 무효전력밖에 없다.

정답 및 해설 4.① 5.③ 6.①

7 그림과 같은 회로에서 스위치를 a에 접속하여 오랜 시간이 경과한 후에 $t=0$에서 b로 전환하였다. $t \geq 0$에서 회로의 시정수 τ [sec]와 저항 양단의 전압 $v_R(t)$[V]은?

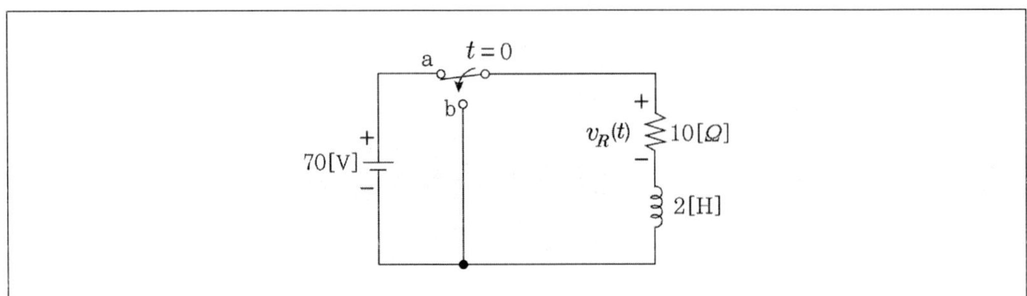

	τ [sec]	$v_R(t)$[V]
①	0.2	$7e^{-5t}$
②	0.2	$70e^{-5t}$
③	5	$7e^{-0.2t}$
④	5	$70e^{-0.2t}$

8 그림과 같은 회로에서 3상부하에 공급되는 전력[kW]은? (단, 전원의 각속도 ω = 300 [rad/sec]이다)

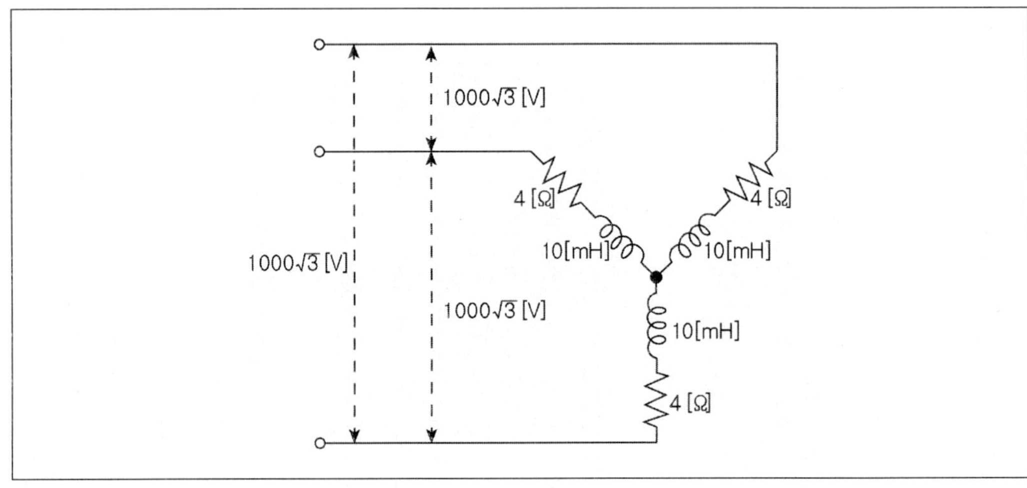

① 120　② 240
③ 360　④ 480

9 그림과 같은 회로에서 저항 5 [Ω]에 공급되는 전력[W]은?

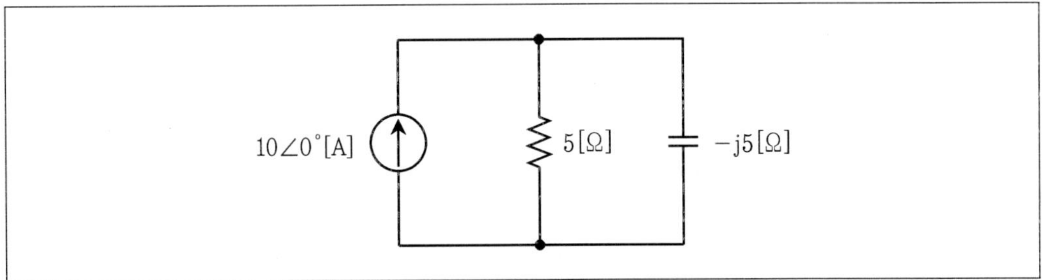

① 150
② 200
③ 250
④ 300

7 t < 0의 경우 정상전류 $I = \frac{V}{R} = \frac{70}{10} = 7[A]$, 스위치를 b로 전환하였을 때 회로의 시정수 $\tau = \frac{L}{R} = \frac{2}{10} = 0.2[sec]$

저항에 걸리는 전압은 $V_R = RI = R \times \frac{V}{R} e^{-\frac{R}{L}t} = Ve^{-\frac{R}{L}t} = 70e^{-5t}[V]$

8 Y결선에 선간전압 $1000\sqrt{3}[V]$, 임피던스 $Z = R + j\omega L[= 4 + j300 \times 0.01 = 4 + j3\Omega]$ 이므로

전력[W] $P = 3\frac{V_p^2 R}{R^2 + X^2} = \frac{3 \times 1000^2 \times 4}{4^2 + 3^2} = 480[Kw]$

9 저항 5[Ω]에 공급되는 전력

$P = I^2 R = (\frac{-j5}{5-j5} \times 10)^2 \times 5 = (\frac{10}{\sqrt{2}})^2 \times 5 = 250[W]$

정답 및 해설 7.② 8.④ 9.③

10 그림과 같은 회로에서 부하저항 R_L에 전달되는 최대전력이 1[W]일 때 저항 $R_L[\Omega]$은?

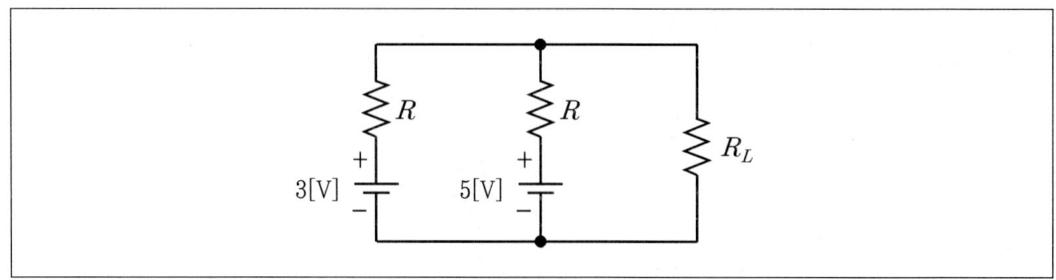

① 4 ② 6
③ 8 ④ 10

11 $v(t) = 100\sqrt{2}\sin\omega t + 200\sqrt{2}\sin 3\omega t + 300\sqrt{2}\sin 5\omega t$ [V]의 전압이 R = 4 [Ω], ωL = 1 [Ω]인 $R-L$ 직렬회로에 인가될 때 회로에 흐르는 제3 고조파 전류의 실횻값[A]은?

① 20 ② 40
③ 50 ④ 60

12 3상 교류에 대한 설명으로 옳은 것만을 모두 고른 것은?

㉠ 평형 3상 △결선 회로에서 상전류는 선전류의 $\sqrt{3}$ 배이다. ㉡ 평형 3상 Y결선 회로에서 상전압의 위상은 선간전압의 위상보다 30° 앞선다. ㉢ 단상 전력계 2개를 사용하면 평형 3상 회로의 전력을 측정할 수 있다.

① ㉠ ② ㉢
③ ㉠, ㉡ ④ ㉡, ㉢

13 최대 20 [V]를 측정할 수 있는 전압계로 100 [V]의 전압을 측정하기 위해서 외부에 접속해야 하는 최소 저항[kΩ]은? (단, 전압계의 내부 저항은 3 [kΩ]이다)

① 8 ② 10
③ 12 ④ 14

10 밀만의 정의에 의하여 등가 전압원을 구하면

$$V_e = \frac{\frac{3}{R}+\frac{5}{R}}{\frac{1}{R}+\frac{1}{R}} = 4[V],\ \text{등가저항은}\ R_e = \frac{R}{2}[\Omega]\text{이므로}$$

$P_m = I^2 R_L = (\frac{V}{R+R_L})^2 R_L [W]$ 최대전력은 $R = R_L$인 경우이므로

$$P_m = (\frac{V}{R+R_L})^2 R_L = \frac{4^2}{4R_L} = 1[W]$$

$R_L = 4[\Omega]$

11

3고조파 전류 $I_3 = \frac{V_3}{Z_3} = \frac{V_3}{\sqrt{R^2+(3\omega L)^2}} = \frac{200}{\sqrt{4^2+(3\times 1)^2}} = 40[A]$

12 ㉠은 △회로에서 선전류가 상전류보다 $\sqrt{3}$ 배만큼 크므로 틀린 것이다.
㉡은 선간전압의 위상이 앞선다.
㉢ 단상 전력계 2대로 3상 회로의 전력을 구할 수 있다.

2전력계법 $P = \frac{P_1+P_2}{2\sqrt{P_1^2+P_2^2-P_1P_2}}$

13 배율기에 관한 문제이다. 저항과 전압은 비례하기 때문에 큰 저항에 큰 전압이 걸린다는 것을 이용해서 지금 정격전압의 5배의 전압을 측정하려면 외부에 얼마나 큰 저항이 있어야 하는가를 묻는 문제이다. 결국 전압계의 저항과 외부저항의 합이 전압의 비와 맞아야 하므로 외부저항은 R = (n-1)r배의 크기이면 된다.
따라서 $R = (n-1)r = 4r = 4\times 3 = 12[k\Omega]$

정답 및 해설 10.① 11.② 12.② 13.③

14 **그림과 같은 회로에서 $t>0$일 때, 전류 $i(t)$[A]는? (단, $u(t)$는 단위 계단함수이다)**

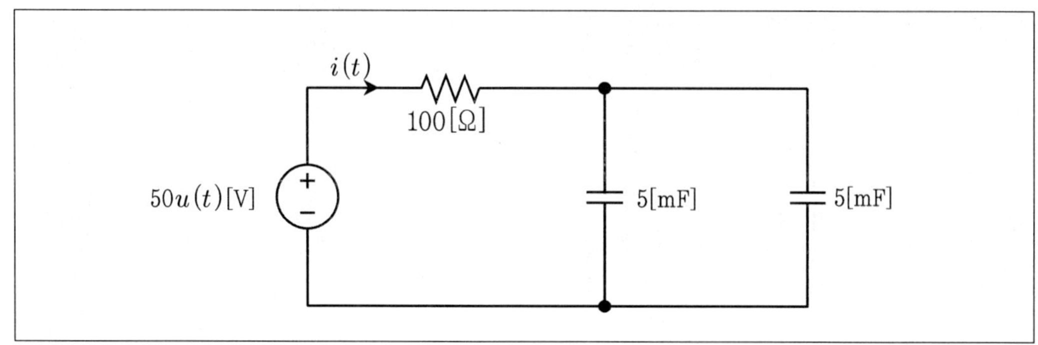

① $0.45e^{-t}$ ② $0.45e^{-0.25t}$

③ $0.5e^{-t}$ ④ $0.5e^{-0.25t}$

15 **평형 3상 Y결선 회로에 선간전압 $200\sqrt{3}$[V]를 인가하여 진상역률 0.5로 3[kW]를 공급하고 있다. 이 때, 한 상의 부하 임피던스[Ω]는?**

① 10 ② 20

③ 30 ④ 40

16 **전류에 의한 자기 현상에 대한 설명으로 옳지 않은 것은?**

① 직선 도체에 전류가 흐를 때 발생하는 자기장의 방향은 '앙페르(Ampere)의 오른나사 법칙'을 따른다.

② 직선 도체에 전류가 흐를 때 도체 주위에 동심원형의 자기력선이 발생하고, 그 밀도는 도체에 가까울수록 높아진다.

③ 무한 길이의 직선 도체에 전류 I[A]가 흐를 때 도체의 중심에서 r[m]만큼 떨어진 지점에서의 자기장의 세기 $H=\dfrac{I}{2\pi r}$[AT/m]이다.

④ 단위 길이당 N회의 권수를 갖는 무한 길이 솔레노이드에 전류 I[A]가 흐를 때 이 솔레노이드 외부의 자기장의 세기 $H=NI$[AT/m]이다.

14 합성 정전용량 C = 10[mF]

$$I(s)=\frac{V(s)}{Z(s)}=\frac{\frac{50}{s}}{100+\frac{100}{s}}=\frac{50}{100s+100}=\frac{0.5}{s+1}[A]$$

역변환 하면 $i(t)=0.5e^{-t}[A]$

15 진상역률 0.5, 전력공급 3[kw]이면 선전류

$I=\frac{3\times10^3}{\sqrt{3}\times200\sqrt{3}\times0.5}=10[A]$, 선간전압이 $1000\sqrt{3}[V]$이면 상전압은 1000[V]

한 상의 임피던스 $Z=\frac{V_p}{I_p}=\frac{200}{10}=20[\Omega]$

16 솔레노이드 외부에는 자계가 0이며 내부는 평등자계에 가깝다.

정답 및 해설 14.③ 15.② 16.④

17 R = 4 [Ω]인 저항, L = 2 [mH]인 인덕터, C = 200 [μF]인 커패시터가 직렬로 연결된 회로에 전압 100 [V], 주파수 $\frac{2500}{2\pi}$ [Hz]의 정현파 전원을 인가할 때 흐르는 전류에 대한 설명으로 옳은 것은?

① 역률은 60 %이고 10 [A]의 지상전류가 흐른다.
② 역률은 60 %이고 10 [A]의 진상전류가 흐른다.
③ 역률은 80 %이고 20 [A]의 지상전류가 흐른다.
④ 역률은 80 %이고 20 [A]의 진상전류가 흐른다.

18 그림과 같이 균일한 표면전하밀도 ρ_s = 1 [C/m^2]로 대전된 무한크기의 면도체와 균일한 선전하밀도 ρ_L = −1 [C/m]로 대전된 무한 길이의 선도체가 유전율 ϵ_0인 자유공간(free space)에 놓여 있다. 점 P(0, 0, 1) [m]에서의 전기장의 세기 [V/m]는? (단, 무한 크기의 면도체는 xy 평면에 놓여 있으며, 무한 길이의 선도체는 점(0, 0, 2)를 지나고 y축과 평행한다)

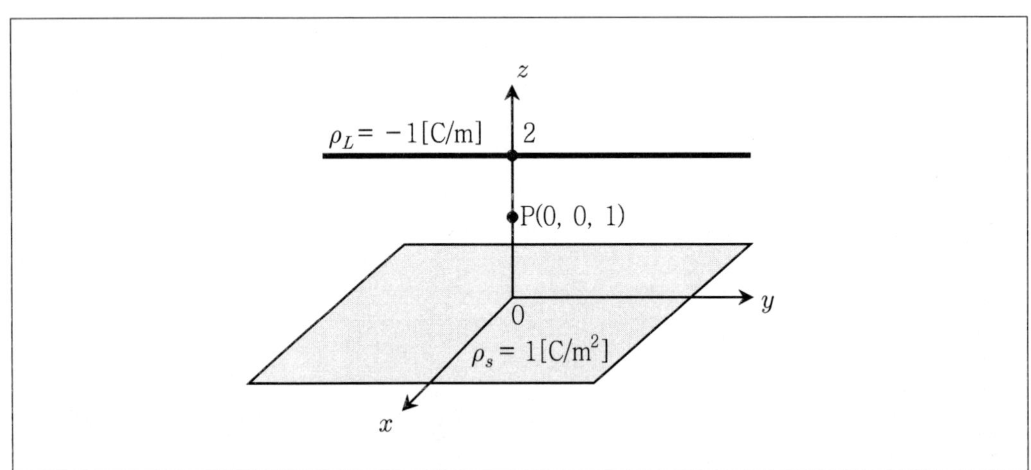

① $\frac{1}{\epsilon_0}(\frac{\pi-1}{\pi})$　② $\frac{1}{\epsilon_0}(\frac{\pi+1}{\pi})$

③ $\frac{1}{2\epsilon_0}(\frac{\pi-1}{\pi})$　④ $\frac{1}{2\epsilon_0}(\frac{\pi+1}{\pi})$

17 전류 $I = \frac{V}{Z} = \frac{100}{R + j\omega L - j\frac{1}{\omega C}} = \frac{100}{4 + j2\pi \times \frac{2500}{2\pi} \times 2 \times 10^{-3} - j\frac{1}{2\pi} \times \frac{1}{\frac{2500}{2\pi}} \times \frac{1}{200 \times 10^{-6}}}$

$= \frac{100}{4 + j5 - j2} = \frac{100}{4 + j3} = 20[A]$

역률 $\cos\theta = \frac{R}{Z} = \frac{4}{4 + j3} = 0.8$

합성 임피던스 $Z = 4 + j3[\Omega]$이므로 유도성회로가 된다. 따라서 전류는 지상전류가 흐른다.

18 선도체의 전계와 면도체의 전계를 합성한다.

$E = \frac{\rho_L}{2\pi\epsilon_0 \times 1} + \frac{\rho_s}{2\epsilon_0} = \frac{1}{2\pi\epsilon_0} + \frac{1}{2\epsilon_0} = \frac{1}{2\epsilon_0}(\frac{1}{\pi} + 1)[V/m]$

정답 및 해설 17.③ 18.④

19 그림과 같은 $R-L-C$ 병렬회로에서 공진 상태일 때 설명으로 옳은 것은?

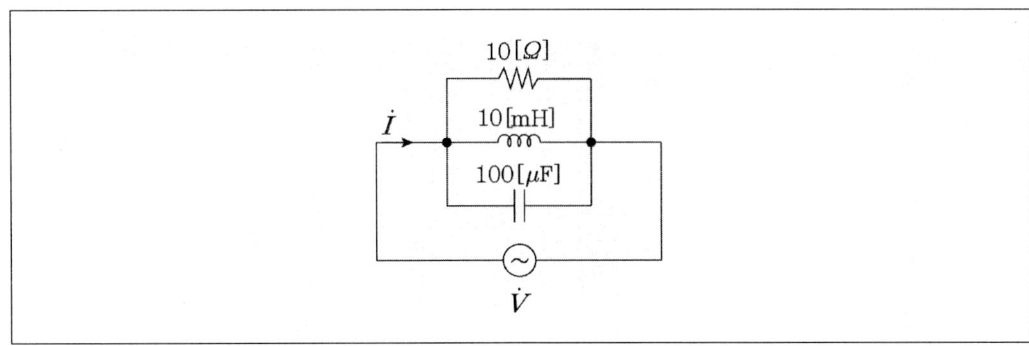

① 공진 주파수는 $\frac{500}{\pi}$ [Hz]이다.
② 어드미턴스는 10 [℧]이다.
③ 전류는 최대이고, 임피던스는 최소가 된다.
④ 전원 전압이 100 [V]일 때 전류의 최댓값은 $20\sqrt{2}$ [A]이다.

20 반경 a인 내구와 내측 반경 b인 외구로 구성된 동심 도체구 사이에는 유전체로 채워져 있고, 중심으로부터 거리 r인 점의 유전율은 r의 함수로서 $\epsilon(r) = \frac{2}{r}$ 이다. 내구에 전하 Q를 주고 외구를 접지할 때 정전용량[F]은? (단, $a \le r \le b$이다)

① $\frac{2\pi}{\ln\frac{b}{a}}$
② $\frac{4\pi}{\ln\frac{b}{a}}$
③ $\frac{6\pi}{\ln\frac{b}{a}}$
④ $\frac{8\pi}{\ln\frac{b}{a}}$

19 병렬공진이므로 어드미턴스가 최소로 되어 전류가 최소가 된다.

공진주파수 $f = \dfrac{1}{2\pi\sqrt{LC}} = \dfrac{1}{2\pi\sqrt{10\times10^{-3}\times100\times10^{-6}}} = \dfrac{500}{\pi}[Hz]$

20 동심도체구에서의 정전용량 $C = \dfrac{4\pi\epsilon}{\dfrac{1}{a}-\dfrac{1}{b}} = \dfrac{4\pi\epsilon ab}{b-a}[F]$ 에서

반경 a인 내구와 내측반경 b인 외구로 구성된 동심도체구 사이에 유전체가 있는 경우

$$C = \frac{Q}{V} = \frac{Q}{\text{내구 표면의 전위} + \text{내구와 외구의 전위}} = \frac{Q}{\dfrac{Q}{4\pi\epsilon}\displaystyle\int_a^b \frac{1}{r}dr} = \frac{4\pi\epsilon}{\ln\dfrac{b}{a}} = \frac{8\pi}{\ln\dfrac{b}{a}}[F]$$

정답 및 해설 19.① 20.④

2018 3월 24일 | 제1회 서울특별시 시행

1 자장의 세기가 $\frac{10^4}{\pi}$[A/m]인 공기 중에서 50[cm]의 도체를 자장과 30°가 되도록 하고 60[m/s]의 속도로 이동시켰을 때의 유기기전력은?

① 20mV ② 30mV
③ 60mV ④ 80mV

2 어떤 전하가 100[V]의 전위차를 갖는 두 점 사이를 이동하면서 10[J]의 일을 할 수 있다면, 이 전하의 전하량은?

① 0.1C ② 1C
③ 10C ④ 100C

3 무한히 긴 직선 도선에 628[A]의 전류가 흐르고 있을 때 자장의 세기가 50[A/m]인 점이 도선으로부터 떨어진 거리는?

① 1m ② 2m
③ 4m ④ 5m

4 N회 감긴 환상코일의 단면적은 S[m^2]이고 평균 길이가 l[m]이다. 이 코일의 권수와 단면적을 각각 두 배로 하였을 때 인덕턴스를 일정하게 하려면 길이를 몇 배로 하여야 하는가?

① 8배
② 4배
③ 2배
④ 16배

1 유기기전력

$e = Blv\sin\theta = \mu_0 Hlv\sin\theta = 4\pi\times10^{-7}\times\frac{10^4}{\pi}\times0.5\times60\times\sin30^\circ = 60[mV]$

2 $W = QV[J]$이므로 $Q = \frac{W}{V} = \frac{10}{100} = 0.1[C]$

3 무한장 직선도선에서

$H = \frac{I}{2\pi r} = \frac{628}{2\pi r} = 50[A/m]$에서 $r = 2[m]$

4 환상코일에서 인덕턴스

$L = \frac{N^2}{R} = \frac{\mu SN^2}{l}[H]$ 권수와 단면적을 각각 2배로 하면 8배가 되므로 인덕턴스를 일정하게 하려면 길이를 8배로 하여야 한다.

정답 및 해설 1.③ 2.① 3.② 4.①

5 그림과 같은 RLC 병렬회로에서 $v=80\sqrt{2}\sin(wt)$[V]인 교류를 a, b 단자에 가할 때, 전류 I의 실횻값이 10[A]라면, X_c의 값은?

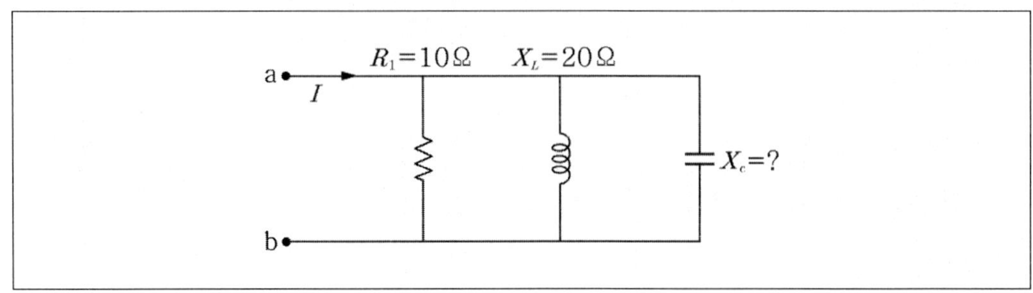

① 8Ω　　② 10Ω
③ $10\sqrt{2}\,\Omega$　　④ 20Ω

6 그림과 같은 회로의 합성저항은?

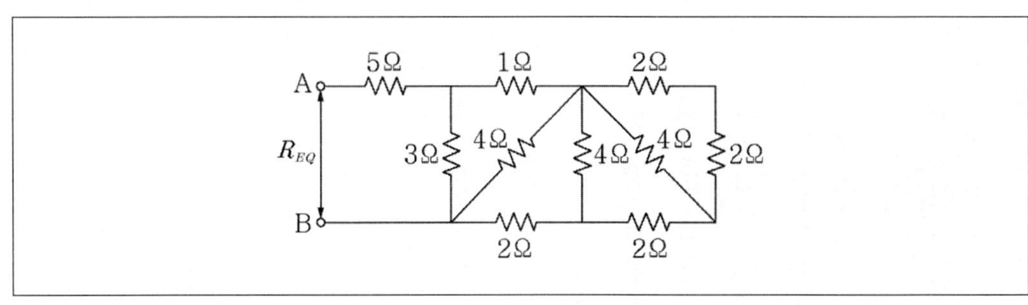

① 8Ω　　② 6.5Ω
③ 5Ω　　④ 3.5Ω

7 그림과 같이 전류원과 2개의 병렬저항으로 구성된 회로를 전압원과 1개의 직렬저항으로 변환할 때, 변환된 전압원의 전압과 직렬저항 값은?

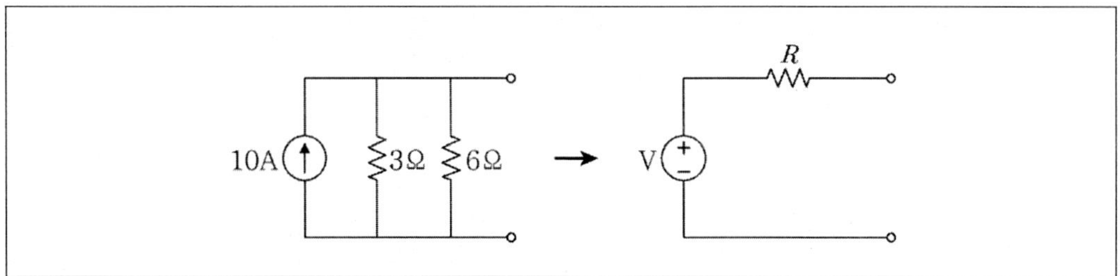

① 10V, 9Ω ② 10V, 2Ω

③ 20V, 2Ω ④ 90V, 9Ω

5 전압 $v=80\sqrt{2}\,sin\omega t\,[V]$가 인가되었을 때 전류의 실횻값이 10[A]라면

$$10=\frac{80}{10}-j\frac{80}{20}+j\frac{80}{X_c}=8-j4+j\frac{80}{X_c}$$

$\sqrt{8^2+(\frac{80}{X_c}-4)^2}=10$에서 $\frac{80}{X_c}-4=6$, $X_c=8[\Omega]$

6 그림의 맨 오른쪽 끝 부분부터

ㄱ자 부분의 $2[\Omega]+2[\Omega]=4[\Omega]$, 그 $4[\Omega]$과 병렬로 된 $4[\Omega]$을 합성하면 $2[\Omega]$

아래 $2[\Omega]$과 직렬이므로 합성하면 $4[\Omega]$, 세로로 된 $4[\Omega]$과 병렬이므로 합성하면 $2[\Omega]$

그렇게 계속 합성을 해가면 합성저항은 $6.5[\Omega]$이다.

7 노이만의 전류원 정리를 전압원 정리로 변환하는 문제이다.

$3[\Omega]$과 $6[\Omega]$ 병렬 저항의 합성이 $2[\Omega]$이므로 10[A]의 전류가 흐르면 오른편의 등가회로의 전압원은 20[V]가 된다.

정답 및 해설 5.① 6.② 7.③

8 저항 $R_1 = 1[\Omega]$과 $R_2 = 2[\Omega]$이 병렬로 연결된 회로에 100[V]의 전압을 가했을 때, R_1에서 소비되는 전력은 R_2에서 소비되는 전력의 몇 배인가?

① 0.5배 ② 1배
③ 2배 ④ 같다

9 그림과 같이 저항 $R = 24[\Omega]$, 유도성 리액턴스 $X_L = 20[\Omega]$, 용량성 리액턴스 $X_c = 10[\Omega]$인 직렬회로에 실효치 260[V]의 교류전압을 인가했을 경우 흐르는 전류의 실효치는?

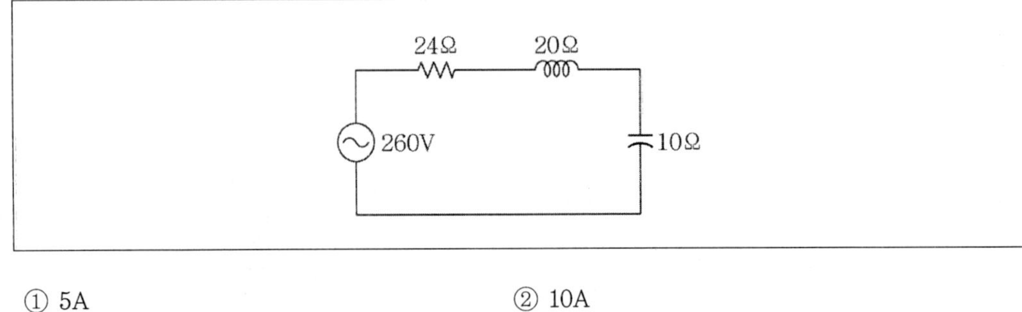

① 5A ② 10A
③ 15A ④ 20A

10 그림과 같은 회로에서 a, b 단자 사이에 60[V]의 전압을 가하여 4[A]의 전류를 흘리고 R_1, R_2에 흐르는 전류를 1 : 3으로 하고자 할 때 R_1의 저항값은?

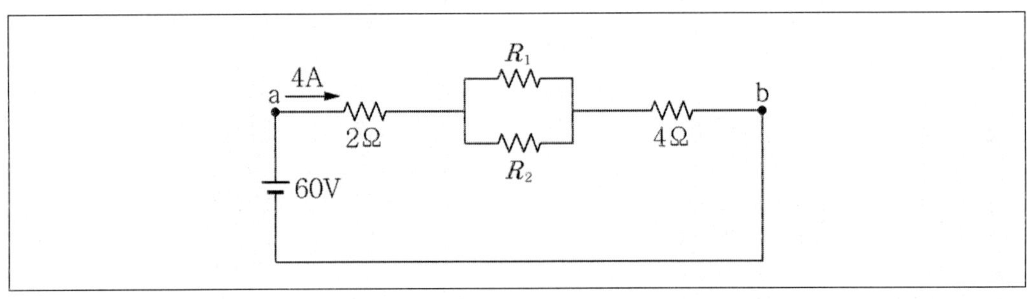

① 6Ω ② 12Ω
③ 18Ω ④ 36Ω

11 그림과 같은 브리지 회로에서 a, b 사이의 전압이 0일 때, R_4에서 소모되는 전력이 2[W]라면, c와 d 사이의 전압 V_{cd}는?

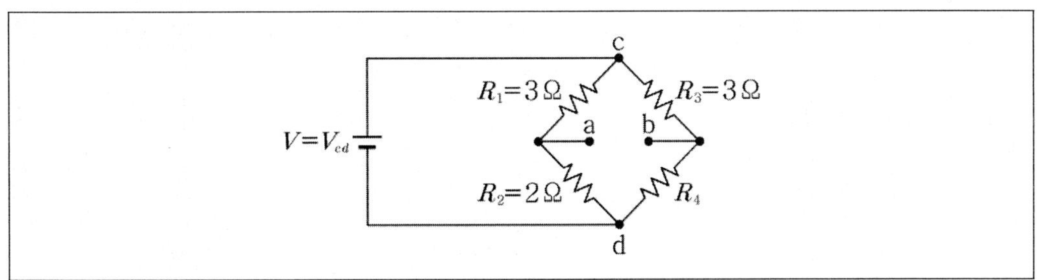

① 1V　　② 2V
③ 5V　　④ 10V

8 병렬회로에서는 전압이 같으므로 전력은 저항비에 반비례한다.
$P=\frac{V^2}{R}[W]$, $P\propto\frac{1}{R}$ 따라서 R_1에서 소비되는 전력이 R_2에서 소비되는 전력보다 2배가 크다.

9 R-L-C 직렬회로
$i(t)=\frac{v(t)}{Z}=\frac{260}{24+j20-j10}=\frac{260}{24+j10}=\frac{260}{\sqrt{24^2+10^2}}=10[A]$

10 60[V], 4[A]이므로 합성저항은 15[Ω], 직렬저항이 6[Ω]이므로 병렬 합성저항이 9[Ω], 전류를 1 : 3으로 하려면 저항의 크기는 3 : 1 이 된다.
$$\frac{R_1R_2}{R_1+R_2}=\frac{R_1\frac{1}{3}R_1}{R_1+\frac{1}{3}R_1}=\frac{1}{4}R_1=9,\ R_1=36[\Omega]$$

11 a, b 사이의 전압이 0[V]이므로 브리지 평형이면 $R_4=2[\Omega]$, 소모되는 전력이 2[W]이므로 R_4에 흐르는 전류는 1[A].
따라서 전원전압 $V=IR=1\times5=5[V]$

정답 및 해설 8.③ 9.② 10.④ 11.③

12 10×10^{-6}[C]의 양전하와 6×10^{-7}[C]의 음전하를 갖는 대전체가 비유전율 3인 유체 속에서 1[m] 거리에 있을 때 두 전하 사이에 작용하는 힘은? (단, 비례상수 $k=\frac{1}{4\pi\epsilon_0}=9\times10^{9}$이다.)

① -1.62×10^{-1}N
② 1.62×10^{-1}N
③ -1.8×10^{-2}N
④ 1.8×10^{-2}N

13 자체 인덕턴스가 각각 $L_1=10$[mH], $L_2=10$[mH]인 두 개의 코일이 있고, 두 코일 사이의 결합계수가 0.5일 때, L_1코일의 전류를 0.1[s] 동안 10[A] 변화시키면 L_2에 유도되는 기전력의 양(절댓값)은?

① 10mV
② 100mV
③ 50mV
④ 500mV

14 어떤 회로에 $v=100\sqrt{2}\sin(120\pi t+\frac{\pi}{4})$[V]의 전압을 가했더니 $i=10\sqrt{2}\sin(120\pi t-\frac{\pi}{4})$[A]의 전류가 흘렀다. 이 회로의 역률은?

① 0
② $\frac{1}{\sqrt{2}}$
③ 0.1
④ 1

15 그림과 같은 회로에서 전류 I의 값은?

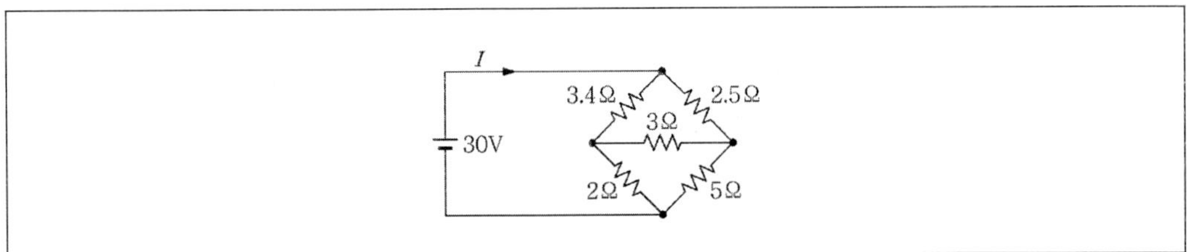

① 6A　　② 8A

③ 10A　　④ 12A

12 두 전하에 작용하는 힘은 쿨롱의 법칙을 적용한다.

$$F=\frac{Q_1Q_2}{4\pi\epsilon_0\epsilon_s r^2}=9\times10^9\times\frac{10\times10^{-6}\times(-6)\times10^{-7}}{3\times1^2}=-1.8\times10^{-2}[N]$$

양전하와 음전하는 당기는 힘이 작용하기 때문에 부호가 (-)가 된다.

13 상호인덕턴스 M을 구하면 $K=\frac{M}{\sqrt{L_1L_2}}=0.5$에서 $M=5[\text{mH}]$

$$e_2=M\frac{di_1}{dt}=5\times10^{-3}\times\frac{10}{0.1}=0.5[V]=500[mV]$$

14 전압의 위상이 45° 앞서고, 전류의 위상이 45° 뒤지므로 위상차는 90°
전압이 앞서므로 순 유도성회로이다. 따라서 역률은 0이다.

15 합성저항을 계산하려면

3.4[Ω]　2.5[Ω]

$\frac{2\times3}{2+3+5}=0.6[\Omega]$　$\frac{3\times5}{2+3+5}=1.5[\Omega]$

$\frac{2\times5}{2+3+5}=1[\Omega]$

$R_e=1+\frac{4\times4}{1.5+2.5+3.4+0.6}=3[\Omega]$. 따라서 전류는

$$I=\frac{E}{R_e}=\frac{30}{3}=10[A]$$

정답 및 해설 12.③ 13.④ 14.① 15.③

16 그림과 같은 그림에서 스위치가 $t=0$인 순간 2번 접점으로 이동하였을 경우 $t=0^{+}$인 시점과 $t=\infty$가 되었을 때, 저항 5[kΩ]에 걸리는 전압을 각각 구한 것은?

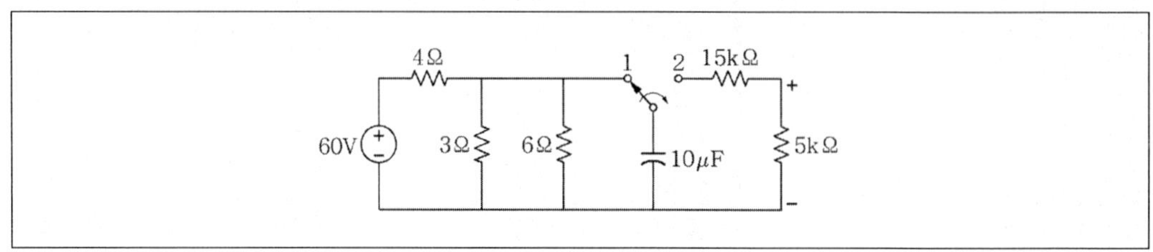

① 5V, 0V
② 7.5V, 1.5V
③ 10V, 0V
④ 12.5V, 3V

17 그림과 같이 R, C 소자로 구성된 회로에서 전달함수를 $H=\dfrac{V_0}{V_i}$라고 할 때, 회로의 특성으로 옳은 것은?

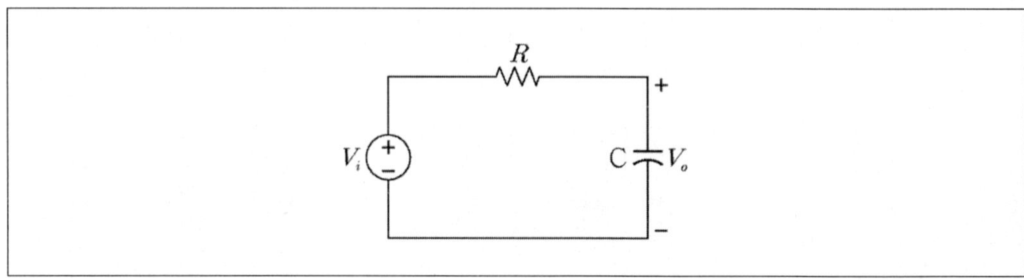

① 고역 통과 필터(High-pass Filter)
② 저역 통과 필터(Low-pass Filter)
③ 대역 통과 필터(Band-pass Filter)
④ 대역 차단 필터(Band-stop Filter)

18 진공 중 반지름이 a[m]인 원형도체판 2매를 사용하여 극판거리 d[m]인 콘덴서를 만들었다. 이 콘덴서의 극판거리를 3배로 하고 정전용량을 일정하게 하려면 이 도체판의 반지름은 a의 몇 배로 하면 되는가? (단, 도체판 사이의 전계는 모든 영역에서 균일하고 도체판에 수직이라고 가정한다.)

① $\frac{1}{3}$ 배　　② $\frac{1}{\sqrt{3}}$ 배

③ 3배　　④ $\sqrt{3}$ 배

---

16 스위치가 1에 있을 때 10[μF]의 콘덴서에 전압이 얼마큼 충전되어 있는지 보면 3[Ω], 6[Ω]과 C가 병렬로 되어 있다가 C가 충전이 되고 나면 개방이 되는 것이므로 전원 60[V]에서 3[Ω], 6[Ω]의 병렬저항의 합성은 2[Ω]. 따라서 전압60[V] 중에 콘덴서에는 20[V]의 전압이 충전되어 있다.
스위치가 2로 넘어가면 전압원은 제거되고 콘덴서의 충전된 전압으로 방전을 하게 된다. 따라서 처음 20[V]는 저항비에 의해서 5[$K\Omega$]의 저항에 5[V]전압이 걸리고 방전전류가 점차로 작아짐에 따라 상당한 시간이 흐르면 전압은 0[V]가 된다.

17 입력전압과 C에 걸린 출력전압의 전달함수를 라플라스로 나타내면

$$H = \frac{V_o}{V_i} = \frac{\frac{1}{Cs}I(s)}{(R+\frac{1}{Cs})I(s)} = \frac{1}{RCs+1}$$

저역통과 필터는 차단주파수보다 낮은 주파수만 통과시키는 주파수 필터이다.
H식에서 주파수가 0일 때는 입력이 출력과 같다가 주파수($s = j\omega = j2\pi f$)가 증가하면 점차로 감소하여 어느 정도 이상이 되면 출력이 되지 않는다.

18 평행판 콘덴서

$C = \epsilon\frac{S}{d}[F]$ 극판거리를 3배로 하고 C를 일정하게 하려면 면적 S가 3배가 되면 된다.

$S = \pi a^2[m^2]$이므로 S가 3배가 되려면 반지름 a는 $\sqrt{3}$ 배가 되어야 한다.

정답 및 해설 16.① 17.② 18.④

19 그림과 같이 전압원을 접속했을 때 흐르는 전류 I의 값은?

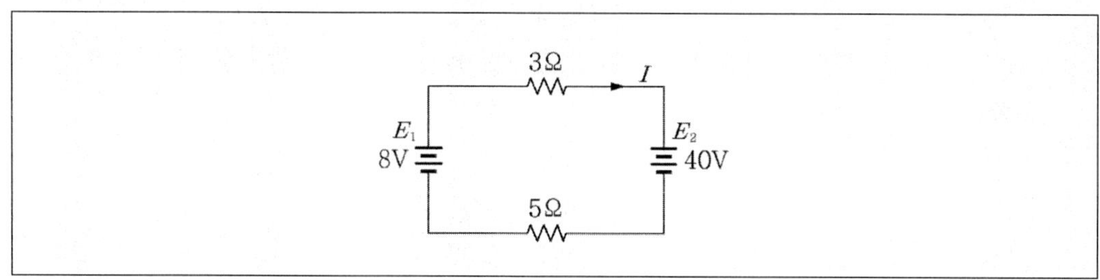

① 4A
② −4A
③ 6A
④ −6A

20 그림과 같은 회로에서 인덕터의 전압 v_L이 $t>0$ 이후에 0이 되는 시점은? (단, 전류원의 전류 $i=0$, $t<0$이고 $i=te^{-2t}$[A], $t\geq0$이다.)

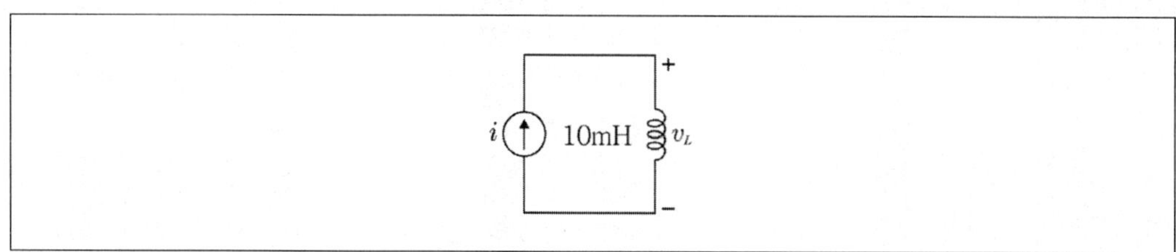

① $\frac{1}{2}$s
② $\frac{1}{5}$s
③ 2s
④ 5s

19 전압을 합성하면 $E = E_2 + E_1 = 40 - 8 = 32[V]$

따라서 전류는 $I = \frac{32}{3+5} = 4[A]$ 실제 전류의 방향이 문제에서 주어진 전류의 방향과 반대이므로 -4[A]가 답이다.

20 $V = L\frac{di}{dt} = L\frac{dte^{-2t}}{dt} = L[1 \times e^{-2t} + t(-2)e^{-2t}] = 0$으로부터 ($[f(t)g(t)]' = f'(t)g(t) + f(t)g'(t)$ 적용하면)

$1 - 2t = 0$

그러므로 V_L이 0[V]가 되는 시점은 $t = \frac{1}{2} = 0.5[\sec]$

정답 및 해설 19.② 20.①

2018 4월 7일 | 인사혁신처 시행

1 다음 그림은 내부가 빈 동심구 형태의 콘덴서이다. 내구와 외구의 반지름 a, b를 각각 2배 증가시키고 내부를 비유전율 ϵ_r = 2인 유전체로 채웠을 때, 정전용량은 몇 배로 증가하는가?

① 1
② 2
③ 3
④ 4

2 선간전압 300 [V]의 3상 대칭전원에 △ 결선 평형부하가 연결되어 역률이 0.8인 상태로 720 [W]가 공급될 때, 선전류[A]는?

① 1
② $\sqrt{2}$
③ $\sqrt{3}$
④ 2

3 다음 회로에서 12 [Ω] 저항의 전압 V [V]는?

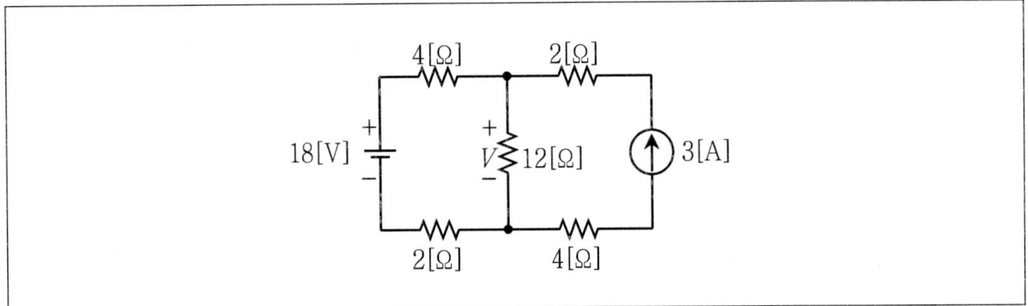

① 12 ② 24

③ 36 ④ 48

---

1 동심구에서의 정전용량 $C = \dfrac{4\pi\epsilon_0\epsilon_s ab}{b-a}[F]$에서 내구와 외구의 반지름 a, b를 각각 2배 증가시키면 C는 2배가 되고, 비유전율 $\epsilon_s = 2[F/m]$의 유전체로 채우면 2배가 되므로 전체적으로 4배로 용량이 증가한다.

2 $P = \sqrt{3}\,VI\cos\theta[W]$에서 선전류 $I = \dfrac{P}{\sqrt{3}\,V\cos\theta} = \dfrac{720}{\sqrt{3}\times 300\times 0.8} = \sqrt{3}[A]$

3 중첩의 정리

- 전압원만 있는 경우 전류원은 개방 : $12[\Omega]$에 흐르는전류 $I = \dfrac{V}{R} = \dfrac{18}{4+12+2} = 1[A]$
- 전류원만 있는 경우 전압원은 단락 : $12[\Omega]$에 흐르는전류 $I = \dfrac{6}{6+12}\times 3 = 1[A]$

그러므로 $12[\Omega]$에 흐르는전류의 합 $I = 2[A]$, 전압은 $V = IR = 2\times 12 = 24[V]$

정답 및 해설 1.④ 2.③ 3.②

4 다음 회로에서 부하임피던스 Z_L에 최대전력이 전달되기 위한 Z_L [Ω]은?

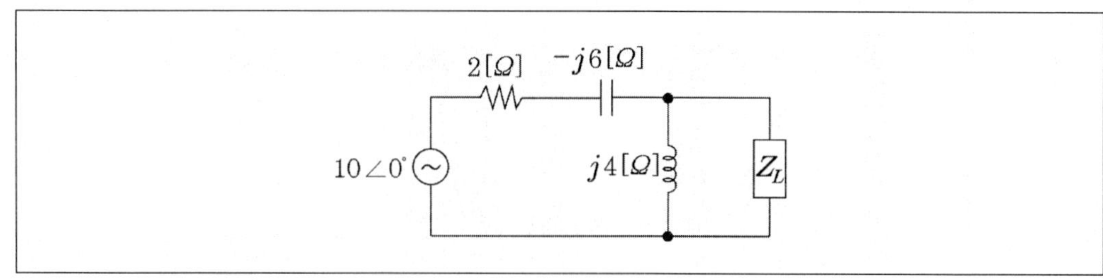

① $4\sqrt{5}$　② $4\sqrt{6}$

③ $5\sqrt{3}$　④ $6\sqrt{3}$

5 부하에 인가되는 비정현파 전압 및 전류가 다음과 같을 때, 부하에서 소비되는 평균전력[W]은?

$$v(t) = 100 + 80\sin\omega t + 60\sin(3\omega t - 30°) + 40\sin(7\omega t + 60°)\ [\mathrm{V}]$$
$$i(t) = 40 + 30\cos(\omega t - 30°) + 20\cos(5\omega t + 60°) + 10\cos(7\omega t - 30°)\ [\mathrm{A}]$$

① 4,700　② 4,800

③ 4,900　④ 5,000

6 다음 회로에서 오랜 시간 닫혀있던 스위치 S가 t = 0에서 개방된 직후에 인덕터의 초기전류 $i_L(0^+)$[A]는?

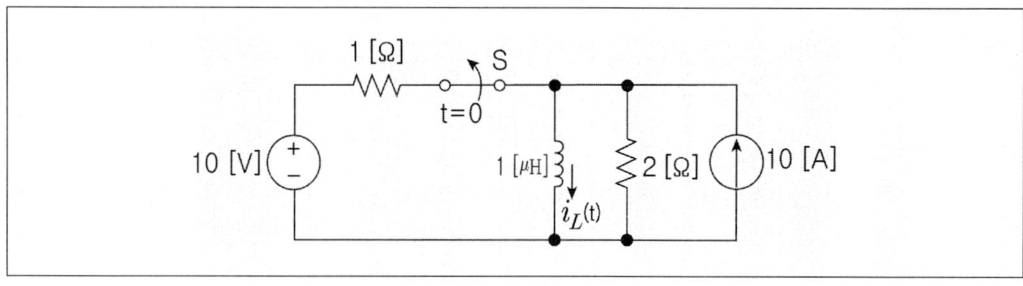

① 5　② 10

③ 20　④ 30

4 전원임피던스

$$Z=\frac{(2-j6)\times j4}{2-j6+j4}=\frac{24+j8}{2-j2}=\frac{(24+j8)(2+j2)}{(2-j2)(2+j2)}=\frac{1}{8}(32+j64)=4+j8[\Omega]$$

그러므로 최대전력이 전달되기 위한 $Z_L=4-j8=\sqrt{4^2+8^2}=\sqrt{80}=4\sqrt{5}[\Omega]$

5 비정현파의 전력

$$P=VI\cos\theta=100\times 40+\frac{80}{\sqrt{2}}\frac{30}{\sqrt{2}}\cos 60^\circ+\frac{40}{\sqrt{2}}\frac{10}{\sqrt{2}}\cos 0^\circ[W]$$

$$P=4000+600+200=4800[W]$$

6 스위치가 닫힌 경우 L에 흐르는 전류 L이 단락상태가 되는 것이므로

$I_L=$ 전압원에 의한 전류 + 전류원에 의한 전류 $=10+10=20[A]$

스위치를 개방시키면 L은 개방상태가 되므로 전류원에 의한 전류는 전부 $2[\Omega]$의 저항으로 흐른다.

$$I_L(0^+)=20e^{-\frac{R}{L}t}=20[A]$$

정답 및 해설 4.① 5.② 6.③

7 다음 직류회로에서 전류 I_A [A]는?

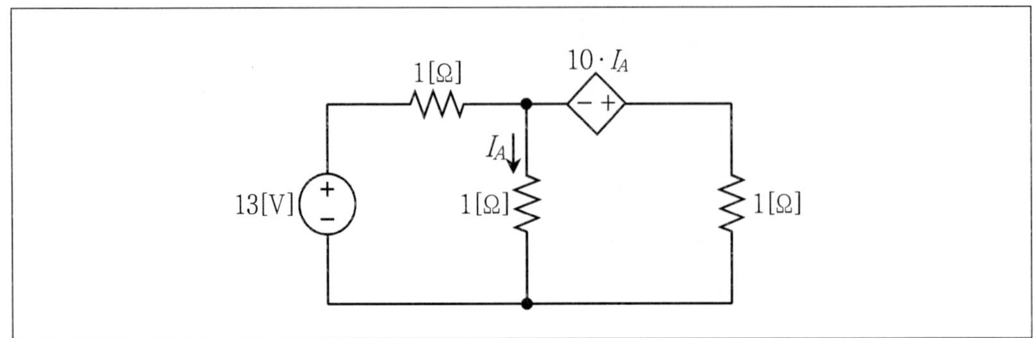

① 13

② $\frac{13}{2}$

③ $\frac{13}{7}$

④ 1

8 다음 평형(전원 및 부하 모두) 3상회로에서 상전류 I_{AB} [A]는? (단, $Z_P = 6 + j9$ [Ω], $V_{an} = 900 \angle 0°$ [V]이다)

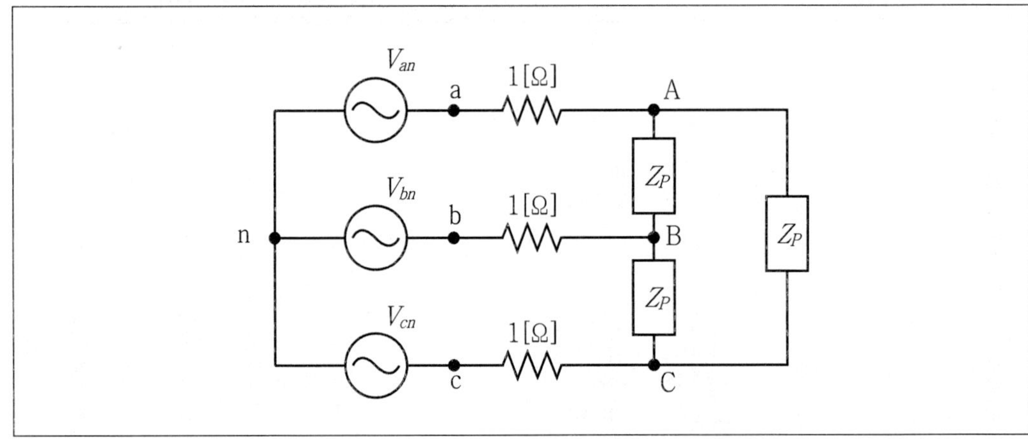

① $50\sqrt{2} \angle (-45°)$

② $50\sqrt{2} \angle (-15°)$

③ $50\sqrt{3} \angle (-45°)$

④ $50\sqrt{6} \angle (-15°)$

9 단면적이 1 [cm^2]인 링(Ring) 모양의 철심에 코일을 균일하게 500회 감고 600 [mA]의 전류를 흘렸을 때 전체 자속이 0.2 [μWb]이다. 같은 코일에 전류를 2.4 [A]로 높일 경우 철심에서의 자속밀도[T]는? (단, 기자력(MMF)과 자속은 비례관계로 가정한다)

① 0.005 ② 0.006

③ 0.007 ④ 0.008

---

7 전류제어 전압원을 단락시키면 $I_{A1} = \frac{1}{2} \times \frac{13}{1.5}[A]$

13[V] 전압원을 단락시키면 I_A 전류는 실제 전류가 흐르는 방향과 반대로 흐른다.

$$I_{A2} = -\frac{1}{2} \times \frac{10 \cdot I_A}{1+0.5} = -\frac{10}{3} I_A [A]$$

$$I_A = I_{A1} + I_{A2} = \frac{13}{3} - \frac{10}{3} I_A$$

$$I_A = 1[A]$$

8 △부하를 Y로 변환을 하면 $Z = \frac{Z_p}{3} = \frac{6+j9}{3} = 2 + j3[\Omega]$,

그러므로 상전류는 $I_A = \frac{V_{an}}{Z} = \frac{900 \angle 0^\circ}{1+2+j3} = \frac{900 \angle 0^\circ}{3\sqrt{2} \angle 45^\circ} = 212.13 \angle (-45^\circ) [A]$

이 상전류가 지금 그림으로 다시 전환하여 I_{AB}를 구하면

$$I_{AB} = \frac{212.13}{\sqrt{3}} \angle (-45^\circ + 30^\circ) = 50\sqrt{6} \angle (-15^\circ) [A]$$

9 $N\varnothing = LI$에서 $N\varnothing = 0.2 \times 10^{-6} = L \times 0.6 [wb]$

전류가 2.4[A]이면 $N\varnothing = \frac{0.2 \times 10^{-6}}{0.6} \times 2.4 = 0.8 \times 10^{-6} [wb]$

자속밀도는 $B = \frac{N\varnothing}{S} = \frac{0.8 \times 10^{-6}}{1 \times 10^{-4}} = 0.008 [T]$

정답 및 해설 7.④ 8.④ 9.④

10 다음 그림과 같이 μ_r = 50인 선형모드로 작용하는 페라이트 자성체의 전체 자기저항은?

(단, 단면적 A = 1 [m^2], 단면적 B = 0.5 [m^2], 길이 a = 10 [m], 길이 b = 2 [m]이다)

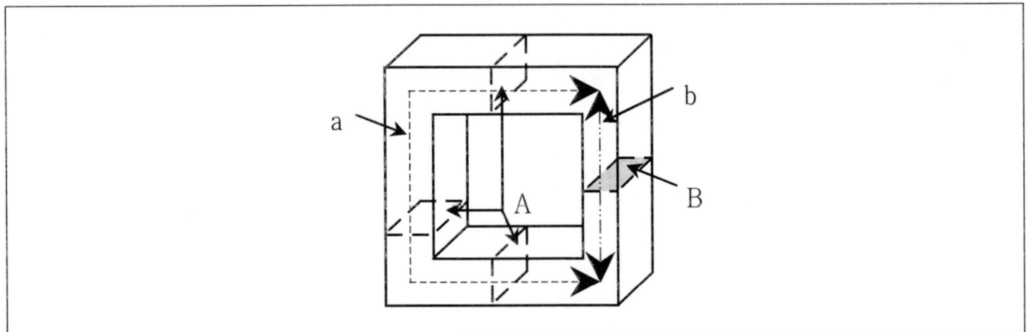

① $\dfrac{7}{25\mu_0}$　　② $\dfrac{7}{1000\mu_0}$

③ $\dfrac{7\mu_0}{25}$　　④ $\dfrac{7\mu_0}{1000}$

11 선간전압 20 [kV], 상전류 6 [A]의 3상 Y결선되어 발전하는 교류발전기를 △ 결선으로 변경하였을 때, 상전압 V_P [kV]와 선전류 I_L [A]은? (단, 3상 전원은 평형이며, 3상 부하는 동일하다)

	VP [kV]	IL [A]		VP [kV]	IL [A]
①	$\dfrac{20}{\sqrt{3}}$	$6\sqrt{3}$	②	20	$6\sqrt{3}$
③	$\dfrac{20}{\sqrt{3}}$	6	④	20	6

12 전압이 10[V], 내부저항이 1[Ω]인 전지(E)를 두 단자에 n개 직렬 접속하여 R과 2R이 병렬 접속된 부하에 연결하였을 때, 전지에 흐르는 전류 I가 2[A]라면 저항 R[Ω]은?

① 3n
② 4n
③ 5n
④ 6n

---

10 자기저항은 단면적이 다른 두 부분으로 되어 있다.

$$R=\frac{l}{\mu A}=\frac{10}{50\mu_0\times1}+\frac{2}{50\mu_0\times0.5}=\frac{1}{5\mu_0}+\frac{2}{25\mu_0}=\frac{7}{25\mu_0}[AT/wb]$$

11 교류발전기가 Y결선으로 된 경우 한상의 유효발전전압 $E=4.44fN\varnothing_m[V]$, 선간전압(단자전압)은 $\sqrt{3}E=20[KV]$가 된다.

이 발전기가 △결선으로 변경되었을 때 상전압은 선간전압과 같으며 $E=\frac{20}{\sqrt{3}}[KV]$가 된다.

Y결선에서 선전류와 상전류는 같으며 △결선으로 변경되었을 때 선전류는 상전류의 $\sqrt{3}$배의 전류가 흐르므로 $6\sqrt{3}[A]$의 전류가 흐른다.

12 n개 직렬접속하면 전압은 10n[V], 내부저항은 n[Ω]이 된다.

부하는 $\frac{R\times2R}{R+2R}=\frac{2}{3}R$이므로 전류 I = 2[A]이면 $\frac{10n}{\frac{2}{3}R+n}=2$

$5n=\frac{2}{3}R+n$에서 $R=6n[\Omega]$

정답 및 해설 10.① 11.① 12.④

13 다음 회로는 뒤진 역률이 0.8인 300 [kW]의 부하가 걸려있는 송전선로이다. 수전단 전압 E_r = 5,000 [V]일 때, 전류 I [A]와 송전단 전압 E_s [V]는?

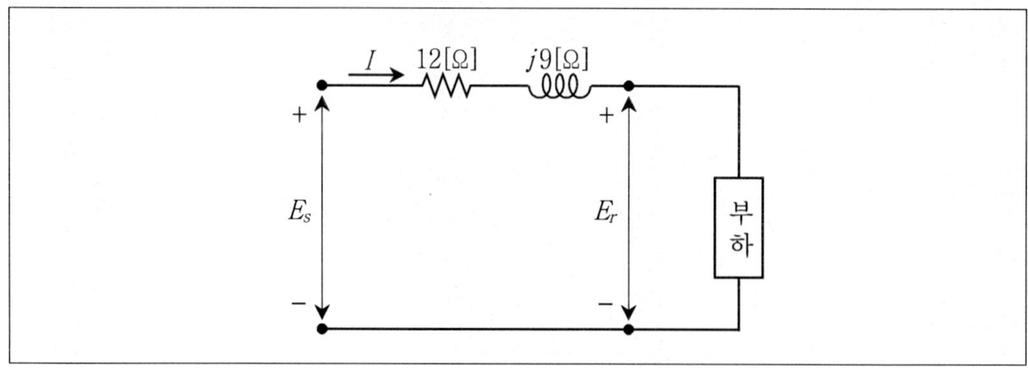

	I [A]	E_s [V]
①	50	6,125
②	50	6,250
③	75	6,125
④	75	6,250

14 다음 그림과 같은 이상적인 변압기 회로에서 200 [Ω] 저항의 소비전력[W]은?

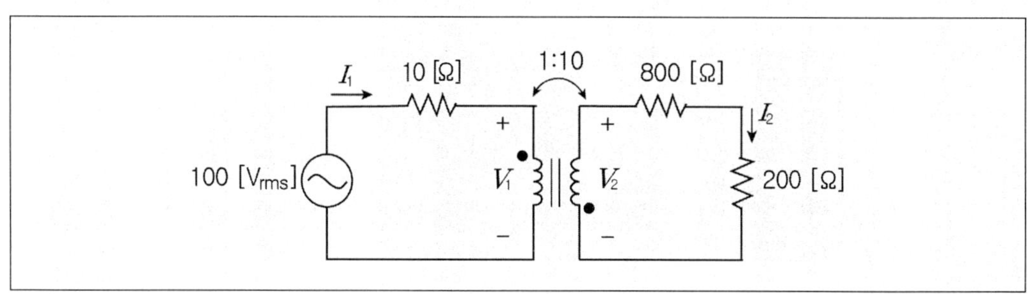

① 5 ② 10
③ 50 ④ 100

15 다음 회로에서 스위치 S가 충분히 오래 단자 a에 머물러 있다가 t = 0에서 스위치 S가 단자 a에서 단자 b로 이동하였다. t > 0일 때의 전류 $i_L(t)$ [A]는?

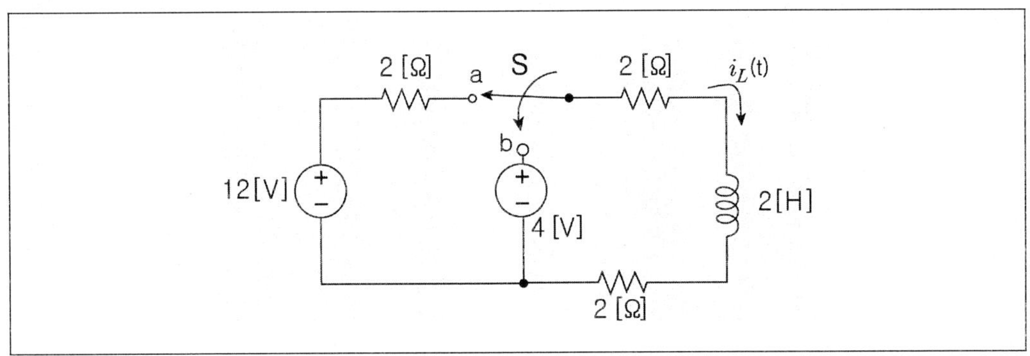

① $2+e^{-3t}$ ② $2+e^{-2t}$

③ $1+e^{-2t}$ ④ $1+e^{-3t}$

13

송전단전압 $E_s=E_r+I(R\cos\theta+X\sin\theta)=E_r+\dfrac{P}{E_r}(R+\tan\theta)=5{,}000+\dfrac{300\times10^3}{5{,}000}(12+9\times\dfrac{0.6}{0.8})=6{,}125[V]$

전류 $I=\dfrac{P}{E_r\cos\theta}=\dfrac{300\times10^3}{5{,}000\times0.8}=75[A]$

14

이상적인 변압기 $a=\dfrac{V_1}{V_2}=\dfrac{N_1}{N_2}=\dfrac{I_2}{I_1}=\sqrt{\dfrac{R_1}{R_2}}=\dfrac{1}{10}$ 에서

$100=10I_1+V_1=10I_1+0.1V_2=10I_1+0.1(800+200)0.1I_1$

$100=20I_1,\ I_1=5[A]$

따라서 변압기 1차 전압 $V_1=50[V]$, 2차 전압 $V_2=500[V]$

변압기 2차 전류 $I_2=0.5[A]$

$200[\Omega]$ 저항의 소비전력은

$P=I_2^2R_{200}=0.5^2\times200=50[W]$

15

t<0에서 전류 $i_L=\dfrac{V}{R}=\dfrac{12}{2+2+2}=2[A]$

t>0이면 전류 $i_L=2-\dfrac{4}{4}(1-e^{-\frac{4}{2}t})=1+e^{-2t}[A]$

따라서 초기에 전류는 2[A]이었다가 스위칭 후에 안정되면 1[A]로 되는 식을 찾으면 된다.

정답 및 해설 13.③ 14.③ 15.③

16 R−L 직렬회로에서 10 [V]의 직류 전압을 가했더니 250 [mA]의 전류가 측정되었고, 주파수 ω = 1000 [rad/sec], 10 [V]의 교류 전압을 가했더니 200 [mA]의 전류가 측정되었다. 이 코일의 인덕턴스[mH]는? (단, 전류는 정상상태에서 측정한다)

① 18　　② 20
③ 25　　④ 30

17 다음 직류회로에서 전류 I [A]는?

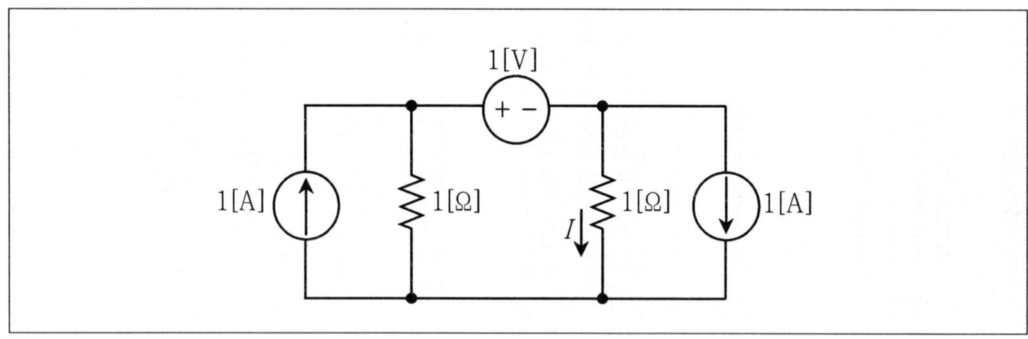

① −0.5　　② 0.5
③ 1　　④ −1

18 서로 다른 유전체의 경계면에서 발생되는 전기적 현상에 대한 설명으로 옳은 것은?

① 경계면에서 전계 세기의 접선 성분은 유전율의 차이로 달라진다.
② 경계면에서 전속밀도의 법선 성분은 유전율의 차이에 관계없이 같다.
③ 전속밀도는 유전율이 큰 영역에서 크기가 줄어든다.
④ 전계의 세기는 유전율이 작은 영역에서 크기가 줄어든다.

16 직류전압을 가하면 저항만 적용되므로 $R = \frac{V}{I} = \frac{10}{250 \times 10^{-3}} = 40[\Omega]$

교류전압을 인가하면 $Z = \frac{V}{I} = \frac{10}{200 \times 10^{-3}} = 50[A]$

$Z = R + j\omega L = 40 + j1000L = 50[\Omega]$

$1000L = 30, \ L = 30[mH]$

17 중첩의 정리를 적용한다.

㉠ 왼쪽 전류원만 있는 회로 전압원 단락, 오른쪽 전류원 개방 : $I_1 = 0.5[A]$

㉡ 전압원만 있고 전류원 2개 개방 : 전류방향이 그림과 반대이므로 -0.5[A]

㉢ 오른쪽 전류원만 있고 전압원 단락, 왼쪽 전류원 개방 : 전류방향이 그림과 반대이므로 -0.5[A]

따라서 전류를 모두 중첩하면 합성전류는 -0.5[A]

18 ㉠ 경계면에서 전속밀도의 법선 성분은 연속이다(유전율과 관계가 없다).

$D_1 \cos\theta_1 = D_2 \cos\theta_2$

두 유전체의 경계면에 전하가 있다면

$D_{1n} - D_{2n} = \rho$

경계면에 전하가 없다면 $D_{1n} = D_{2n}$ 이다.

㉡ 경계면에서 전계의 접선 성분은 연속이다(전계는 유전율에 반비례한다).

$E_1 \sin\theta_1 = E_2 \sin\theta_2$

전계의 세기는 유전율이 작은 영역에서 커진다.

정답 및 해설 16.④ 17.① 18.②

19 다음 회로에서 단자 a, b 간의 전압 V_{ab} [V]는?

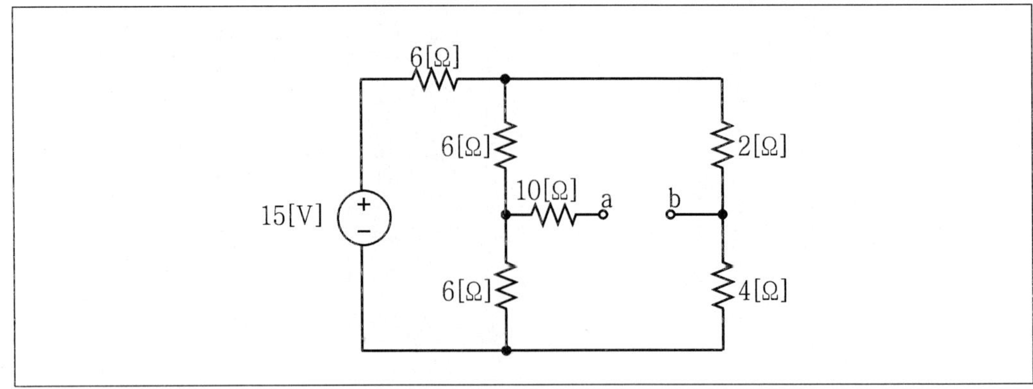

① 1
② −1
③ 2
④ −2

20 다음 교류회로가 정상상태일 때, 전류 $i(t)$[A]는?

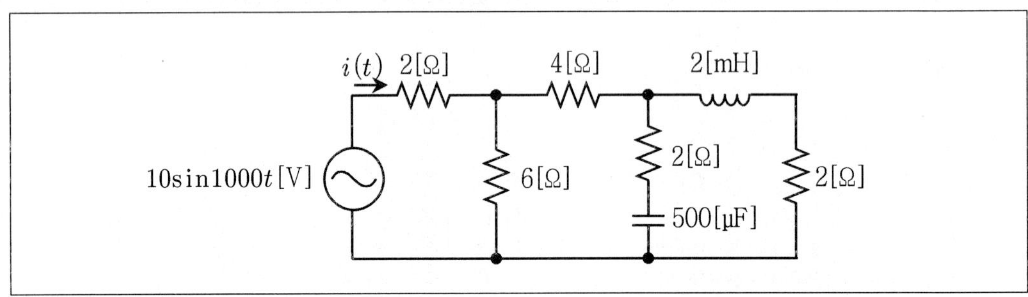

① $2\sin 1000t$
② $2\cos 1000t$
③ $10\cos(1000t-60°)$
④ $10\sin(1000t-60°)$

19 10[Ω]을 제외하고 등가저항을 구하면

$$R_e = 6 + \frac{12 \times 6}{12 + 6} = 10[\Omega]$$

전류는 $I = \frac{15}{10} = 1.5[A]$

직렬 6[Ω]의 저항에는 $6 \times 1.5 = 9[V]$ 전압이 걸린다.

브리지 $\frac{12 \times 6}{12 + 6} = 4[\Omega]$에는 $4 \times 1.5 = 6[V]$의 전압이 걸리게 되므로

전원전압과의 차 $V_{ab} = -1[V]$

20 부분 임피던스가 정저항회로이므로

$$R^2 = \frac{L}{C} = \frac{0.002}{0.0005} = 4,\ R = 2[\Omega]$$

따라서 전체 합성임피던스는 5[Ω]

전류 $i(t) = \frac{V}{R} = \frac{10\sin 1000t}{5} = 2\sin 1000t[A]$

정답 및 해설 19.② 20.①

2018 5월 19일 | 제1회 지방직 시행

1 **커패시터와 인덕터에서 순간적($\triangle t \rightarrow 0$)으로 변하지 않는 것은?**

	커패시터	인덕터
①	전류	전류
②	전압	전압
③	전압	전류
④	전류	전압

2 **그림과 같이 테브난의 정리를 이용하여 그림 (a)의 회로를 그림 (b)와 같은 등가회로로 만들었을 때, 저항 $R[\Omega]$은?**

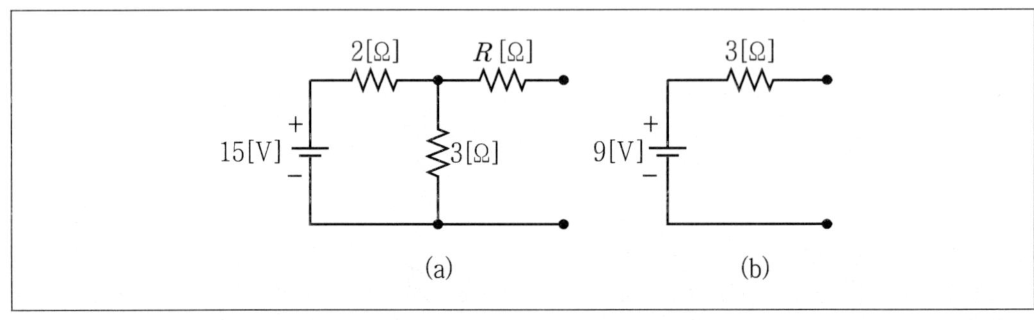

① 1.2
② 1.5
③ 1.8
④ 3.0

3 그림과 같이 평행한 두 개의 무한장 직선도선에 1[A], 9[A]인 전류가 각각 흐른다. 두 도선 사이의 자계 세기가 0이 되는 지점 P의 위치를 나타낸 거리의 비 $\frac{a}{b}$는?

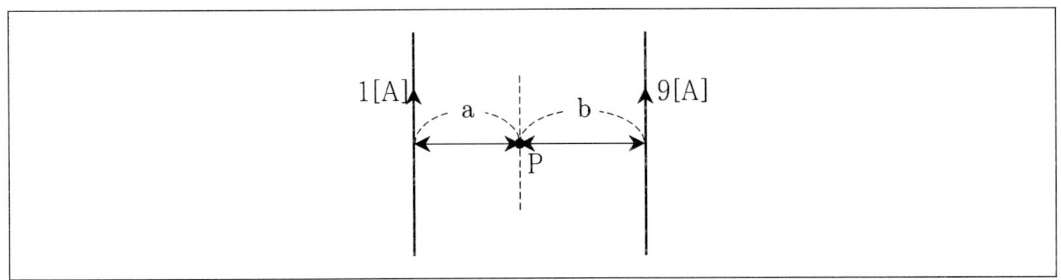

① $\frac{1}{9}$
② $\frac{1}{3}$
③ 3
④ 9

---

1 커패시터의 식

$v(t)=\frac{Q}{C}=\frac{1}{C}\int i(t)dt\,[V]$, $i(t)=C\frac{dv(t)}{dt}[A]$ 에서

dt가 작아지면 전압이 많이 커져야 하므로 C에서는 전압이 변화하기 어렵다.

인덕터의 식

$v(t)=L\frac{di(t)}{dt}[V]$ 에서 전류가 짧은 시간에 변하게 되면 역시 전류가 많이 커져야 하므로 L에서는 전류가 변하기 어렵다.

2 등가저항은 전압원을 단락시키고 단자에서 본 저항이므로 $R_e=R+\frac{2\times3}{2+3}=3[\Omega]$ 에서 $R=1.8[\Omega]$

3 무한장 직선도선에서 H = 0이면

$H_{1A}=H_{9A}$, $\frac{I_A}{2\pi a}=\frac{I_B}{2\pi b}$, $\frac{1}{2\pi a}=\frac{9}{2\pi b}$ 그러므로 $a:b=1:9$

정답 및 해설 1.③ 2.③ 3.①

4 다음 회로에서 $v(t) = 100\sin(2\times10^4 t)$ [V]일 때, 공진되기 위한 C[μF]는?

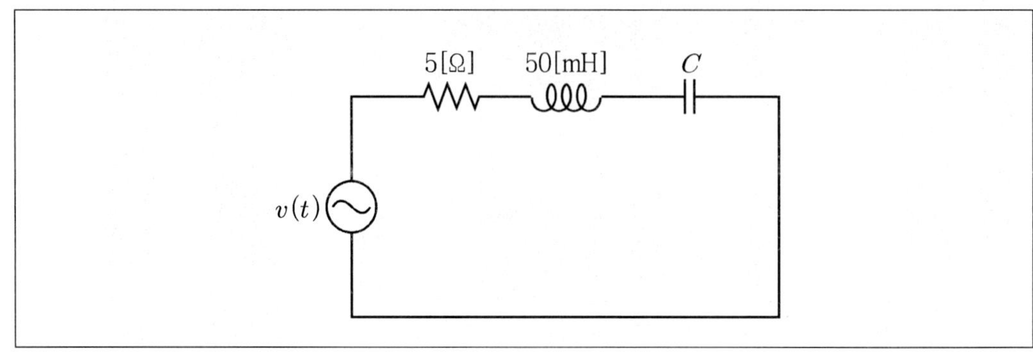

① 0.05　　② 0.15
③ 0.20　　④ 0.25

5 다음 회로의 r_1, r_2에 흐르는 전류비 $I_1 : I_2 = 1 : 2$가 되기 위한 r_1[Ω]과 r_2[Ω]는? (단, 입력 전류 $I = 5$[A]이다)

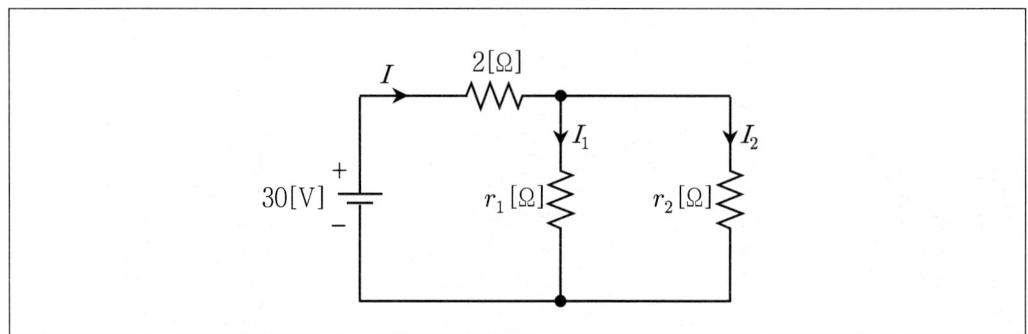

	r_1	r_2
①	3	6
②	6	3
③	6	12
④	12	6

6 60[Hz] 단상 교류발전기가 부하에 공급하는 전압, 전류의 최댓값이 각각 100[V], 10[A]일 때, 부하의 유효전력이 500[W]이다. 이 발전기의 피상전력[VA]은? (단, 손실은 무시한다)

① 500 ② $500\sqrt{2}$

③ 1000 ④ $1000\sqrt{2}$

---

4 직렬공진이면 임피던스의 허수부가 0이고 임피던스가 작아져서 큰 전류가 흐른다.
허수부가 0이므로 $X_L = X_C$

$v(t) = V_m \sin\omega t = 100\sin(2\times10^4 t)\,[V]$에서 $\omega = 2\times10^4$

$\omega L = \dfrac{1}{\omega C}$, $C = \dfrac{1}{\omega^2 L} = \dfrac{1}{(2\times10^4)^2 \times 50\times10^{-3}} = \dfrac{1}{20\times10^6} = 0.05[\mu F]$

5 입력전류가 5[A]이면 회로의 전체 합성저항은 $R_e = \dfrac{V}{I} = \dfrac{30}{5} = 6[\Omega]$

$\dfrac{r_1 r_2}{r_1 + r_2} = 4[\Omega]$

전류비 $I_1 : I_2 = 1:2$이면 저항비 $r_1 : r_2 = 2:1$이므로 $r_1 = 2r_2$

$\dfrac{r_1 r_2}{r_1 + r_2} = \dfrac{2r_2 r_2}{2r_2 + r_2} = \dfrac{2}{3} r_2 = 4[\Omega]$

$r_2 = 6[\Omega]$, $r_1 = 12[\Omega]$

6 단상 교류 발전기 $I_m \cdot V_m = 10\times100 = 1000[VA]$, $P = 500[W]$

피상전력 $P_a = VI = \dfrac{V_m}{\sqrt{2}} \dfrac{I_m}{\sqrt{2}} = \dfrac{1}{2}\times1000 = 500[VA]$

전력은 실횻값으로만 구한다.

정답 및 해설 4.① 5.④ 6.①

7 다음 회로에서 (a) B 부하에 공급되는 평균전력[W], (b) 전원이 공급하는 피상전력[VA], (c) 합성(A부하 + B부하) 부하역률은?

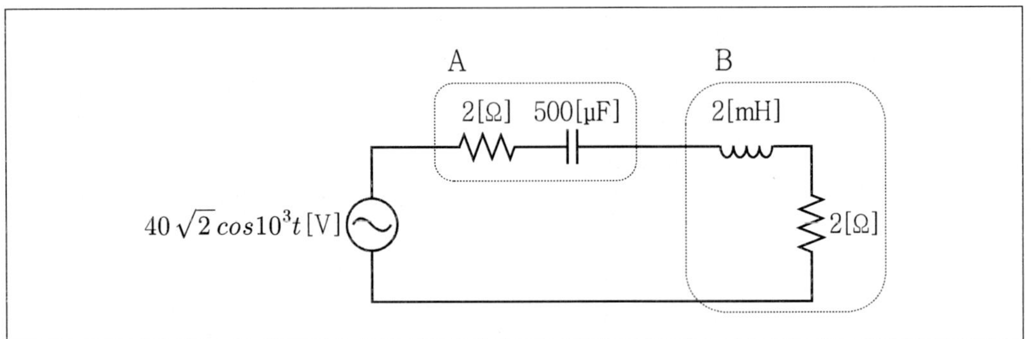

	(a)	(b)	(c)
①	200	200	0.5
②	400	200	0.5
③	200	400	1.0
④	400	400	1.0

8 전자기장에 대한 맥스웰 방정식으로 옳은 것은?

① $\oint_l \boldsymbol{E} \cdot dl = \dfrac{Q}{\epsilon_0}$

② $\oint_l \boldsymbol{B} \cdot dl = I$

③ $\oint_s \boldsymbol{E} \cdot ds = -\dfrac{d\phi}{dt}$

④ $\oint_s \boldsymbol{B} \cdot ds = 0$

7 $Z_A = R - jX_c$, $Z_B = R + jX_L$

$v(t) = V_m \sin\omega t = 40\sqrt{2}\cos 10^3 t\,[V]$ 에서 $\omega = 10^3$

$Z_A = R - j\frac{1}{\omega C} = 2 - j\frac{1}{10^3 \times 500 \times 10^{-6}} = 2 - j2[\Omega]$

$Z_B = R + j\omega L = 2 + j(10^3 \times 2 \times 10^{-3}) = 2 + j2[\Omega]$

전체 임피던스는 $Z = Z_A + Z_B = 2 - j2 + 2 + j2 = 4[\Omega]$

(a) B부하에 공급되는 평균전력

$P_a = I^2 R = (\frac{V}{R_e})^2 \times R = (\frac{40}{4})^2 \times 2 = 200[w]$

(b) 전원이 공급하는 피상전력

$P_a = \frac{V^2}{R_e} = \frac{40^2}{4} = 400[VA]$

(c) 합성부하는 등가임피던스가 저항뿐이므로 역률 1

8 맥스웰 방정식

㉠ $\oint_l E \cdot dl = -\frac{\partial \varnothing}{\partial t}$, 미분형은 $\nabla \times E = -\frac{\partial B}{\partial t}$

시변 자계에서 발생하는 기전력을 나타낸다.

㉡ $\oint_s B \cdot ds = 0$, 미분형은 $\nabla \cdot B = 0$

자극에서 발생하는 자속은 모두 N극에서 S극으로 들어가므로 연속적이다.

㉢ $\oint_s E \cdot ds = \frac{Q}{\epsilon_0}$ 가우스의 정리

정답 및 해설 7.③ 8.④

9 다음 회로에서 저항 $R[\Omega]$은? (단, V = 3.5 [V]이다)

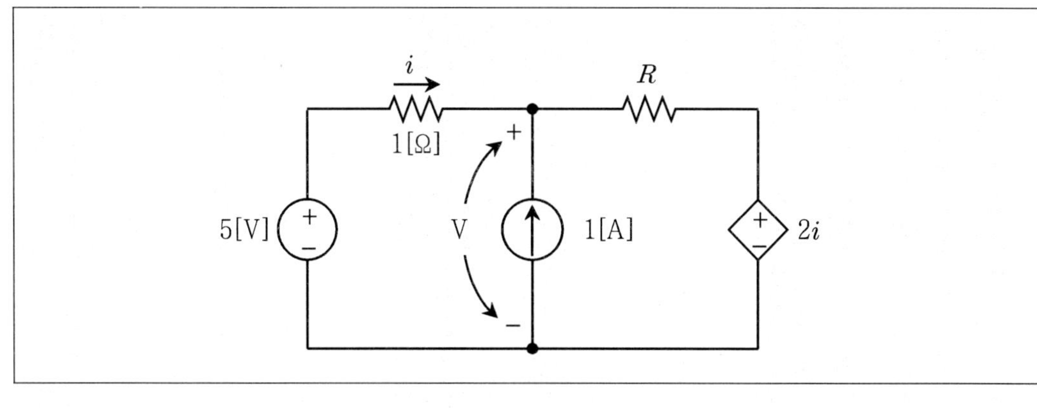

① 0.1　　② 0.2
③ 1.0　　④ 1.5

10 그림과 같은 폐회로 abcd를 통과하는 쇄교자속 $\lambda = \lambda_m \sin 10t$[Wb]일 때, 저항 10 [$\Omega$]에 걸리는 전압 V_1의 실횻값[V]은? (단, 회로의 자기 인덕턴스는 무시한다)

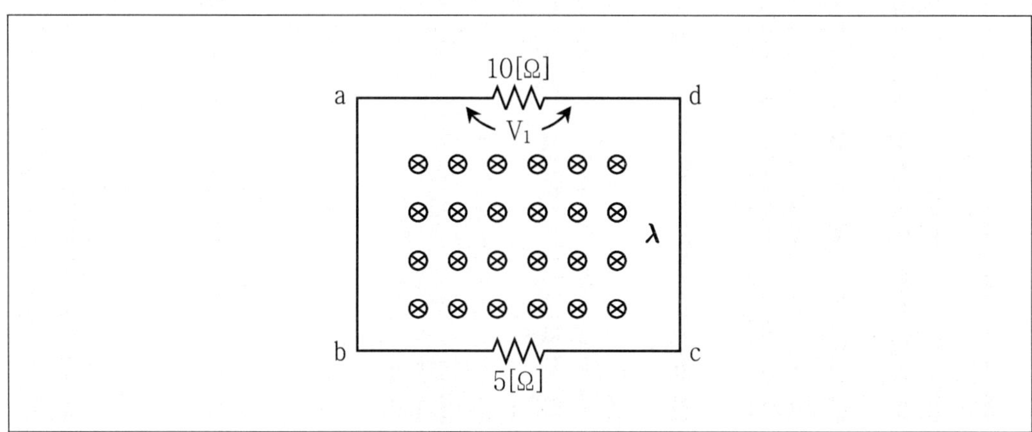

① $\dfrac{10\lambda_m}{3}$　　② $\dfrac{20\lambda_m}{3}$
③ $\dfrac{10\lambda_m}{3\sqrt{2}}$　　④ $\dfrac{20\lambda_m}{3\sqrt{2}}$

9 마디방정식으로 정리한다.

$1[\Omega]$과 $R[\Omega]$ 사이의 접속점을 A라고 하고 전류방정식을 세우면

$$i+1=\frac{V(3.5[V])-2i}{R}$$

$$i=\frac{5[V]-V(3.5[V])}{1[\Omega]}=1.5[A]$$를 대입하면

$$1.5+1=\frac{3.5-2\times1.5}{R}$$

$$R=0.2[\Omega]$$

10 쇄교자속에 의한 유도기전력

$$e(t)=-\frac{\partial\varnothing}{\partial t}=-\frac{\partial\lambda_m\sin10t}{\partial t}=-10\lambda_m\cos10t\,[V]$$

유도기전력의 실횻값은 $e=\frac{10\lambda_m}{\sqrt{2}}[V]$, 유도기전력이 폐로에 걸리게 되므로

저항 $10[\Omega]$에 걸리는 전압은 전체전압의 $\frac{2}{3}$이다.

따라서 $V_1=\frac{10\lambda_m}{\sqrt{2}}\cdot\frac{2}{3}=\frac{20\lambda_m}{3\sqrt{2}}[V]$

정답 및 해설 9.② 10.④

11 교류전압 $v = 400\sqrt{2}\,sin\omega t + 30\sqrt{2}\,sin3\omega t + 40\sqrt{2}\,sin5\omega t$ [V]의 왜형률[%]은? (단, ω는 기본 각주파수이다)

① 8　　② 12.5
③ 25.5　　④ 50

12 그림과 같은 이상적인 변압기 회로에서 최대전력전송을 위한 변압기 권선비는?

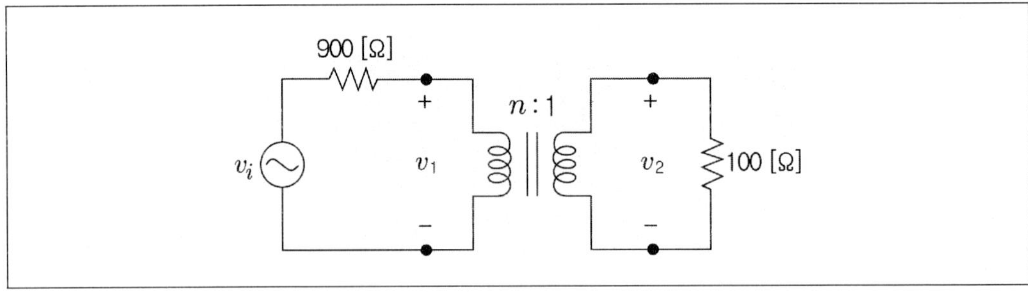

① 1 : 1　　② 3 : 1
③ 6 : 1　　④ 9 : 1

13 그림과 같이 간격 d = 4[cm]인 평판 커패시터의 두 극판 사이에 두께와 면적이 같은 비유전율 ϵ_{s1} = 6, ϵ_{s2} = 9인 두 유전체를 삽입하고 단자 ab에 200[V]의 전압을 인가할 때, 비유전율 ϵ_{s2}인 유전체에 걸리는 전압[V]과 전계의 세기[kV/m]는?

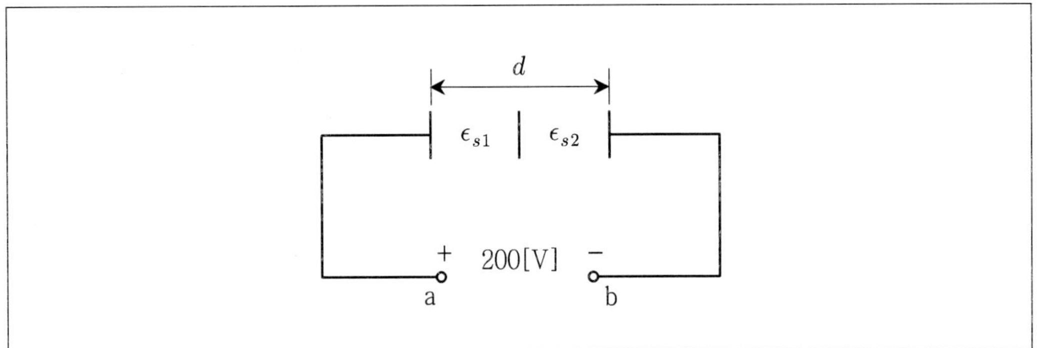

	전압	전계의 세기
①	80	2
②	120	2
③	80	4
④	120	4

11 비정현파 교류에서 왜형률 : 고조파에 의해서 파형이 일그러진 정도를 나타낸다.

$$D=\frac{\text{고조파의 실횻값}}{\text{기본파의 실횻값}}\times 100=\frac{\sqrt{30^2+40^2}}{400}\times 100=12.5[\%]$$

12 이상적인 변압기의 권선비

$$a=\frac{V_1}{V_2}=\frac{N_1}{N_2}=\sqrt{\frac{R_1}{R_2}}$$

$$\frac{N_1}{N_2}=\sqrt{\frac{R_1}{R_2}}=\sqrt{\frac{900}{100}}=\frac{3}{1}$$

13 커패시터는 직렬접속과 같고, 유전율은 정전용량과 비례하며 직렬로 된 정전용량은 전압과는 반비례하므로 전압은 유전율의 크기와 반비례하게 걸린다.

200[V]의 전원이 분압이 되면

$$V_{\epsilon s2}=\frac{\epsilon_{s1}}{\epsilon_{s1}+\epsilon_{s2}}V=\frac{6}{6+9}\times 200=80[V]$$

전계의 세기 $E_{\epsilon s2}=\frac{V}{d}=\frac{80}{2\times 10^{-2}}=4\times 10^3=4[KV/m]$

정답 및 해설 11.② 12.② 13.③

14 다음 회로에서 정상상태 전류 I[A]는?

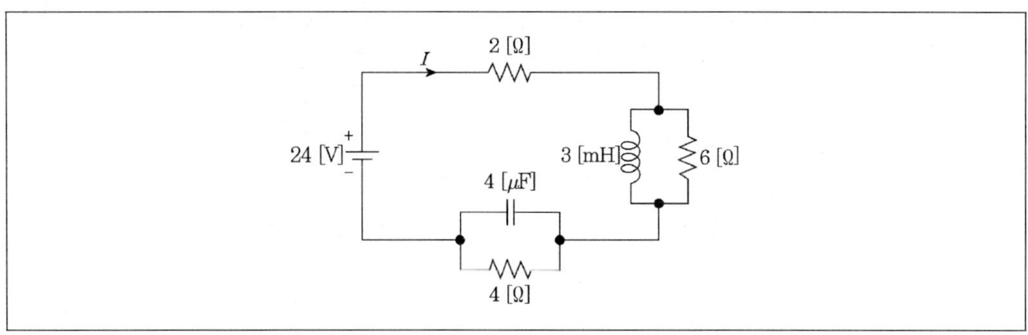

① 2
② 4
③ 6
④ 8

15 저항 10 [Ω]과 인덕터 5 [H]가 직렬로 연결된 교류회로에서 다음과 같이 교류전압 $v(t)$를 인가했을 때, 흐르는 전류가 $i(t)$이다. 교류전압의 각주파수 ω[rad/s]는?

- $v(t) = 200\sin(\omega t + \frac{\pi}{6})$ [V]
- $i(t) = 10\sin(\omega t - \frac{\pi}{6})$ [A]

① 2
② $2\sqrt{2}$
③ $2\sqrt{3}$
④ 3

16 그림과 같은 평형 3상 회로에서 전체 무효전력[Var]은? (단, 전원의 상전압 실횻값은 100[V]이고, 각 상의 부하임피던스 $\dot{Z}$ = 4 + j3[Ω]이다)

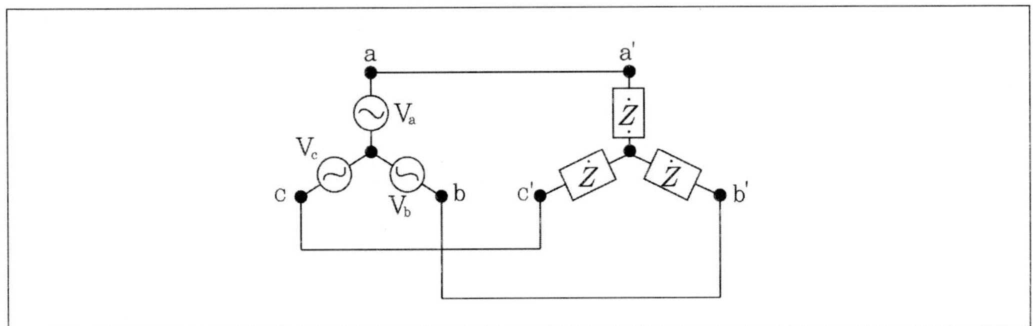

① 2400　　② 3600

③ 4800　　④ 6000

---

14 회로의 정상상태란 직류전원 인가 시의 안정상태를 말한다. 그러므로 L은 단락상태, C는 개방상태이다.

회로의 합성저항 $R_e = 2+4 = 6[\Omega]$뿐이므로 정상상태 전류 $I = \frac{E}{R} = \frac{24}{6} = 4[A]$

15

R-L 회로에서 임피던스는 $Z = \frac{v(t)}{i(t)} = \frac{\frac{200}{\sqrt{2}}\angle\frac{\pi}{6}}{\frac{10}{\sqrt{2}}\angle-\frac{\pi}{6}} = 20\angle\frac{\pi}{3} = 20(\cos\frac{\pi}{3} + jsin\frac{\pi}{3}) = 10 + j10\sqrt{3}[\Omega]$

$X_L = \omega L = 10\sqrt{3}[\Omega]$

$\omega = \frac{10\sqrt{3}}{L} = \frac{10\sqrt{3}}{5} = 2\sqrt{3}[rad/s]$

16 3상 Y결선이므로

피상전력 $P_a = 3I^2 Z = 3\frac{V_p^2 Z}{R^2 + X^2}[VA]$

무효전력 $P_r = 3I^2 X = 3\frac{V_p^2 X}{R^2 + X^2} = 3 \times \frac{100^2 \times 3}{4^2 + 3^2} = 3600[Var]$

정답 및 해설 14.② 15.③ 16.②

17 그림과 같이 커패시터를 설치하여 역률을 개선하였다. 개선 후 전류 $\dot{I}$ [A]와 역률 $\cos\theta$는?

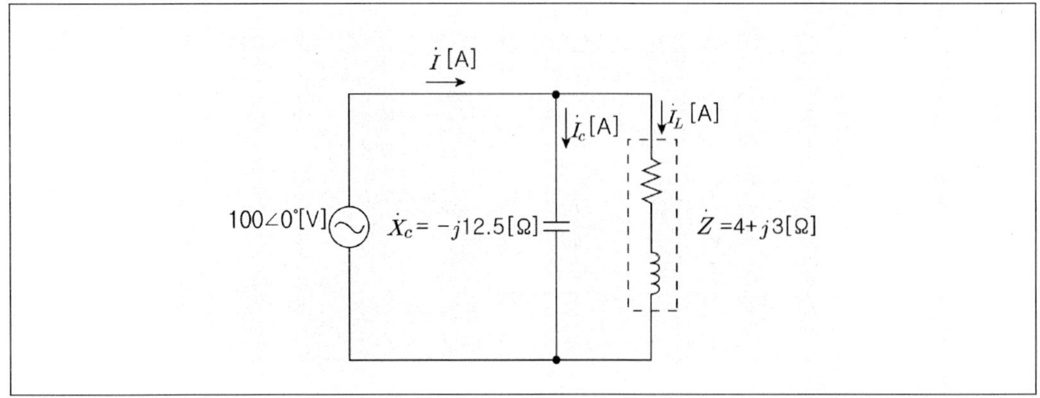

	$\dot{I}$	$\cos\theta$
①	$16-j4$	$\dfrac{16}{\sqrt{272}}$
②	$16-j4$	$-\dfrac{4}{\sqrt{272}}$
③	$16+j4$	$\dfrac{16}{\sqrt{272}}$
④	$16+j4$	$\dfrac{4}{\sqrt{272}}$

18 그림과 같은 직류회로에서 오랜 시간 개방되어 있던 스위치가 닫힌 직후의 스위치 전류 $i_{sw}(0^+)$[A]는?

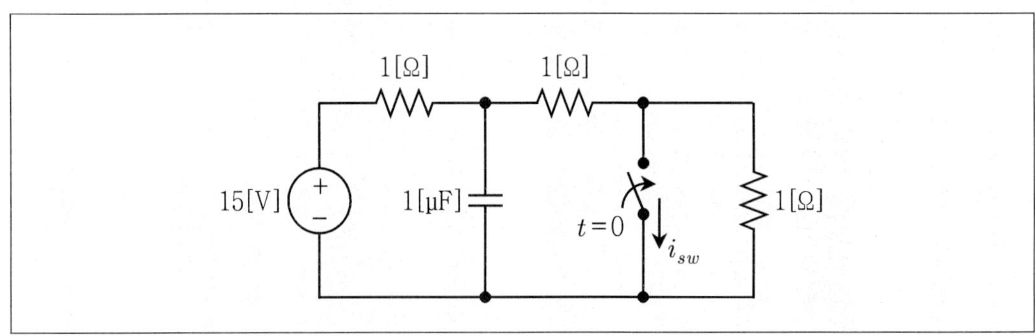

① $\dfrac{15}{2}$　　② $\dfrac{15}{3}$

③ 10　　④ 15

19 평형 3상 회로에서 부하는 Y 결선이고 a상 선전류는 $20\angle-90°$[A]이며 한 상의 임피던스 $\dot{Z}=10\angle60°$[Ω]일 때, 선간전압 $\dot{V}_{ab}$[V]는? (단, 상순은 a, b, c 시계방향이다)

① $200\angle0°$

② $200\angle-30°$

③ $200\sqrt{3}\angle0°$

④ $200\sqrt{3}\angle-30°$

---

17 $I_L=\dfrac{100}{4+j3}=\dfrac{100(4-j3)}{(4+j3)(4-j3)}=16-j12[A]$

$I_c=\dfrac{100}{-j12.5}=j8[A]$

전전류 $I=I_L+I_c=16-j12+j8=16-j4[A]$

역률 $\cos\theta=\dfrac{16}{\sqrt{16^2+4^2}}=\dfrac{16}{\sqrt{272}}=0.97$

따라서 역률이 콘덴서를 달기 전 $\cos=\dfrac{4}{\sqrt{4^2+3^2}}=0.8$에서 개선되었음을 알 수 있다.

18 회로가 정상상태일 때, 저항 각 1[Ω]마다 5[V]가 분압되어 있고 1[μF] 콘덴서에는 10[V]가 충전되어 있다. 스위치를 닫으면 그림의 맨 오른쪽 1[Ω]의 저항은 단락이 되었으므로 전류가 흐르지 않는다. 따라서 스위치에 흐르는 전류는 가운데 위치한 1[Ω]으로 흐르는 전류이므로

$i_{sw}=\dfrac{V_c}{1[\Omega]}=\dfrac{10}{1}=10[A]$

19 3상 Y결선이므로

상전압은 $V_p=ZI_p=10\angle60°\times20\angle-90°=200\angle-30°[V]$

선간전압은 크기는 상전압보다 $\sqrt{3}$배, 위상은 30° 앞서게 되므로

$V_l=200\sqrt{3}\angle0°$

정답 및 해설 17.① 18.③ 19.③

20 RL 직렬회로에 전류 $i = 3\sqrt{2}\sin(5000t + 45°)$[A]가 흐를 때, 180 [W]의 전력이 소비되고 역률은 0.8이었다. $R[\Omega]$과 L [mH]은?

	$\underline{R}$	$\underline{L}$
①	$\frac{20}{\sqrt{2}}$	$\frac{3}{\sqrt{2}}$
②	$\frac{20}{\sqrt{2}}$	3
③	20	$\frac{3}{\sqrt{2}}$
④	20	3

20 R-L직렬회로

소비전력 $P = I^2R = 180[w]$에서 전류의 실횻값이 3[A]이므로 $R = 20[\Omega]$

역률이 0.8이므로 $\cos\theta = \dfrac{R}{\sqrt{R^2 + X_L^2}} = \dfrac{20}{\sqrt{20^2 + X_L^2}} = 0.8$

$X_L = 15[\Omega]$, 전류 순시값에서 $\omega = 5000$

$X_L = \omega L = 5000L = 15[\Omega]$

$L = 3[mH]$

정답 및 해설 20.④

2018 6월 23일 | 제2회 서울특별시 시행

1 개방 단자 전압이 12[V]인 자동차 배터리가 있다. 자동차 시동을 걸 때 배터리가 0.5[Ω]의 부하에 전류를 공급하면서 배터리 단자 전압이 10[V]로 낮아졌다면 배터리의 내부 저항값[Ω]은?

① 0.1
② 0.15
③ 0.2
④ 0.25

2 특이함수(스위칭함수)에 대한 설명으로 옳은 것을 〈보기〉에서 모두 고른 것은?

〈보기〉

㉠ 특이함수는 그 함수가 불연속이거나 그 도함수가 불연속인 함수이다.
㉡ 단위계단함수 $u(t)$는 t가 음수일 때 -1, t가 양수일 때 1의 값을 갖는다.
㉢ 단위임펄스함수 $\delta(t)$는 $t=0$ 외에는 모두 0이다.
㉣ 단위램프함수 $r(t)$는 t의 값에 상관없이 단위 기울기를 갖는다.

① ㉠, ㉡
② ㉠, ㉢
③ ㉡, ㉢
④ ㉢, ㉣

3 공장의 어떤 부하가 단상 220V/60Hz 전력선으로부터 0.5의 지상 역률로 22kW를 소비하고 있다. 이때 공장으로 유입되는 전류의 실효값[A]은?

① 50
② 100
③ 150
④ 200

1 개방단자전압 E = 12[V]
0.5[Ω]의 부하에 전류를 공급하면서 단자전압이 10[V]가 되었다면
부하에 흐르는 전류는 $I=\frac{V}{R}=\frac{10}{0.5}=20[A]$, 내부저항에서의 전압강하는 2[V]
내부저항 $r=\frac{2[V]}{20[A]}=0.1[\Omega]$

2 ㉡ 단위계단함수 $u(t)$는 t가 0보다 작을 때 0, t가 0보다 크면 1인 함수이다.
㉣ 단위램프함수 $r(t)$는 t가 0보다 작을 때 0, t가 0보다 크면 t인 함수이다.

3 유입되는 전류 $I=\frac{P}{Vcos\theta}=\frac{22\times10^3}{220\times0.5}=200[A]$

정답 및 해설 1.① 2.② 3.④

4 그림과 같은 필터 회로에 대한 설명으로 가장 옳은 것은?

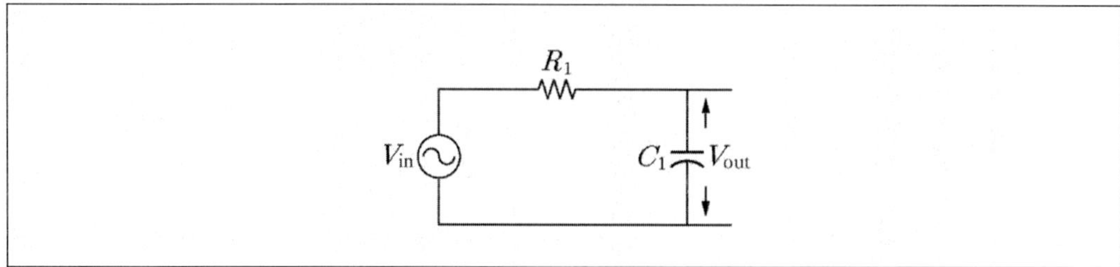

① 입력전압 V_{in}의 주파수가 0일 때 출력전압 V_{out}은 0이다.

② 입력전압 V_{in}의 주파수가 무한대이면 출력전압 V_{out}은 V_{in}과 같다.

③ 필터회로의 차단주파수는 $f_c = \dfrac{1}{2\pi\sqrt{R_1 C_1}}$[Hz]이다.

④ 차단주파수에서 출력전압은 입력전압보다 위상이 45° 뒤진다.

5 다음과 같이 평균길이가 10cm, 단면적이 20cm^2, 비투자율이 1,000인 철심에 도선이 100회 감겨있고, 60Hz의 교류전류 $2A$ (실효치)가 흐르고 있을 때, 전압 V의 실효치[V]는? (단, 도선의 저항은 무시하며, μ_0는 진공의 투자율이다.)

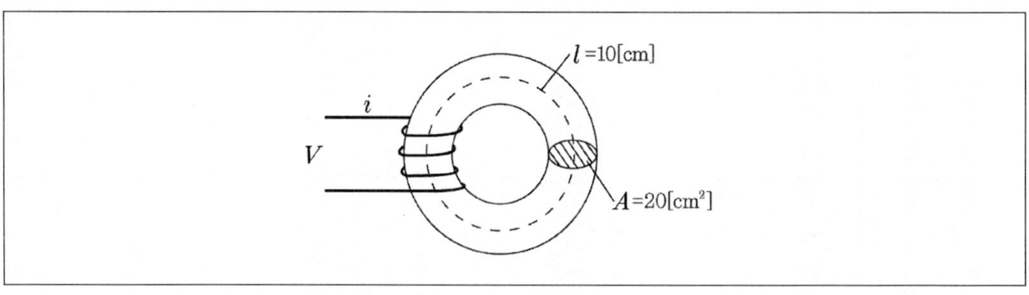

① $12\pi \times 10^6 \mu_0$

② $24\pi \times 10^6 \mu_0$

③ $36\pi \times 10^6 \mu_0$

④ $48\pi \times 10^6 \mu_0$

6 반경이 a, $b(b>a)$인 두 개의 동심도체 구껍질(spherical shell)로 구성된 구 커패시터의 정전용량은?

① $\dfrac{2\pi\epsilon}{a-b}$ ② $\dfrac{4\pi\epsilon}{a-b}$

③ $\dfrac{2\pi\epsilon}{\frac{1}{a}-\frac{1}{b}}$ ④ $\dfrac{4\pi\epsilon}{\frac{1}{a}-\frac{1}{b}}$

---

4 보기의 전달함수

$$G(s)=\frac{\frac{1}{Cs}}{R+\frac{1}{Cs}}=\frac{1}{RCs+1}$$ 이므로

주파수(s)가 0이면 $G(s)=1$, $V_{in}=V_{out}$

주파수(s)가 ∞이면 $G(\infty)=0$, $V_{out}=0$

차단주파수는 전달함수의 크기가 0주파수레벨에서 3[dB]이하로 떨어지는 주파수를 말한다.

따라서 $|G(j\omega)|=\dfrac{1}{\sqrt{(\omega RC)^2+1}}=\dfrac{1}{\sqrt{2}}$ 되는 주파수이다.

차단주파수에서 $R=\dfrac{1}{\omega C}$이므로 위상은 45°, 출력전압이 입력전압보다 늦은 적분기이다.

5 솔레노이드에서 자속

$$\varnothing=\frac{NI}{R}=\frac{NI}{\frac{l}{\mu S}}=\frac{\mu SNI}{l}=\frac{1000\mu_0\times20\times10^{-4}\times100\times2}{10\times10^{-2}}=4000\mu_0[wb]$$

전압 $V=2\pi fN\varnothing=2\pi\times60\times100\times4000\mu_0=48\pi\times10^6\mu_0$

6 동심도체구의 전위 $V=\dfrac{Q}{4\pi\epsilon}(\dfrac{1}{a}-\dfrac{1}{b})[V]$, Q=CV[C]에서

정전용량 $C=\dfrac{4\pi\epsilon}{\frac{1}{a}-\frac{1}{b}}=\dfrac{4\pi\epsilon ab}{b-a}[F]$

정답 및 해설 4.④ 5.④ 6.④

7 다음과 같이 종속전압원을 갖는 회로에서 V_2 전압[V]은?

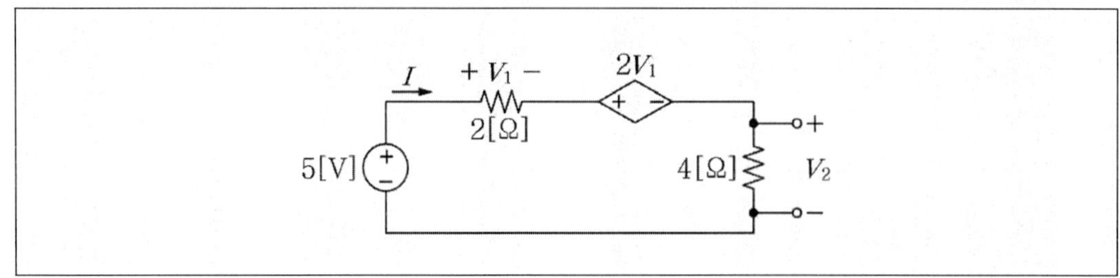

① 1　　② 1.5
③ 2　　④ 3

8 자유공간에 놓여 있는 1cm 두께의 합성수지판 표면에 수직방향(법선방향)으로 외부에서 전계 E_0[V/m]를 가하였을 경우에 대한 설명으로 가장 옳지 않은 것은? (단, 합성수지판의 비유전율은 $\epsilon_r = 2.5$이며, ϵ_0는 자유공간의 유전율이다.)

① 합성수지판 내부의 전속밀도는 $\epsilon_0 E_0$[C/m^2]이다.
② 합성수지판 내부의 전계의 세기는 $0.4E_0$[V/m]이다.
③ 합성수지판 내부의 분극 세기는 $0.5\epsilon_0 E_0$[C/m^2]이다.
④ 합성수지판 외부에서 분극 세기는 0이다.

9 15[F]의 정전용량을 가진 커패시터에 270[J]의 전기에너지를 저장할 때, 커패시터 전압[V]은?

① 3　　② 6
③ 9　　④ 12

10 **자성체의 성질에 대한 설명으로 가장 옳지 않은 것은?**

① 강자성체의 온도가 높아져서 상자성체와 같은 동작을 하게 되는 온도를 큐리온도라 한다.
② 강자성체에 외부자계가 인가되면 자성체 내부의 자속밀도는 증가한다.
③ 발전기, 모터, 변압기 등에 사용되는 강자성체는 매우 작은 인가자계에도 큰 자화를 가져야 한다.
④ 페라이트는 매우 높은 도전율을 가지므로 고주파수 응용분야에 널리 사용된다.

7 독립전원과 종속전원을 가진 회로이므로

V_2를 단락시키면 $I_s = \frac{5-2V_1}{2}[A]$ 의 단락전류가 흐르고

V_2를 개방시키면 $5-V_1-2V_1-V_2=0$, 저항비에 따라 $V_2=2V_1$를 대입하면

$V_1=1[V]$ 따라서 $V_2=2[V]$

8 ㉠ 내부 전속밀도 $D=\epsilon_0 E_0\,[C/m^2]$ 전계를 수직으로 가했으므로 전속밀도의 변화는 없다.

㉡ 내부 전계의 세기 $\frac{E_0}{\epsilon_r}=\frac{E_0}{2.5}=0.4E_0\,[V/m]$

㉢ 분극의 세기 $P=\epsilon_0(\epsilon_r-1)E_0=1.5\epsilon_0 E_0\,[C/m^2]$

㉣ 외부에서 분극의 세기는 0이다.

9 커패시터에 저장되는 에너지 $W=\frac{1}{2}CV^2[J]$ 에서 V=6[V]

10 페라이트(ferrite)는 공업적으로 중요한 연자성 재료이다. 페라이트는 자성이 좋을 뿐 아니라 절연체이므로 비저항이 매우 크기 때문에 맴돌이 전류 손실이 매우 적다. 따라서 고주파용 기기에서는 없어서는 안 되는 중요한 재료이다.

정답 및 해설 7.③ 8.③ 9.② 10.④

11 다음과 같은 회로에서 스위치 S를 닫고 3초 후 커패시터에 나타나는 전압의 근삿값[V]은? (단, $V_s = 50$[V], $R = 3$[MΩ], $C = 1$[μF]이며, 스위치를 닫기 전 커패시터의 전압은 0이다.)

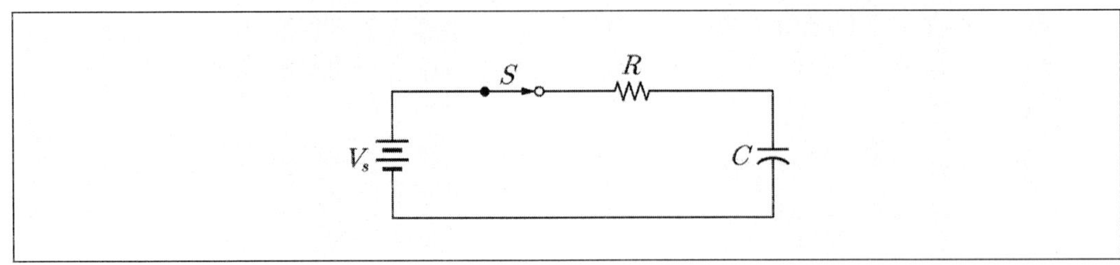

① 18.5
② 25.5
③ 31.5
④ 35.5

12 $R-L-C$ 직렬회로에 공급되는 교류전압의 주파수가 $f = \dfrac{1}{2\pi\sqrt{LC}}$[Hz]일 때, 〈보기〉의 설명 중 옳은 것을 모두 고른 것은?

〈보기〉

㉠ L 또는 C 양단에 가장 큰 전압이 걸리게 된다.
㉡ 회로의 임피던스는 가장 작은 값을 가지게 된다.
㉢ 회로에 흐른 전류는 공급전압보다 위상이 뒤진다.
㉣ L에 걸리는 전압과 C에 걸리는 전압의 위상은 서로 같다.

① ㉠, ㉡
② ㉡, ㉢
③ ㉠, ㉢, ㉣
④ ㉡, ㉢, ㉣

13 다음과 같은 회로에서 전압 V_x의 값[V]은?

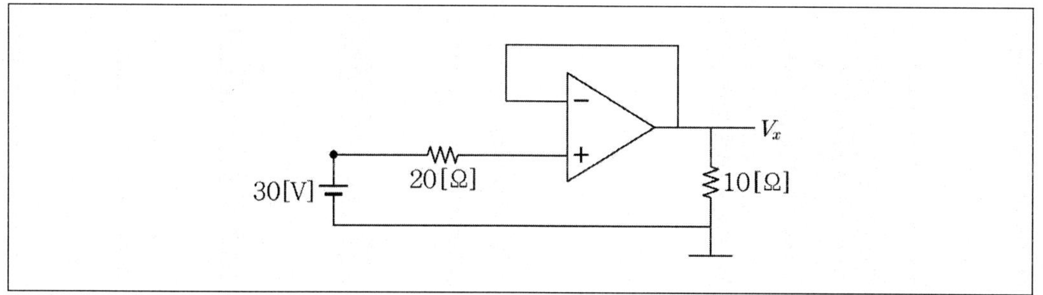

① 10　　② 20
③ 30　　④ 45

---

11 과도현상 $V = V_s(1-e^{-\frac{1}{RC}t}) = 50(1-e^{-\frac{1}{3}\times 3}) = 0.63\times 50 = 31.5[V]$, R-C회로의 시정수 $RC = 3\times 10^6 \times 1\times 10^{-6} = 3[\sec]$

12 R-L-C직렬회로의 공진이므로 허수부는 0이 되고 임피던스가 작아서 전류가 크게 흐른다. L과 C에는 공진전류에 의해서 큰 전압이 걸리고 공진이므로 전류와 전압의 위상은 같다. L에 걸린 전압과 C에 걸린 전압의 위상은 180°차이이다. ㉢과 ㉣이 틀렸다.

13 비반전회로 OP amp이다. 그림에서 피드백이 되는 전류가 접지선으로 흘러 0이 되므로 $V_x = 30[V]$ 입력전압이 그대로 걸린다.

정답 및 해설 11.③ 12.① 13.③

14 다음과 같은 2포트 회로의 어드미턴스(Y) 파라미터를 모두 더한 값[℧]은?

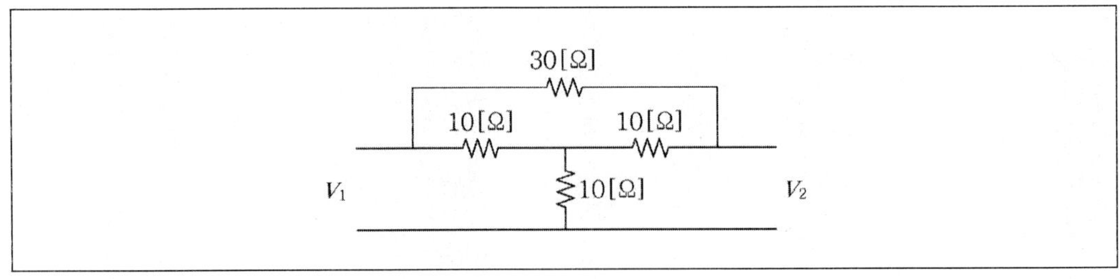

① 1/15
② 1/30
③ 15
④ 30

15 다음과 같은 RL 직렬회로에서 소비되는 전력[kW]은?

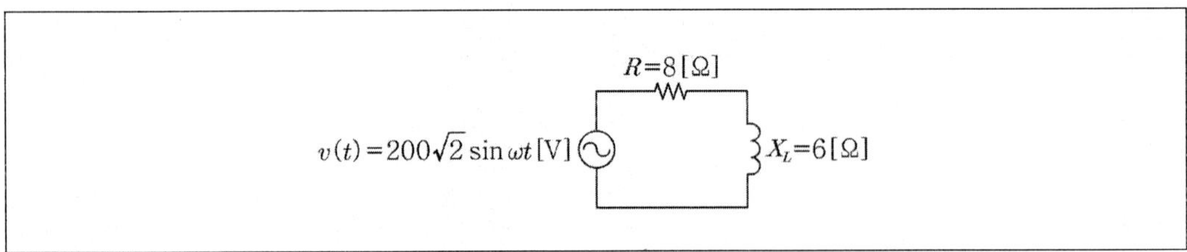

① 3.2
② 3.8
③ 4
④ 10

16 다음과 같은 회로에서 V_{ab} 전압의 정상상태 값[V]은?

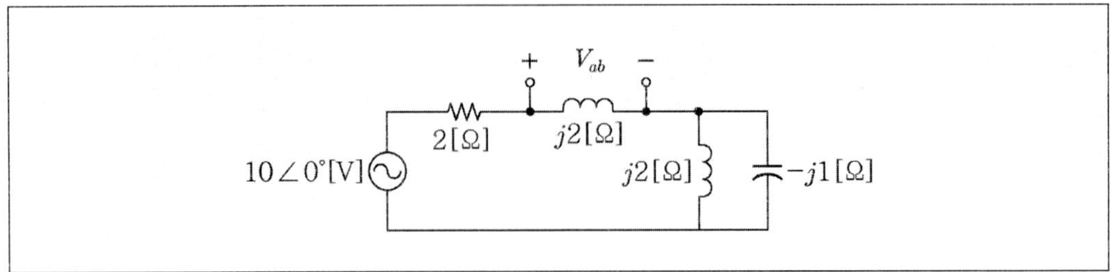

① 5+j10 ② 5+j5

③ j5 ④ j10

---

14 중간의 T형의 저항을 델타로 변환을 하면 3배가 되어 각각 30[Ω]이 된다.
따라서 윗부분의 저항이 병렬로 되므로 그림과 같이 된다.

1) Y 부분을 델타로 전환 2) 상단의 병렬저항을 합성 3) 임피던스를 어드미턴스로 하면 다음 그림과 같다.

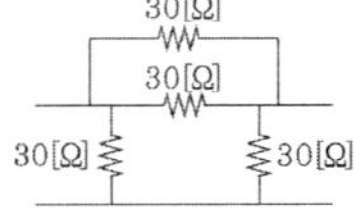

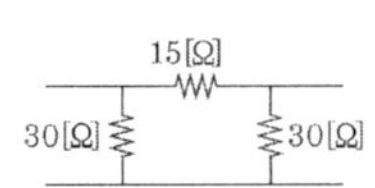

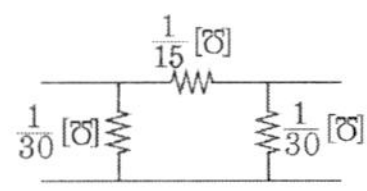

어드미턴스로 하면 $Y_{11}=\frac{1}{30}+\frac{1}{15}$, $Y_{12}=-\frac{1}{15}$, $Y_{21}=-\frac{1}{15}$, $Y_{22}=\frac{1}{30}+\frac{1}{15}$

그러므로 파라미터를 모두 더하면 $Y=Y_{11}+Y_{12}+Y_{21}+Y_{22}=\frac{1}{15}$

15
R-L 소비전력은 $P=I^2R=(\frac{V}{Z})^2R=\frac{200^2}{8^2+6^2}\times 8=3200=3.2[Kw]$

16
합성임피던스 $Z=2+j2+\frac{j2\times(-j)}{j2-j}=2+j2-j2=2[\Omega]$

회로에 흐르는 전류 $i=\frac{10}{2}=5[A]$

그러므로 $V_{ab}=j2\times 5=j10[V]$

정답 및 해설 14.① 15.① 16.④

17 다음과 같은 회로에서 R_x에 최대 전력이 전달될 수 있도록 할 때, 저항 R_x에서 소모되는 전력[W]은?

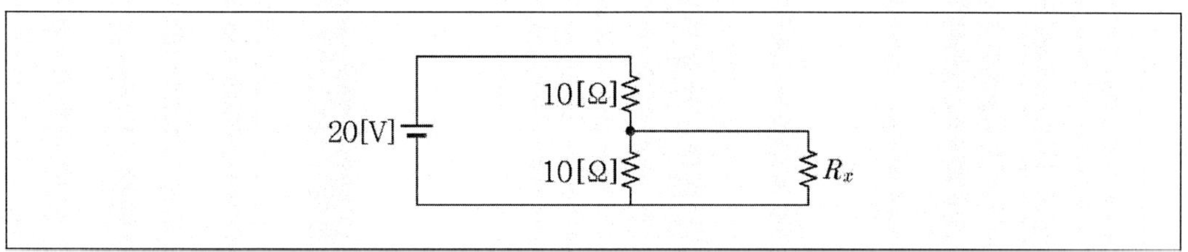

① 1
② 5
③ 10
④ 15

18 비정현파 전류 $i(t) = 10\sin\omega t + 5\sin(3\omega t + 30^\circ) + \sqrt{3}\sin(5\omega t + 60^\circ)$일 때, 전류 $i(t)$의 실횻값[A]은?

① 6
② 8
③ 10
④ 12

19 라플라스 함수 $F(s) = \dfrac{s+1}{s^2+2s+5}$의 역변환 $f(t)$는?

① $e^{-2t}\cos t$
② $e^{-2t}\sin t$
③ $e^{-t}\cos 2t$
④ $e^{-t}\sin 2t$

20 비투자율이 3,600, 비유전율이 1인 매질 내 주파수가 1[GHz]인 전자기파의 속도[m/s]는?

① 3×10^8　② 1.5×10^8
③ 5×10^7　④ 5×10^6

17 테브난의 정리를 이용해서 등가전압과 등가저항을 구하면 $V_e=10[V]$, $R_e=5[\Omega]$ 최대전력이 전달되려면 $R_e=R_x$

따라서 R_x의 소모전력은 $P=I^2R_x=(\frac{10}{5+5})^2\times5=5[W]$

18 전류의 실횻값

$I=\sqrt{(\frac{10}{\sqrt{2}})^2+(\frac{5}{\sqrt{2}})^2+(\frac{\sqrt{3}}{\sqrt{2}})^2}=\sqrt{50+12.5+1.5}=8[A]$

19 $\mathcal{L}^{-1}F(s)=\mathcal{L}^{-1}\frac{s+1}{s^2+2s+5}$

$\frac{s+1}{s^2+2s+5}=\frac{s+1}{(s+1)^2+4}$ 역변환하면 $f(t)=e^{-t}\cos2t$

20 매질에서 전자기파의 속도

$v=\frac{1}{\sqrt{\epsilon\mu}}=\frac{3\times10^8}{\sqrt{\epsilon_s\mu_s}}=\frac{3\times10^8}{\sqrt{1\times3600}}=5\times10^6[m/\sec]$

정답 및 해설 17.② 18.② 19.③ 20.④

2019 4월 6일 | 인사혁신처 시행

1 전압이 E [V], 내부저항이 r [Ω]인 전지의 단자 전압을 내부저항 25 [Ω]의 전압계로 측정하니 50 [V]이고, 75 [Ω]의 전압계로 측정하니 75 [V]이다. 전지의 전압 E [V]와 내부저항 r [Ω]은?

	E [V]	r [Ω]
①	100	25
②	100	50
③	200	25
④	200	50

2 등전위면(equipotential surface)의 특징에 대한 설명으로 옳은 것만을 모두 고르면?

> ㉠ 등전위면과 전기력선은 수평으로 접한다.
> ㉡ 전위의 기울기가 없는 부분으로 평면을 이룬다.
> ㉢ 다른 전위의 등전위면은 서로 교차하지 않는다.
> ㉣ 전하의 밀도가 높은 등전위면은 전기장의 세기가 약하다.

① ㉠, ㉣
② ㉡, ㉢
③ ㉠, ㉡, ㉢
④ ㉡, ㉢, ㉣

3 **코일에 직류 전압 200 [V]를 인가했더니 평균전력 1,000 [W]가 소비되었고, 교류 전압 300 [V]를 인가했더니 평균전력 1,440 [W]가 소비되었다. 코일의 저항 [Ω]과 리액턴스 [Ω]는?**

	저항 [Ω]	리액턴스 [Ω]
①	30	30
②	30	40
③	40	30
④	40	40

1 내부저항 25[Ω]의 전압계로 측정을 한 경우 50[V]가 나왔다면

$50 = \frac{25}{r+25} E\,[V]$

내부저항 75[Ω]의 전압계로 측정을 한 경우 75[V]

$75 = \frac{75}{r+75} E\,[V]$

$\frac{50}{75} = \frac{2}{3} = \frac{(r+75)}{3(r+25)}$ 로부터 내부저항 $r = 25[\Omega]$

따라서 $E = 100[V]$

2 전기력선의 전위가 같은 점을 연결하여 만들어진 면, 전계 속에서 발생하는 전기력선에 직각으로 교차하는 곡선 위의 점은 같은 전위이며, 이 곡선으로 만들어진 면은 등전위면이 된다. 전위가 다른 등전위면과는 교차하지 않는다. 전하의 밀도가 큰 것은 전기장의 세기가 강하다.

3 직류전압 200[V] 인가 : 저항만 적용이 된다.

$R = \frac{V^2}{P} = \frac{200^2}{1000} = 40[\Omega]$

교류전압 300[V] 인가 : R 과 X가 함께 작용을 한다.

$P = \frac{V^2 R}{R^2 + X_L^2} = \frac{300^2 \times 40}{40^2 + X_L^2} = 1440[W]$ 에서 $X_L = 30[\Omega]$

정답 및 해설 1.① 2.② 3.③

4 다음 회로에서 스위치 S가 단자 a에서 충분히 오랫동안 머물러 있다가 t = 0에서 단자 a에서 단자 b로 이동하였다. t > 0일 때의 전압 $v_c(t)$ [V]는?

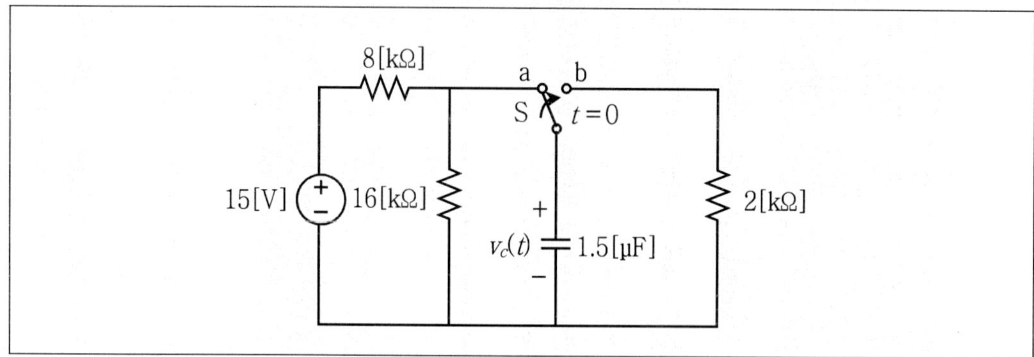

① $5e^{-\frac{t}{3\times10^{-2}}}$

② $5e^{-\frac{t}{3\times10^{-3}}}$

③ $10e^{-\frac{t}{3\times10^{-2}}}$

④ $10e^{-\frac{t}{3\times10^{-3}}}$

5 독립전원과 종속전압원이 포함된 다음의 회로에서 저항 20 [Ω]의 전압 V_a [V]는?

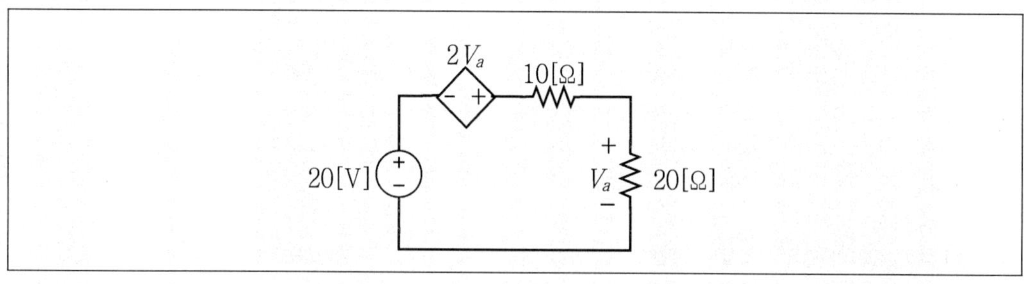

① − 40
② − 20
③ 20
④ 40

6 다음 자기회로에 대한 설명으로 옳지 않은 것은? (단, 손실이 없는 이상적인 회로이다)

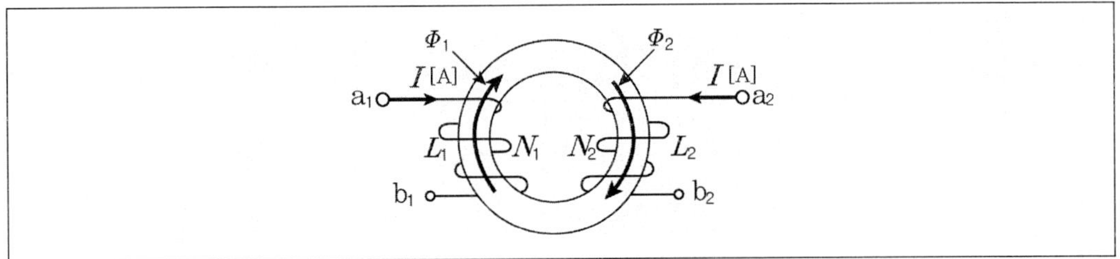

① b_1과 a_2를 연결한 합성 인덕턴스는 b_1과 b_2를 연결한 합성 인덕턴스보다 크다.

② 한 코일의 유도기전력은 상호 인덕턴스와 다른 코일의 전류 변화량에 비례한다

③ 권선비가 $N_1 : N_2 = 2 : 1$일 때, 자기 인덕턴스 L_1은 자기 인덕턴스 L_2의 2배이다.

④ 교류 전압을 변성할 수 있고, 변압기 등에 응용될 수 있다.

---

4 단자 a에서 b로 이동하면 전원이 제거되므로 전압은 콘덴서의 방전으로 감소하는 전압이 된다.

$v_c(t) = V_o e^{-\frac{1}{RC}t}[V]$

t<0에서 16[$K\Omega$]에 걸리는 전압은 전원전압의 분압에 의해서 10[V]가 걸리고 콘덴서에는 10[V]가 충전되어 있다.

$V_o = v_c(0) = 10[V]$

$v_c(t) = V_o e^{-\frac{1}{RC}t} = 10e^{-\frac{1}{2\times10^3\times1.5\times10^{-6}}t} = 10e^{-\frac{1}{3\times10^{-3}}t}[V]$

5 중첩의 원리를 적용하여 전류를 구하면 $I = \frac{V}{R} = \frac{20}{30} + \frac{2V_a}{30}[A]$

20[Ω]에 걸리는 전압 $V_a = IR_{20} = (\frac{20}{30} + \frac{2V_a}{30}) \times 20$

$30V_a = 400 + 40V_a \quad \therefore V_a = -40[V]$

6 그림은 가극성결합의 회로이다.

권선비 $a = \frac{V_1}{V_2} = \frac{N_1}{N_2} = \sqrt{\frac{L_1}{L_2}}$

$N_1 : N_2 = 2 : 1$일 때, $L_1 : L_2 = 4 : 1$

정답 및 해설 4.④ 5.① 6.③

7 전류 $i(t) = t^2 + 2t$ [A]가 1 [H] 인덕터에 흐르고 있다. t = 1일 때, 인덕터의 순시전력 [W]은?

① 12　　② 16
③ 20　　④ 24

8 다음 회로에서 40 [μF] 커패시터 양단의 전압 V_a [V]는?

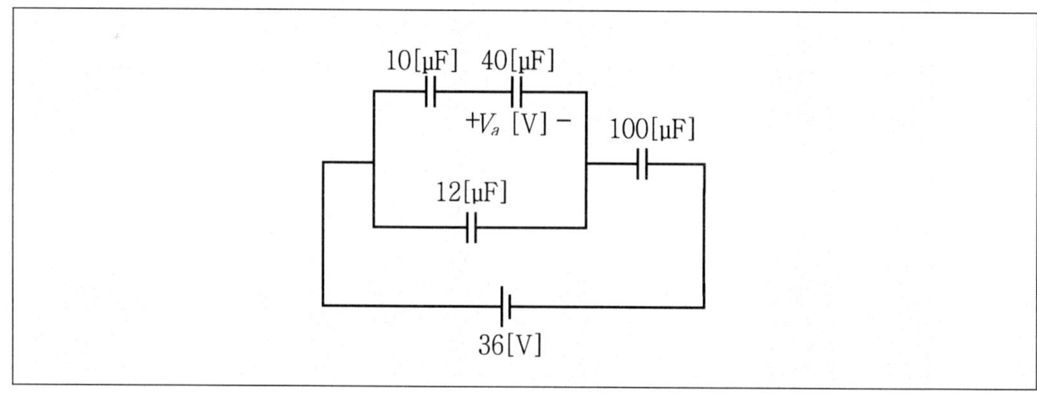

① 2　　② 4
③ 6　　④ 8

9 그림과 같은 주기적인 전압 파형에 포함되지 않은 고조파의 주파수 [Hz]는?

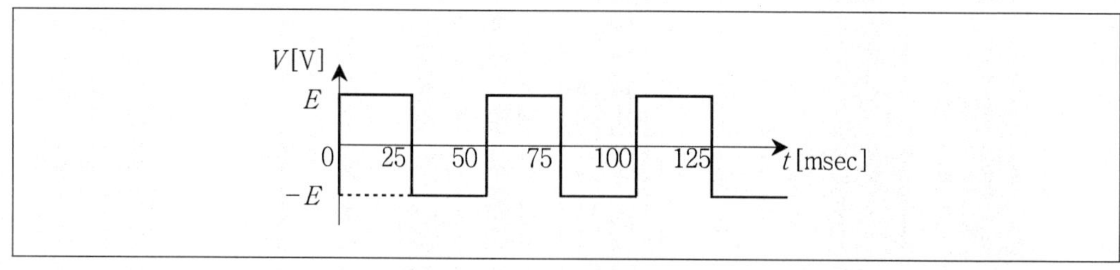

① 60　　② 100
③ 120　　④ 140

7 인덕터의 순시전력

$P = V_{t=1}I_{t=1} = L\frac{d(t^2+2t)}{dt}(t^2+2t) = L(2t+2)_{t=1} \times (t^2+2t)_{t=1}$

$P = 1 \times 4 \times 3 = 12[W]$

8 병렬 부분의 커패시터의 합 $C_1 = 12 + \frac{10 \times 40}{10+40} = 20[\mu F]$

C_1과 $100[\mu F]$의 비는 1 : 5이므로 전압비는 5 : 1

그러므로 C_1에는 30[V]의 전압이 걸린다.

$10[\mu F]$와 $40[\mu F]$에도 30[V]가 걸리고 커패시터 비가 1 : 4이므로 전압비는 4 : 1

그러므로 $V_{40} = 6[V]$

9 주기가 50[msec]이므로 주파수는 $f = \frac{1}{T} = \frac{1}{0.05} = 20[Hz]$

정현대칭이므로 기수파만 존재한다.

3고조파는 60[Hz], 5고조파는 100[Hz], 7고조파는 140[Hz]

정답 및 해설 7.① 8.③ 9.③

10 다음 Y-Y 결선 평형 3상 회로에서 부하 한 상에 공급되는 평균전력[W]은? (단, 극좌표의 크기는 실횻값이다)

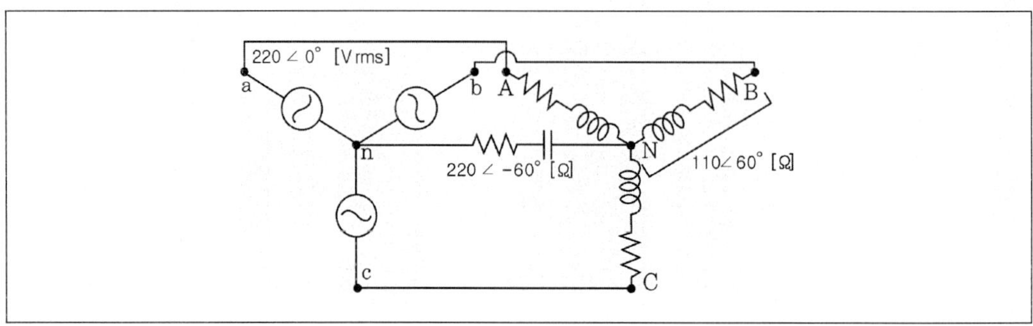

① 110　　② 220

③ 330　　④ 440

11 $R-L-C$ 직렬회로에 100 [V]의 교류 전원을 인가할 경우, 이 회로에 가장 큰 전류가 흐를 때의 교류 전원 주파수 f [Hz]와 전류 I[A]는? (단, R = 50 [Ω], L = 100 [mH], C = 1,000 [μF]이다)

	f [Hz]	I[A]
①	$\frac{50}{\pi}$	2
②	$\frac{50}{\pi}$	4
③	$\frac{100}{\pi}$	2
④	$\frac{100}{\pi}$	4

12 1대의 용량이 100 [kVA]인 단상 변압기 3대를 평형 3상 △결선으로 운전 중 변압기 1대에 장애가 발생하여 2대의 변압기를 V결선으로 이용할 때, 전체 출력용량 [kVA]은?

① $\frac{100}{\sqrt{3}}$　　② $\frac{173}{\sqrt{3}}$

③ $\frac{220}{\sqrt{3}}$　　④ $\frac{300}{\sqrt{3}}$

10

Y결선에서 1상에 공급되는 평균전력 $P=\frac{V^2R}{R^2+X^2}[W]$

1상당 임피던스 $220\angle-60^\circ+110\angle60^\circ=220(\cos60^\circ-j\sin60^\circ)+110(\cos60^\circ+j\sin60^\circ)$

$=110-j110\sqrt{3}+55+j55\sqrt{3}=165-j95.26[\Omega]$

$P=\frac{V^2R}{R^2+X^2}=\frac{220^2\times165}{165^2+95.26^2}=220[W]$

11

가장 큰 전류가 흐르면 공진상태이다. 전류는 $I=\frac{V}{R}=\frac{100}{50}=2[A]$

임피던스는 $Z=R+jX_L-jX_C=R[\Omega]$

$X_L=X_C,\ 2\pi fL=\frac{1}{2\pi fC}$

$f=\frac{1}{2\pi\sqrt{LC}}=\frac{1}{2\pi\sqrt{100\times10^{-3}\times1000\times10^{-6}}}=\frac{100}{2\pi}=\frac{50}{\pi}[Hz]$

12

V결선의 출력은 $P_V=\sqrt{3}P_1=\sqrt{3}\times100=\frac{300}{\sqrt{3}}[KVA]$

정답 및 해설 10.② 11.① 12.④

13 자속밀도 4 [Wb/m^2]의 평등자장 안에서 자속과 30° 기울어진 길이 0.5 [m]의 도체에 전류 2 [A]를 흘릴 때, 도체에 작용하는 힘 F [N]는?

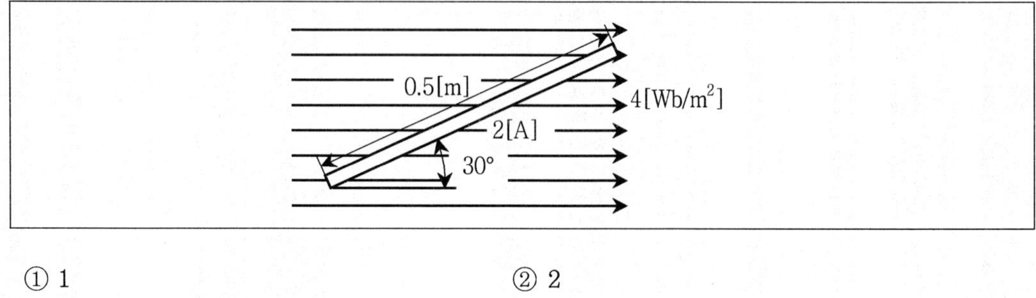

① 1　　② 2
③ 3　　④ 4

14 다음 $R-L$ 직렬회로에서 $t=0$에서 스위치 S를 닫았다. $t=3$에서 전류의 크기가 $i(3)=4(1-e^{-1})$ [A]일 때, 전압 E [V]와 인덕턴스 L [H]은?

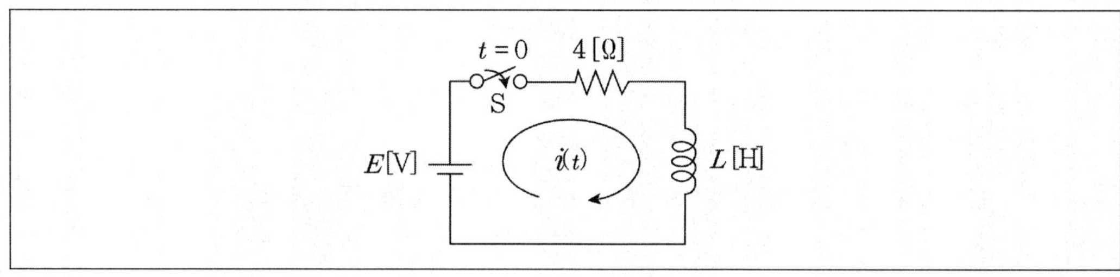

	E [V]	L [H]
①	8	6
②	8	12
③	16	6
④	16	12

15 다음 회로의 역률이 0.8일 때, 전압 V_s [V]와 임피던스 X [Ω]는? (단, 전체 부하는 유도성 부하이다)

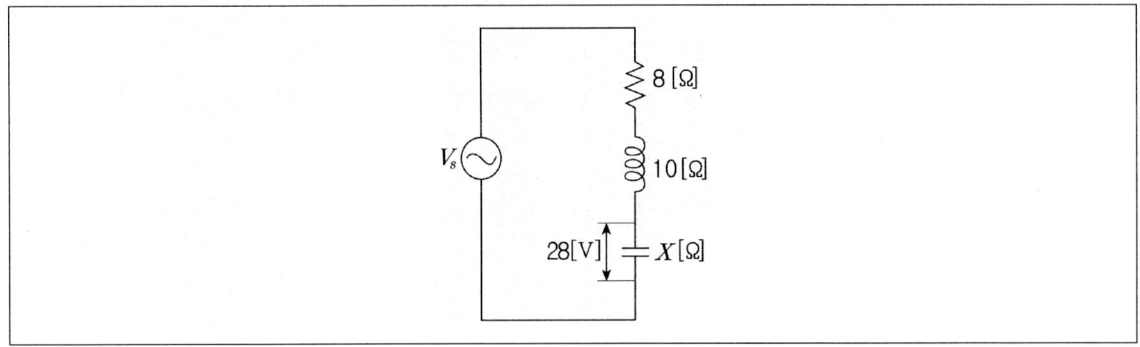

	V_s [V]	X [Ω]
①	70	2
②	70	4
③	80	2
④	80	4

---

13 플레밍의 식에서 $F = l[I \times B] = lIB\sin\theta = 0.5 \times 2 \times 4 \times \sin 30° = 2[N]$

14 R-L 회로에서 $i(t) = \frac{V}{R}(1 - e^{-\frac{R}{L}t})[A]$

3초에서 전류의 크기가 $i(3) = 4(1 - e^{-1})[A]$이라면 $t = 3$이 시정수이므로 63[%]의 전류값이 4[A]가 된다는 의미이다.

식에서 저항이 4[Ω] 이므로 $E = 16$[V].

시정수는 $\frac{L}{R} = \frac{L}{4} = 3$[sec]에서 $L = 12$[H]

15 회로의 역률이 0.8이면, 지금 저항이 8[Ω]이므로 임피던스는 10[Ω], 합성리액턴스는 6[Ω]이 되어야 하므로 $X = 4$[Ω], X[Ω]에 걸리는 전압이 28[V]이므로 전류는 7[A], 합성 임피던스가 10[Ω]이므로 전원전압은 70[V]가 된다.

정답 및 해설 13.② 14.④ 15.②

16 $R-L$ 직렬회로에 직류 전압 100 [V]를 인가하면 정상상태 전류는 10 [A]이고, $R-C$ 직렬회로에 직류 전압 100 [V]를 인가하면 초기전류는 10 [A]이다. 이 두 회로의 설명으로 옳지 않은 것은? (단, C = 100 [μF], L = 1 [mH]이고, 각 회로에 직류 전압을 인가하기 전 초깃값은 0이다)

① $R-L$ 직렬회로의 시정수는 L이 10배 증가하면 10배 증가한다.
② $R-L$ 직렬회로의 시정수가 $R-C$ 직렬회로의 시정수보다 10배 크다.
③ $R-C$ 직렬회로의 시정수는 C가 10배 증가하면 10배 증가한다.
④ $R-L$ 직렬회로의 시정수는 0.1 [msec]다.

17 다음 회로에서 전원 V_s [V]가 $R-L-C$로 구성된 부하에 인가되었을 때, 전체 부하의 합성 임피던스 Z [Ω] 및 전압 V_s와 전류 I의 위상차 θ [°]는?

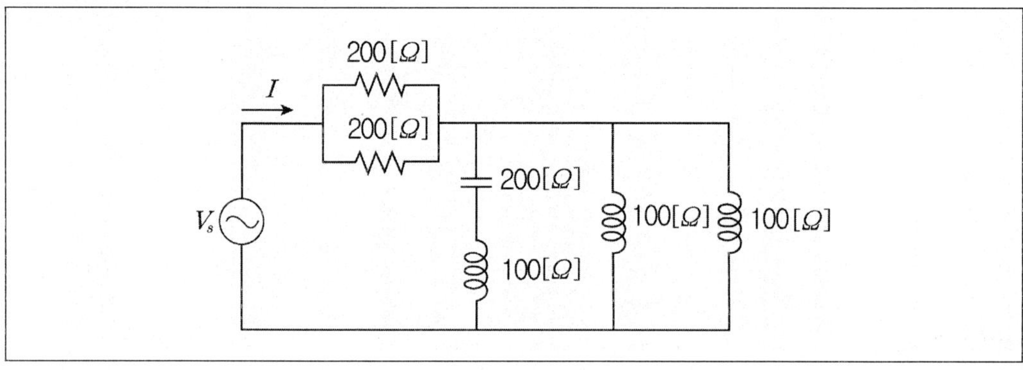

	Z [Ω]	θ [°]
①	100	45
②	100	60
③	$100\sqrt{2}$	45
④	$100\sqrt{2}$	60

16 R-L 직렬회로 : 직류전압 100[V]에서 정상상태 전류가 10[A]이면 $R=\frac{V}{I}=\frac{100}{10}=10[\Omega]$

시정수는 $\frac{L}{R}=\frac{1\times10^{-3}}{10}=10^{-4}=0.1[ms]$, L이 10배 증가하면 시정수도 10배 증가한다.

R-C 직렬회로 : 전류 $i(t)=10e^{-\frac{1}{RC}t}[A]$ 직류전압이 100[V]이므로 $R=10[\Omega]$

시정수 $RC=10\times100\times10^{-6}=10^{-3}=1[ms]$이므로 C가 10배 증가하면 시정수도 10배 증가한다.

R-C회로의 시정수가 R-L회로의 시정수보다 10배 크다.

17 합성 임피던스를 구하면

저항의 병렬과 유도성 리액턴스의 병렬은 각각 2로 나누어 계산 후 식을 정리하면

$Z_o=100+\frac{j50(-j200+j100)}{j50-j200+j100}=100+\frac{5000}{-j50}=100+j100[\Omega]$

$Z_o=100\sqrt{2}\angle45^\circ$

전압이 전류보다 45° 앞선다.

정답 및 해설 16.② 17.③

18 다음 직류회로에서 4[Ω] 저항의 소비전력[W]은?

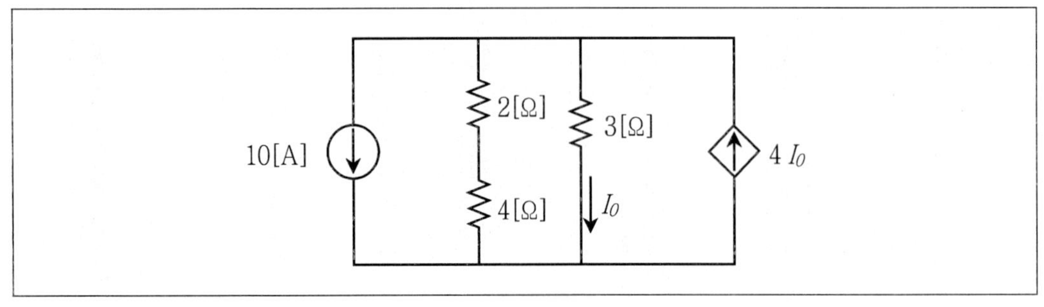

① 4
② 8
③ 12
④ 16

19 다음 직·병렬 회로에서 전류 I[A]의 위상이 전압 V_s[V]의 위상과 같을 때, 저항 R[Ω]은?

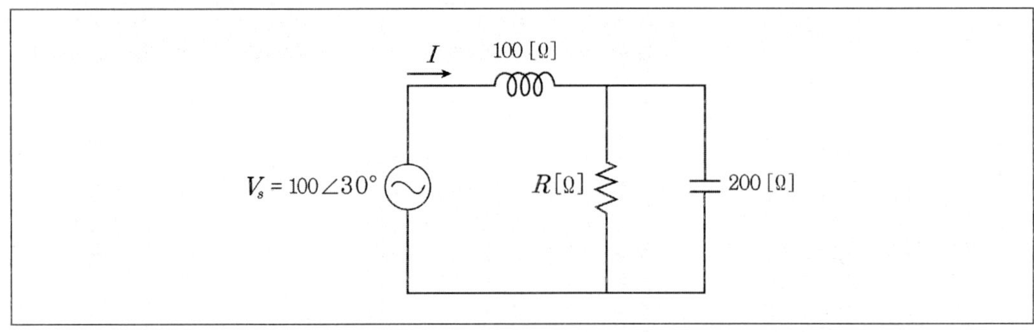

① 100
② 200
③ 300
④ 400

18 회로 상단의 전압을 V_1, 하단의 전압을 V_2라고 하면

$2[\Omega]$과 $4[\Omega]$에 흐르는 전류는

$$\frac{V_1 - V_2}{2[\Omega]+4[\Omega]} = 3I_o - 10[A]$$

$$V_1 - V_2 = 3I_o = 18I_o - 60$$

$$15I_o = 60,\ I_o = 4[A]$$

그러므로 저항이 2배인 $2[\Omega]$과 $4[\Omega]$에는 2[A]전류가 흐른다.

$4[\Omega]$ 저항의 소비전력은

$$P = I^2R = 2^2 \times 4 = 16[W]$$

19 전압과 전류의 위상이 같으므로 역률이 1이다.

$$Z_e = j100 + \frac{R\times(-j200)}{R+(-j200)} = j100 + \frac{-j200R}{R-j200} = j100 + \frac{-j200R(R+j200)}{R^2+200^2}$$

$\cos\theta = 1$이므로 임피던스의 실수부와 전체 임피던스가 같다.

$$\frac{200^2R}{R^2+200^2} = \frac{j100(R^2+200^2) - j200R(R+j200)}{R^2+200^2}$$

$$200^2R = j100R^2 + j100\times 200^2 - j200R^2 + 200^2R$$

$$j100R^2 = j100\times 200^2$$

$$R = 200[\Omega]$$

정답 및 해설 18.④ 19.②

20 그림과 같이 저항 R_1 = R_2 = 10 [Ω], 자기 인덕턴스 L_1 = 10 [H], L_2 = 100 [H], 상호 인덕턴스 M = 10 [H]로 구성된 회로의 임피던스 Z_{ab} [Ω]는? (단, 전원 V_s의 각속도는 ω = 1 [rad/s]이고 Z_L = 10 − j100 [Ω]이다)

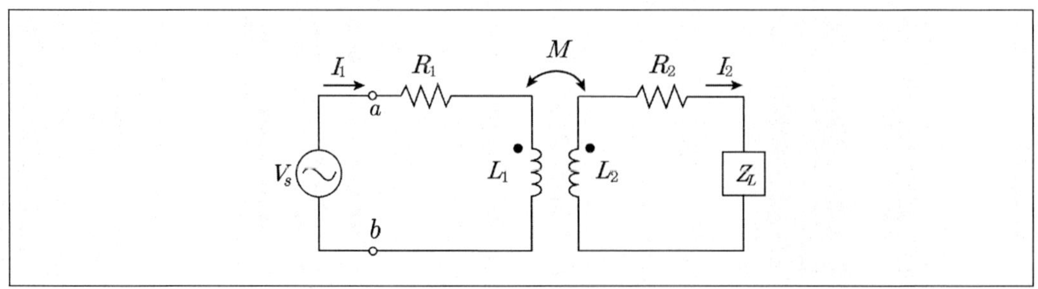

① $10 - j15$　　② $10 + j15$
③ $15 - j10$　　④ $15 + j10$

20 $V_s = (R_1 + j\omega L_1)I_1 - j\omega MI_2\,[V]$

$0 = -j\omega MI_1 + (R_2 + j\omega L_2 + Z_L)I_2\,[V]$

$I_2 = \dfrac{j\omega MI_1}{R_2 + j\omega L_2 + Z_L} = \dfrac{j10I_1}{10 + j100 + 10 - j100} = j0.5I_1$

$V_s = (R_1 + j\omega L_1)I_1 - j\omega MI_2 = (10 + j10)I_1 - j10 \times j0.5I_1 = (10 + 5 + j10)I_1\,[V]$

따라서 $Z_{ab} = \dfrac{V_s}{I_1} = 15 + j10[\Omega]$

정답 및 해설 20.④

2019 6월 15일 | 제1회 지방직 시행

1 2개의 코일이 단일 철심에 감겨 있으며 결합계수가 0.5이다. 코일 1의 인덕턴스가 10 [μH]이고 코일 2의 인덕턴스가 40 [μH]일 때, 상호 인덕턴스[μH]는?

① 1　　② 2
③ 4　　④ 10

2 비사인파 교류 전압 $v(t) = 10 + 5\sqrt{2}\,\sin wt + 10\sqrt{2}\,\sin\left(3wt + \frac{\pi}{6}\right)$[V]일 때, 전압의 실횻값 [V]은?

① 5　　② 10
③ 15　　④ 20

3 전압 $v(t) = 110\sqrt{2}\sin(120\pi t + \frac{2\pi}{3})$ [V]인 파형에서 실횻값[V], 주파수[Hz] 및 위상[rad]으로 옳은 것은?

	실횻값	주파수	위상
①	110	60	$\frac{2\pi}{3}$
②	110	60	$-\frac{2\pi}{3}$
③	$110\sqrt{2}$	120	$-\frac{2\pi}{3}$
④	$110\sqrt{2}$	120	$\frac{2\pi}{3}$

1 결합계수는 1차의 에너지가 2차에 얼마나 전달되는지를 나타낸다.

$k = \frac{M}{\sqrt{L_1 L_2}} = 0.5$

$k = \frac{M}{\sqrt{10 \times 40}} = 0.5$ 에서 $M = 10[\mu H]$

2 비사인파 교류전압에서 전압의 실횻값은 각각의 성분의 실횻값의 제곱의 합을 제곱근을 취하여 얻는다.

$v = \sqrt{10^2 + 5^2 + 10^2} = \sqrt{225} = 15[V]$

3 $v(t) = 110\sqrt{2}\, sin(120\pi t + \frac{2\pi}{3})[V]$ 에서

최댓값 $v_m = 110\sqrt{2}[V]$

실횻값 $v = 110[V]$

주파수 $\omega = 2\pi f = 120\pi [rad/s]$에서 주파수는 60[Hz]

위상은 $\frac{2\pi}{3} = 240^\circ$

정답 및 해설 1.④ 2.③ 3.①

4 회로에서 임의의 두 점 사이를 5 [C]의 전하가 이동하여 외부에 대하여 100 [J]의 일을 하였을 때, 두 점 사이의 전위차[V]는?

① 20 ② 40
③ 50 ④ 500

5 그림의 회로에서 저항 R [Ω]은?

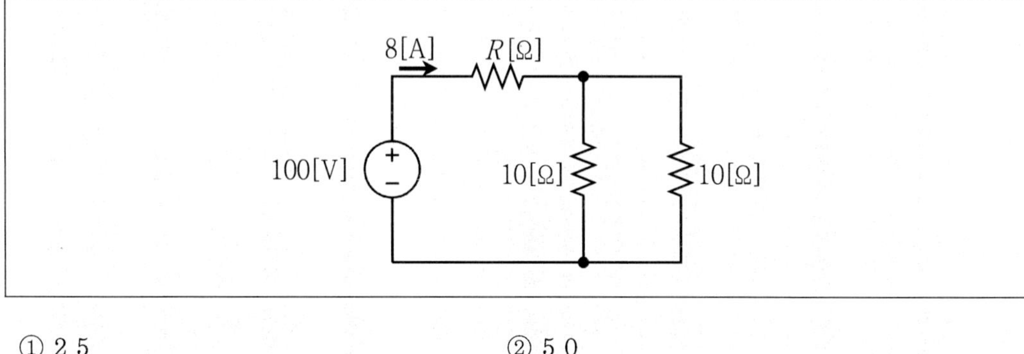

① 2.5 ② 5.0
③ 7.5 ④ 10.0

6 그림의 회로에서 $N_1 : N_2 = 1 : 10$을 가지는 이상변압기(ideal transformer)를 적용하는 경우 $\dot{Z}_L$에 최대전력이 전달되기 위한 $\dot{Z}_S$는? (단, 전원의 각속도 w = 50 [rad/s]이다)

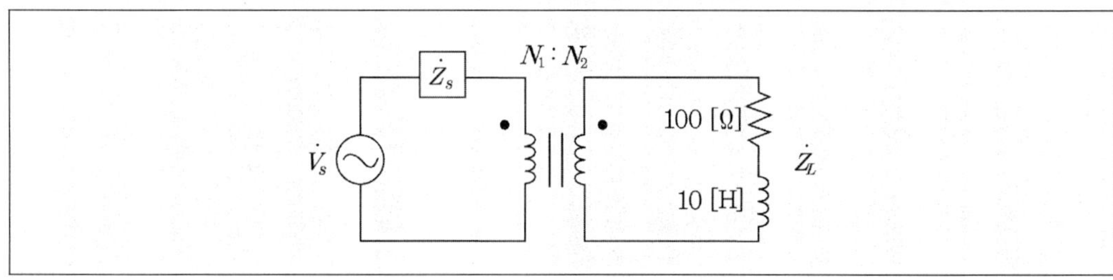

① 1 [Ω] 1 [H] ② 1 [Ω] 10 [mH]
③ 1 [Ω] 4[mF] ④ 1 [Ω] 4[F]

4 일 $W = QV[J]$에서 $5[C]$의 전하가 $100[J]$의 일을 한 것이므로

$100 = 5 \times V$

$V = 20[V]$

5 회로의 전체 등가저항은 $R_e = \frac{V}{I} = \frac{100}{8} = 12.5[\Omega]$

$10[\Omega]$의 저항이 병렬이고, 병렬 합성저항은 $\frac{10}{2} = 5[\Omega]$이므로 $R = 7.5[\Omega]$

6 최대전력 전달조건 $\frac{N_1}{N_2} = \sqrt{\frac{Z_s}{Z_L}} = \frac{1}{10}$ 이므로 $Z_s : Z_L = 1 : 100$

또한 $Z_L = R + jX[\Omega]$이면 최대전력을 위한 $Z_s = R - jX[\Omega]$이므로 $Z_L = 100 + j500[\Omega]$

1/100으로 하면 $Z_L = 1 + j5[\Omega]$

$Z_s = 1 - j5 = 1 - j\frac{1}{\omega C}[\Omega]$

$\omega C = \frac{1}{5}$, $C = \frac{1}{\omega 5} = \frac{1}{50 \times 5} = 0.004 = 4[mF]$

정답 및 해설 4.① 5.③ 6.③

7 그림의 회로에서 $I_1 + I_2 - I_3$[A]는?

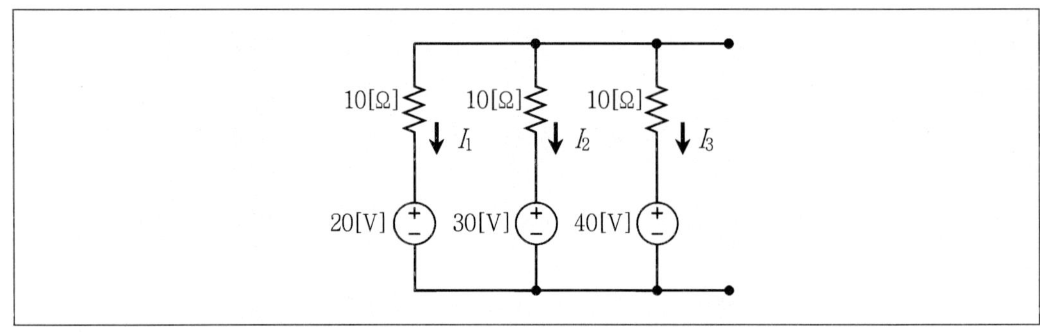

① 1　　② 2
③ 3　　④ 4

8 그림의 회로에서 저항 20 [Ω]에 흐르는 전류 $I = 0$[A]가 되도록 하는 전류원 I_S[A]는?

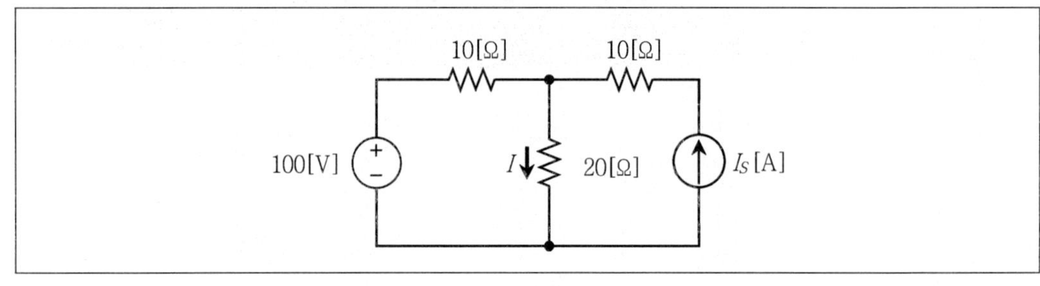

① 10　　② 15
③ 20　　④ 25

9 그림의 회로에서 $v_s(t) = 100\sin wt$[V]를 인가한 후, L[H]을 조절하여 $i_s(t)$[A]의 실횻값이 최소가 되기 위한 L[H]은?

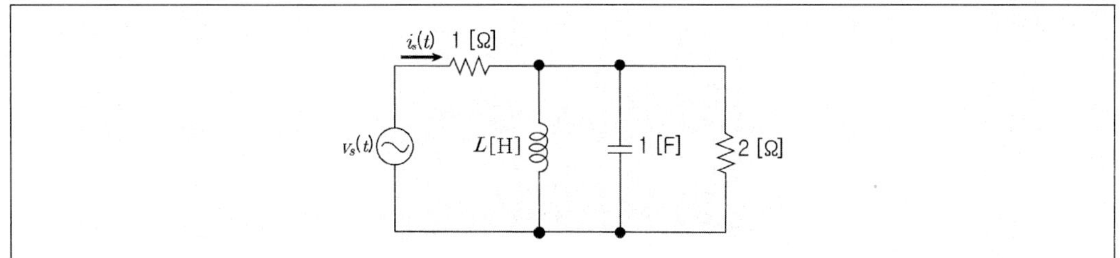

① $\frac{1}{\omega^2}$　　② $\frac{1}{\omega}$

③ $\frac{1}{\omega\sqrt{2}}$　　④ $\frac{\sqrt{2}}{\omega}$

7 밀만의 정리에 의해서 중성점의 전위를 구하면

$$V_n = \frac{\frac{20}{10}+\frac{30}{10}+\frac{40}{10}}{\frac{1}{10}+\frac{1}{10}+\frac{1}{10}} = 30[V]$$

I_1 전류는 중성점 전위 30[V]와 20[V]와의 전위차 10[V]에 의해서 흐르는 전류

I_2 전류는 중성점 전위 30[V]와 30[V]가 전위차가 없으므로 전류가 흐르지 않는다.

I_3 전류는 중성점 전위 30[V]와 40[V]가 전위차가 −10[V]이므로 전류는 −1[A]

$I_1 = \frac{10}{10} = 1[A]$, $I_2 = \frac{0}{10} = 0$, $I_3 = \frac{-10}{10} = -1[A]$

그러므로 $I_1 + I_2 - I_3 = 2[A]$

8 중첩의 정리로 구한다.

전압원 100[V]만 있는 경우 전류원을 개방하면 20[Ω]에 흐르는 전류는 $\frac{10}{3}[A]$

전류원만 있는 경우 전압원을 단락시키면 20[Ω]에 흐르는 전류는 $\frac{10}{3}[A]$가 되어야 $I=0[A]$가 되는 것이므로

$\frac{10}{10+20} I_s = \frac{10}{3}[A]$, $I_s = 10[A]$

9 전류의 실횻값이 최소가 되려면 병렬공진이어야 한다. $\omega C = \frac{1}{\omega L}$에서 $L = \frac{1}{\omega^2 C} = \frac{1}{\omega^2}[H]$

정답 및 해설 7.② 8.① 9.①

10 그림의 회로에서 이상변압기(ideal transformer)의 권선비가 $N_1 : N_2 = 1 : 2$일 때, 전압 $\dot{V}_o$ [V]는?

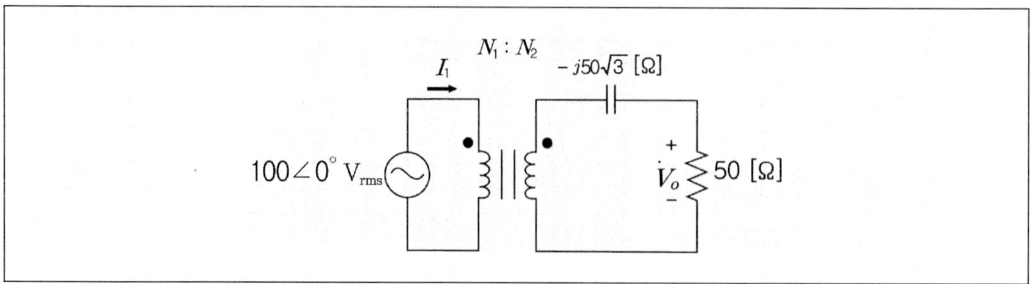

① $100\angle 30^\circ$
② $100\angle 60^\circ$
③ $200\angle 30^\circ$
④ $200\angle 60^\circ$

11 전자유도(electromagnetic induction)에 대한 설명으로 옳은 것만을 모두 고르면?

㉠ 코일에 흐르는 시변 전류에 의해서 같은 코일에 유도기전력이 발생하는 현상을 자기유도(self induction)라 한다.
㉡ 자계의 방향과 도체의 운동 방향이 직각인 경우에 유도기전력의 방향은 플레밍(Fleming)의 오른손 법칙에 의하여 결정된다.
㉢ 도체의 운동 속도가 v[m/s], 자속밀도가 B[Wb/m^2], 도체 길이가 l[m], 도체 운동의 방향이 자계의 방향과 각(θ)을 이루는 경우, 유도기전력의 크기 $e = Blv\sin\theta$[V]이다.
㉣ 전자유도에 의해 만들어지는 전류는 자속의 변화를 방해하는 방향으로 발생한다. 이를 렌츠(Lenz)의 법칙이라고 한다.

① ㉠, ㉡
② ㉢, ㉣
③ ㉠, ㉢, ㉣
④ ㉠, ㉡, ㉢, ㉣

12 그림의 회로에 대한 설명으로 옳은 것은?

$i(t) = 10\sqrt{2}\sin(wt + 60^\circ)[A]$

$v(t) = 200\sin(wt + 30^\circ)[V]$ $\dot{Z}$

① 전압의 실횻값은 200 [V]이다.
② 순시전력은 항상 전원에서 부하로 공급된다.
③ 무효전력의 크기는 $500\sqrt{2}$ [Var]이다.
④ 전압의 위상이 전류의 위상보다 앞선다.

10 이상변압기의 권선비가 $\frac{V_1}{V_2} = \frac{N_1}{N_2} = \frac{1}{2}$ 에서

변압기 2차측의 전압은 $200\angle 0^\circ [V]$

부하는 $R - jX_c = 50 - j50\sqrt{3} = 100\angle -60^\circ$

2차측 전류는 $I_2 = \frac{200\angle 0^\circ}{100\angle -60^\circ} = 2\angle 60^\circ [A]$

따라서 저항에는 $V_o = I_2 R = 50 \times 2\angle 60^\circ = 100\angle 60^\circ [V]$

11 ㉠ 자기유도 : 전기 흐름의 변화를 저지하려고 하는 방향에 발생하는 전류를 말한다.

$e = L\frac{di}{dt}[V]$ 시변전류에 의하여 유기기전력이 발생한다.

㉡ 도체가 운동하여 기전력이 발생하는 발전기의 원리로 플레밍의 오른손 법칙이다.

㉢ 유도기전력 $e = l[v \times B] = Blvsin\theta [V]$

㉣ 전자유도에 의하여 만들어지는 전류의 방향은 렌츠의 법칙이다.

예시 모두 옳다.

12 $v(t) = 200\sin(\omega t + 30^\circ)[V]$, $i(t) = 10\sqrt{2}\,sin(\omega t + 60^\circ)[A]$이면

전압의 최댓값 200[V], 실횻값 $\frac{200}{\sqrt{2}} = 100\sqrt{2}\ [V]$

유효전력은 $P = VIcos\theta = \frac{200}{\sqrt{2}} \times 10 \times \cos 30^\circ = \frac{2000}{\sqrt{2}} \times \frac{\sqrt{3}}{2} = 1224.7[W]$

무효전력 $P_r = VIsin\theta = \frac{200}{\sqrt{2}} \times 10 \times \sin 30^\circ = 500\sqrt{2}\,[Var]$

전류의 위상이 전압의 위상보다 30° 앞서 있다.

정답 및 해설 10.② 11.④ 12.③

13 어떤 부하에 단상 교류전압 $v(t) = \sqrt{2}\,V\sin wt$[V]를 인가하여 부하에 공급되는 순시전력이 그림과 같이 변동할 때 부하의 종류는?

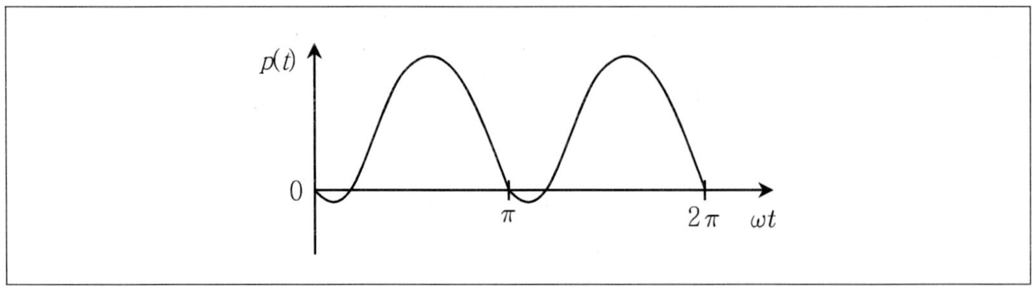

① R 부하
② $R-L$ 부하
③ $R-C$ 부하
④ $L-C$ 부하

14 0.3 [μF]과 0.4 [μF]의 커패시터를 직렬로 접속하고 그 양단에 전압을 인가하여 0.3 [μF]의 커패시터에 24 [μC]의 전하가 축적되었을 때, 인가한 전압[V]은?

① 120
② 140
③ 160
④ 180

15 그림과 같이 평형 3상 회로에 임피던스 $\dot{Z}_{\Delta} = 3\sqrt{2} + j3\sqrt{2}$ [Ω]인 부하가 연결되어 있을 때, 선전류 I_L[A]은? (단, V_L = 120 [V])

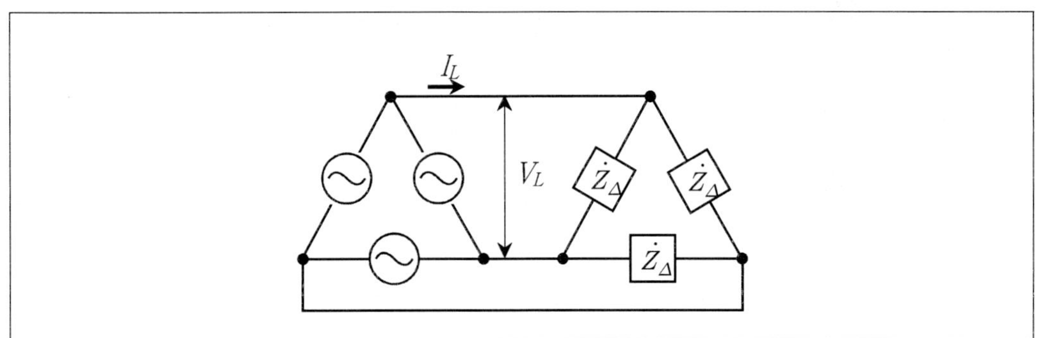

① 20　　② $20\sqrt{3}$
③ 60　　④ $60\sqrt{3}$

13 그림에서 전력의 위상이 뒤지므로 유도성 회로이다. 주어진 전압의 위상에 대해서 전류의 위상이 늦다. 따라서 R-L 부하이다.

14 두 개의 콘덴서가 직렬연결이므로 각각에 충전되는 전하량은 동일하다.

$V_1 = \dfrac{Q}{C} = \dfrac{24}{0.3} = 80[V]$, $V_2 = \dfrac{Q}{C} = \dfrac{24}{0.4} = 60[V]$

따라서 직렬인가전압은 $V = V_1 + V_2 = 80 + 60 = 140[V]$

15 상전류 $I_p = \dfrac{V_p}{Z_{\Delta}} = \dfrac{120}{3\sqrt{2} + j3\sqrt{2}} = \dfrac{120}{\sqrt{(3\sqrt{2})^2 + (3\sqrt{2})^2}} = 20[A]$

△회로이므로 선전류는 $I_l = \sqrt{3}\,I_p = 20\sqrt{3}[A]$

정답 및 해설 13.② 14.② 15.②

16 선간전압 V_s [V], 한 상의 부하 저항이 R [Ω]인 평형 3상 △－△ 결선 회로의 유효전력은 P [W]이다. △ 결선된 부하를 Y결선으로 바꿨을 때, 동일한 유효전력 P [W]를 유지하기 위한 전원의 선간전압[V]은?

① $\dfrac{V_s}{\sqrt{3}}$　　② V_s

③ $\sqrt{3}\,V_s$　　④ $3\,V_s$

17 그림의 회로에 t = 0에서 직류전압 V = 50 [V]를 인가할 때, 정상상태 전류 I[A]는? (단, 회로의 시정수는 2 [ms], 인덕터의 초기전류는 0 [A]이다)

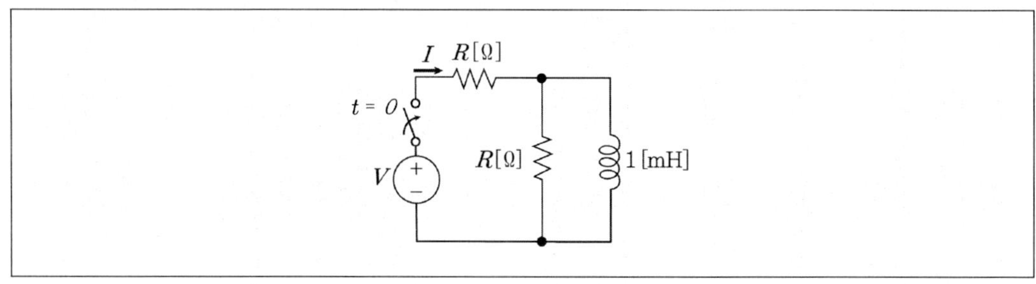

① 12.5　　② 25

③ 35　　④ 50

18 그림의 회로에서 단자 A와 B에서 바라본 등가저항이 12 [Ω]이 되도록 하는 상수 β는?

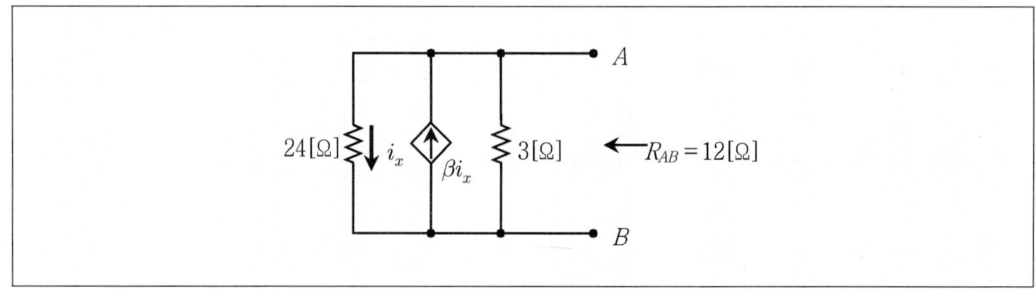

① 2　　② 4

③ 5　　④ 7

16 $P_{\triangle} = \sqrt{3}\, V_s I \cos\theta [W]$, $V_s = V_p = V_l$

$P_Y = \sqrt{3}\, VI\cos\theta [W]$, $V = \sqrt{3}\, V_p = \sqrt{3}\, V_s$

Y결선으로 바꿨을 때 동일한 유효전력이 되려면 Y결선 전원의 선간전압이 $\sqrt{3}\, V_s$가 되어야 한다.

17 정상상태 전류에서 인덕터는 단락이 되므로 $I = \dfrac{V}{R} = \dfrac{50}{R}[A]$

회로의 시정수는 $\dfrac{L}{R_e} = \dfrac{L}{\frac{R}{2}} = \dfrac{2L}{R} = \dfrac{2\times 1\times 10^{-3}}{R} = 2\times 10^{-3}$ 에서 $R = 1[\Omega]$, 따라서 $I = \dfrac{V}{R} = \dfrac{50}{1} = 50[A]$

18 단자 A,B에 1[V]의 전압원을 연결하면 $R_{AB} = 12[\Omega]$이므로 $I_o = \dfrac{1}{12}[A]$

KCL을 적용하면 $\dfrac{1}{12} + \beta i_x = i_x + \dfrac{1}{3}$, $(\beta - 1)i_x = \dfrac{1}{4}$, $1[V] = 24[\Omega]\times i_x$

$\beta - 1 = \dfrac{24}{4}$, $\beta = 7$

정답 및 해설 16.③ 17.④ 18.④

19 그림과 같은 회로에서 스위치를 B에 접속하여 오랜 시간이 경과한 후에 t = 0에서 A로 전환하였다. $t=0^+$에서 커패시터에 흐르는 전류 $i(0^+)$[mA]와 t = 2에서 커패시터와 직렬로 결합된 저항 양단의 전압 $v(2)$ [V]은?

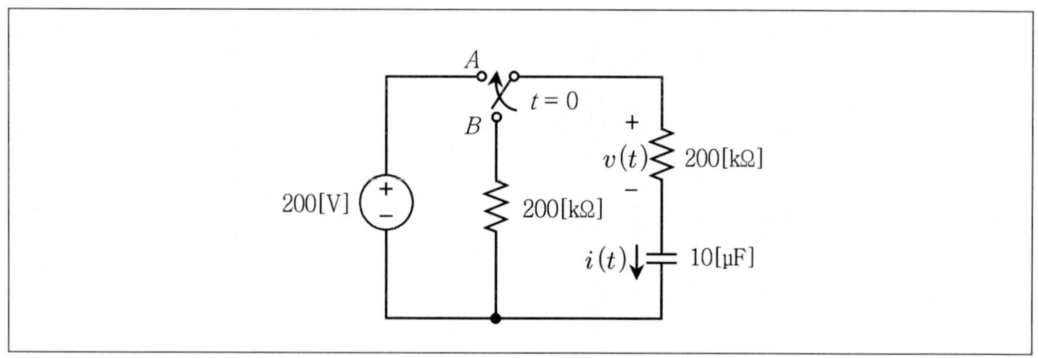

	$i(0^+)$ [mA]	$v(2)$ [V]
①	0	약 74
②	0	약 126
③	1	약 74
④	1	약 126

20 $v_1(t) = 100\sin(30\pi t + 30^\circ)$[V]와 $v_2(t) = V_m \sin(30\pi t + 60^\circ)$[V]에서 $v_2(t)$의 실횻값은 $v_1(t)$의 최댓값의 $\sqrt{2}$ 배이다. $v_1(t)$ [V]와 $v_2(t)$ [V]의 위상차에 해당하는 시간[s]과 $v_2(t)$의 최댓값 V_m [V]은?

	시간	최댓값
①	$\frac{1}{180}$	200
②	$\frac{1}{360}$	200
③	$\frac{1}{180}$	$200\sqrt{2}$
④	$\frac{1}{360}$	$200\sqrt{2}$

19 t = 0에서 C에 충전된 전압은 0[V]

t = 0에서 $i(0) = \frac{V}{R} = \frac{200}{200 \times 10^3} = 1[mA]$

$i = \frac{V}{R} e^{-\frac{1}{RC}t} [A]$, t = 2에서

$i = \frac{200}{200 \times 10^3} e^{-1} = 0.37 \times 10^{-3} [A]$

그러므로 저항 양단의 전압 $v(2) = iR = 0.37 \times 10^{-3} \times 200 \times 10^3 = 74[V]$

20 $v_1(t) = 100\sin(30\pi t + 30^\circ)[V]$

$v_2(t) = V_m \sin(30\pi t + 60^\circ)[V]$

$V = 100\sqrt{2}[V]$이므로 $V_m = 200[V]$

위상차는 30° 이므로 $\omega = 2\pi f = 30\pi$ 에서

주파수는 15[Hz], 주기는 $T = \frac{1}{15}[s]$이다

$360^\circ : \frac{1}{15} = 30^\circ : x$로 하여 위상차에 해당하는 시간을 구하면

$x = \frac{1}{15} \times \frac{1}{12} = \frac{1}{180}$ [sec]

정답 및 해설 19.③ 20.①

2019 6월 15일 | 제2회 서울특별시 시행

1 그림의 회로에서 $i_1 + i_2 + i_3$의 값[A]은?

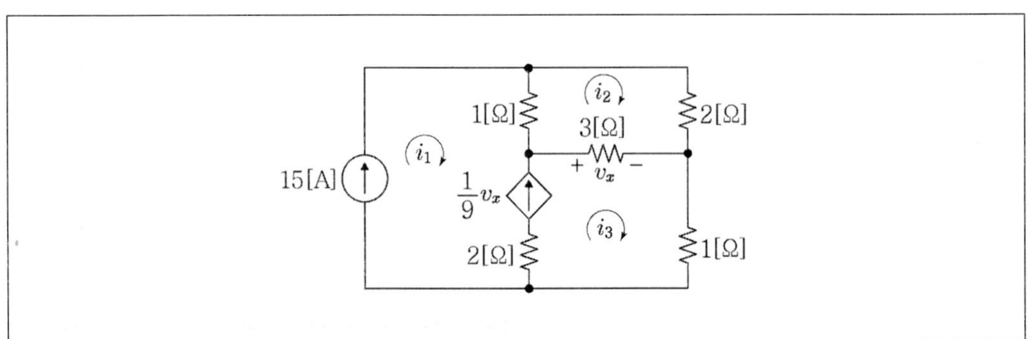

① 40[A]　　② 41[A]
③ 42[A]　　④ 43[A]

2 그림과 같이 한 접합점에 전류가 유입 또는 유출된다. $i_1(t) = 10\sqrt{2}$ sin$t$[A], $i_2(t) = 5\sqrt{2}$ sin$(t + \frac{\pi}{2})$[A], $i_3(t) = 5\sqrt{2}$ sin$\left(t - \frac{\pi}{2}\right)$[A]일 때, 전류 i_4의 값[A]은?

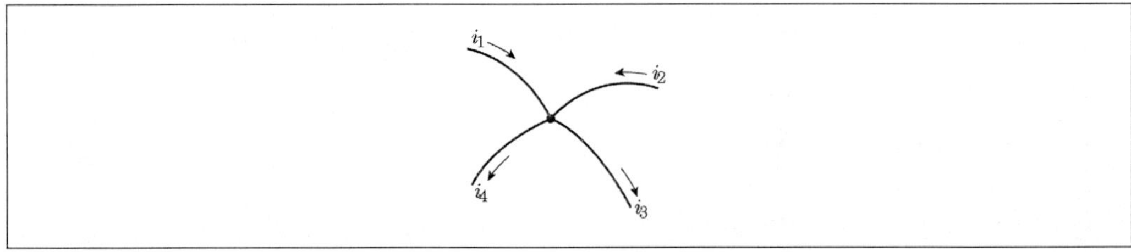

① $10\sin t$[A]　　② $10\sqrt{2}\sin t$[A]
③ $20\sin(t + \frac{\pi}{4})$[A]　　④ $20\sqrt{2}\sin(t + \frac{\pi}{4})$[A]

1 중첩의 원리를 이용한다면

15[A]전류원만 있는 경우의 전류의 흐름

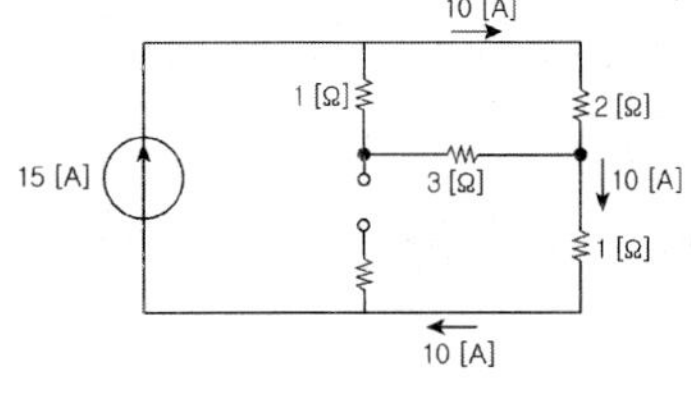

전압제어 전류원만 있는 경우 전류의 흐름

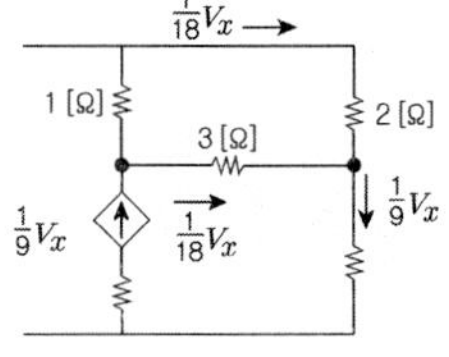

$i_1 = 15[A]$, $i_2 = 10 + \frac{1}{18}v_x\ [A]$, $i_3 = 15 + \frac{1}{9}v_x\ [A]$

$(5 + \frac{1}{18}v_x) \times 3 = v_x$ 따라서 $v_x = 18[V]$

$i_1 + i_2 + i_3 = 15 + 11 + 17 = 43[A]$

2 키르히호프의 전류법칙에 의해서 유입전류의 합은 유출전류의 합과 같으므로 $i_1(t) + i_2(t) = i_3(t) + i_4(t)$

$10\sqrt{2}\,sint + 5\sqrt{2}\,sin(t + \frac{\pi}{2}) = 5\sqrt{2}\,sin(t - \frac{\pi}{2}) + i_4(t)$

$i_4(t) = 10\sqrt{2}\,sint + 5\sqrt{2}\,sin(t + \frac{\pi}{2}) - 5\sqrt{2}\,sin(t - \frac{\pi}{2}) = 10\sqrt{2}\,sint + 10\sqrt{2}\,sin(t + \frac{\pi}{2}) = 20\sin(t + \frac{\pi}{4})[A]$

(참고) $5\sqrt{2}\,sin(t + \frac{\pi}{2}) - 5\sqrt{2}\,sin(t - \frac{\pi}{2}) = 10\sqrt{2}\,sin(t + \frac{\pi}{2})$ 는 90도 반대방향의 두 개의 값을 뺀 것이므로 2배를 한 것이다.

정답 및 해설 1.④ 2.③

3 그림의 회로에서 $v(t=0)=V_0$일 때, 시간 t에서의 $v(t)$의 값[V]은?

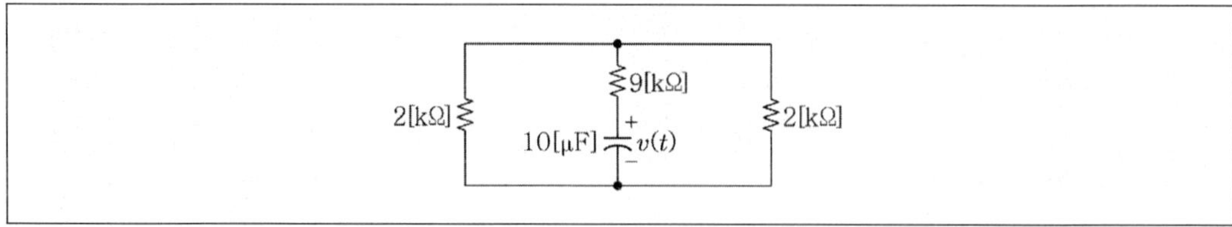

① $v(t)=V_0e^{-10t}$[V]

② $v(t)=V_0e^{0.1t}$[V]

③ $v(t)=V_0e^{10t}$[V]

④ $v(t)=V_0e^{-0.1t}$[V]

4 그림의 회로에서 C=200[pF]의 콘덴서가 연결되어 있을 때, 시정수 τ[$p$sec]와 단자 $a-b$ 왼쪽의 테브냉 등가전압 V_{Th}의 값[V]은?

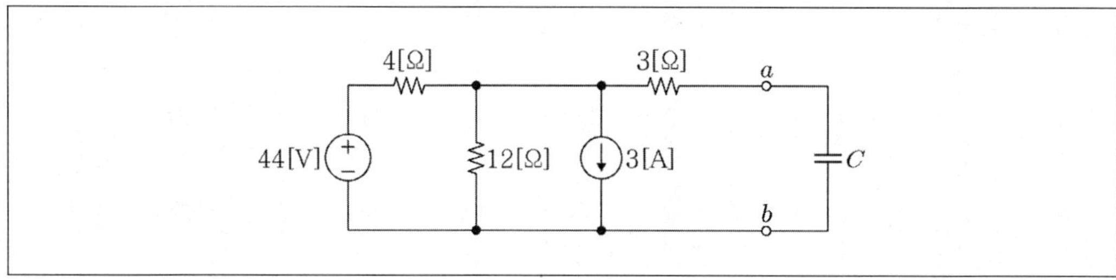

① τ=1200[$p$sec], V_{Th}=24[V]

② τ=1200[$p$sec], V_{Th}=12[V]

③ τ=600[$p$sec], V_{Th}=12[V]

④ τ=600[$p$sec], V_{Th}=24[V]

5 그림과 같은 전압 파형이 100[mH] 인덕터에 인가되었다. $t=0$[sec]에서 인덕터 초기 전류가 0[A]라고 한다면, t=14[sec]일 때 인덕터 전류의 값[A]은?

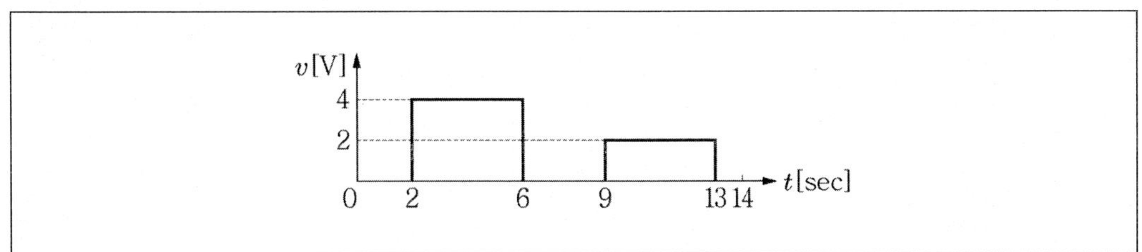

① 210[A] ② 220[A]
③ 230[A] ④ 240[A]

---

3 그림의 회로는 콘덴서 충전전압이 방전되고 있는 것이다. 저항의 합성은 10[$K\Omega$]이 되므로

$v(t)=V_0e^{-\frac{1}{RC}t}=V_0e^{-\frac{1}{10\times10^3\times10\times10^{-6}}t}=V_0e^{-10t}[V]$

4 단자ab의 왼쪽의 회로에서 전류원을 제거하면 44[V]전압원에 의한 12[Ω]에 걸리는 전압은

$V_1=\frac{12}{4+12}\times44=33[V]$

전류원 3[A]에 의한 12[Ω]의 전압 $V_2=12\times\frac{4}{4+12}\times3=9[V]$

따라서 단자 ab의 왼쪽 회로의 등가 전압은 $V_e=33-9=24[V]$

등가 임피던스는 전압원을 단락하고 전류원을 개방해서 구하면

$R_e=3+\frac{4\times12}{4+12}=6[\Omega]$ 시정수는 $R_eC=6\times200=1200[psec]$

5

2초부터 6초까지 전류의 증가분 : $e_1=L\frac{di}{dt}=100\times10^{-3}\times\frac{di}{6-2}=4[V]$ 에서 전류는 160[A] 증가

9초부터 13초까지 전류의 증가분 : $e_2=100\times10^{-3}\times\frac{di}{13-9}=2[V]$에서 전류는 80[A]증가

그러므로 14초일 때 인덕터 전류는 $e_1+e_2=240[A]$

정답 및 해설 3.① 4.① 5.④

6 20[Ω]의 저항에 실효치 20[V]의 사인파가 걸릴 때 발생열은 직류 전압 10[V]가 걸릴 때 발생열의 몇 배인가?

① 1배 ② 2배
③ 4배 ④ 8배

7 교류전원 $v_s(t)$=2cos2t[V]가 직렬 RL 회로에 연결되어 있다. $R=2[\Omega]$, $L=1$[H]일 때, 회로에 흐르는 전류 $i(t)$의 값[A]은?

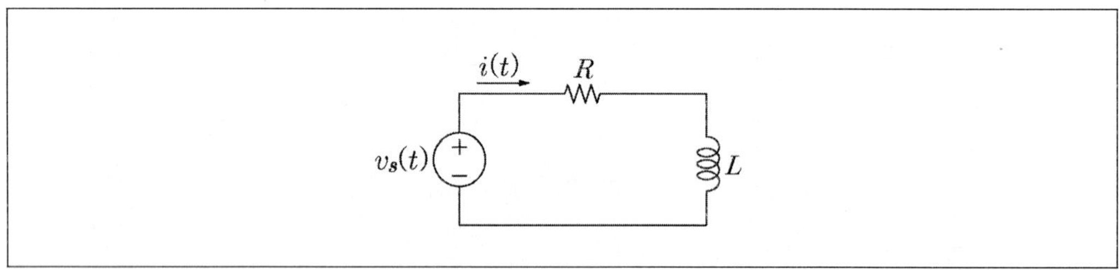

① $\sqrt{2}\cos(2t-\frac{\pi}{4})$[A] ② $\sqrt{2}\cos(2t+\frac{\pi}{4})$[A]
③ $\frac{1}{\sqrt{2}}\cos(2t+\frac{\pi}{4})$[A] ④ $\frac{1}{\sqrt{2}}\cos(2t-\frac{\pi}{4})$[A]

8 단면적은 A, 길이는 L인 어떤 도선의 저항의 크기가 10[Ω]이다. 이 도선의 저항을 원래 저항의 $\frac{1}{2}$로 줄일 수 있는 방법으로 가장 옳지 않은 것은?

① 도선의 길이만 기존의 $\frac{1}{2}$로 줄인다.
② 도선의 단면적만 기존의 2배로 증가시킨다.
③ 도선의 도전율만 기존의 2배로 증가시킨다.
④ 도선의 저항률만 기존의 2배로 증가시킨다.

9 그림의 회로에서 1[Ω]에서의 소비전력이 4[W]라고 할 때, 이 회로의 전압원의 전압 V_s[V]의 값과 2[Ω] 저항에 흐르는 전류 I_2의 값[A]은?

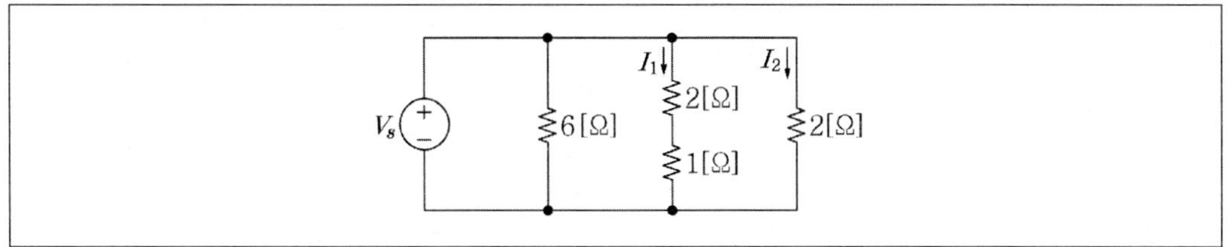

① $V_s = 5$[V], $I_2 = 2$[A]
② $V_s = 5$[V], $I_2 = 3$[A]
③ $V_s = 6$[V], $I_2 = 2$[A]
④ $V_s = 6$[V], $I_2 = 3$[A]

---

6 20[V]의 사인파에서의 줄열 $I^2R = 1^2 \times 20[w]$
10[V]의 직류전압에서의 줄열 $I^2r = 0.5^2 \times 20 = 5[w]$

7 $i(t) = \frac{v}{Z} = \frac{2\cos 2t}{2+j2} = \frac{2\cos 2t}{2\sqrt{2}\angle\frac{\pi}{4}} = \frac{1}{\sqrt{2}} cos(2t - \frac{\pi}{4})[A]$

8 저항 $R = \rho\frac{l}{A}[\Omega]$ 이므로 저항을 절반으로 줄이려면 길이만 1/2로 줄이든지, 저항률 ρ를 1/2로 줄이면 된다. 단면적을 2배로 하면 저항이 1/2로 감소한다. 예시에서 저항률을 크게하는 것은 저항이 증가하게 되는 경우이다.

9 1[Ω]에서 소비전력이 4[W]이면 전류가 2[A]인 것이므로 ($I^2R = 4$[W]), 2[Ω]과1[Ω]을 흐르는 전류가 2[A]이면 전압원은 6[V] 병렬회로이므로 2[Ω]의 저항에도 6[V]가 걸리고, 전류는 3[A]가 흐른다.

정답 및 해설 6.③ 7.④ 8.④ 9.④

10 정전용량이 C_0[F]인 평행평판 공기콘덴서가 있다. 이 극판에 평행하게, 판 간격 d[m]의 $\frac{4}{5}$ 두께가 되는 비유전율 ϵ_s인 에보나이트 판으로 채우면, 이때의 정전용량의 값[F]은?

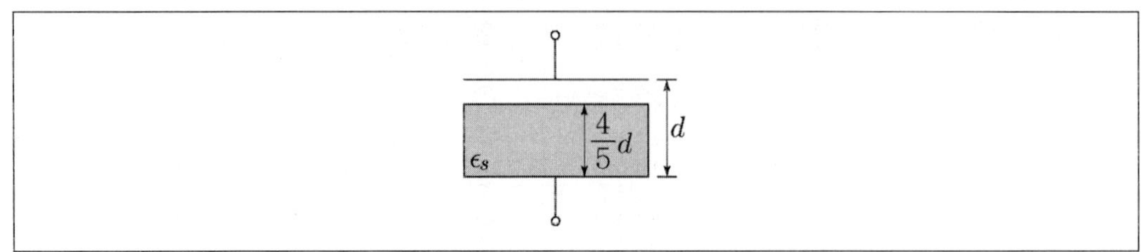

① $\frac{5\epsilon_s}{1+4\epsilon_s}C_0$[F]
② $\frac{5\epsilon_s}{4+\epsilon_s}C_0$[F]
③ $\frac{4+\epsilon_s}{5}C_0$[F]
④ $\frac{1+4\epsilon_s}{5}C_0$[F]

11 그림의 회로에서 전류 i의 값[A]은?

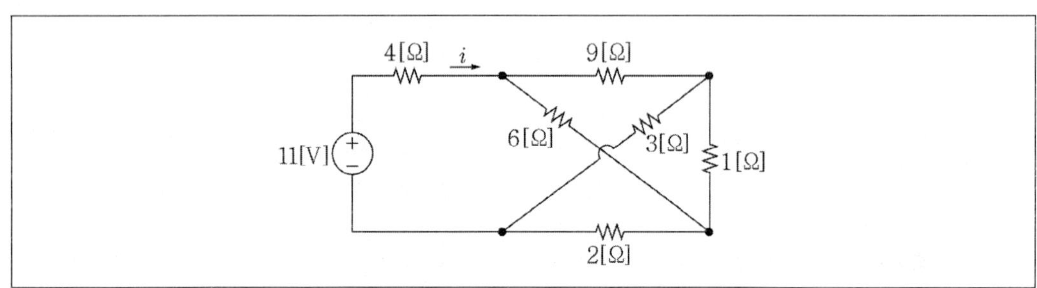

① $\frac{3}{4}$[A]
② $\frac{5}{4}$[A]
③ $\frac{7}{4}$[A]
④ $\frac{9}{4}$[A]

12 그림과 같이 전압원 V_s는 직류 1[V], $R_1=1[\Omega]$, $R_2=1[\Omega]$, $R_3=1[\Omega]$, $L_1=1[H]$, $L_2=1[H]$이며, $t=0$일 때, 스위치는 단자 1에서 단자 2로 이동했다. $t=\infty$일 때, i_1의 값[A]은?

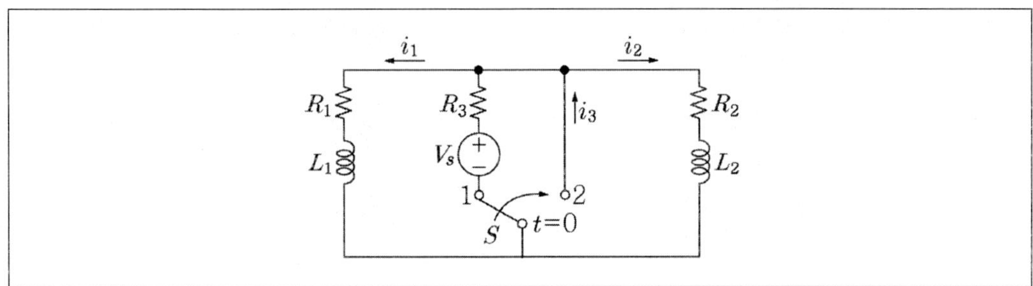

① 0[A] ② 0.5[A]
③ −0.5[A] ④ −1[A]

10 지금 정전용량은 직렬로 에보나이트를 넣은 것이다.

직렬회로에서 합성 정전용량식에 대입하면 $C=\dfrac{C_1C_2}{C_1+C_2}=\dfrac{\epsilon_0\dfrac{S}{\frac{1}{5}d}\epsilon_0\epsilon_s\dfrac{S}{\frac{4}{5}d}}{\epsilon_0\dfrac{S}{\frac{1}{5}d}+\epsilon_0\epsilon_s\dfrac{S}{\frac{4}{5}d}}=\dfrac{\epsilon_0\epsilon_s\dfrac{S}{\frac{4}{5}d}}{1+\epsilon_s\dfrac{1}{4}}=\dfrac{5\epsilon_s}{4+\epsilon_s}C_0$

11 저항을 펴서 합성하면 브리지 저항의 대각선에 있는 저항의 곱이 같으므로 중간 $1[\Omega]$에는 전류가 흐르지 않는다.
따라서 합성저항은 $R=4+\dfrac{12\times8}{12+8}=8.8[\Omega]$, 전류는 $i=\dfrac{E}{R}=\dfrac{11}{8.8}=1.25=\dfrac{5}{4}[A]$

12 전원을 제거한 후 정상값을 구하는 문제이다.
전원을 제거하면 전류는 감소하여 0[A]가 된다.
1의 위치에 있을 때 $i_1=i_2=\dfrac{10}{1.5}[A]$
2로 옮기면 전압원이 제거되므로 $i_1=\dfrac{10}{1.5}e^{-2t}[A]$로 감소하여 0[A]가 된다.

정답 및 해설 10.② 11.② 12.①

13 그림과 같은 회로에서 단자 A, B 사이의 등가저항의 값[kΩ]은?

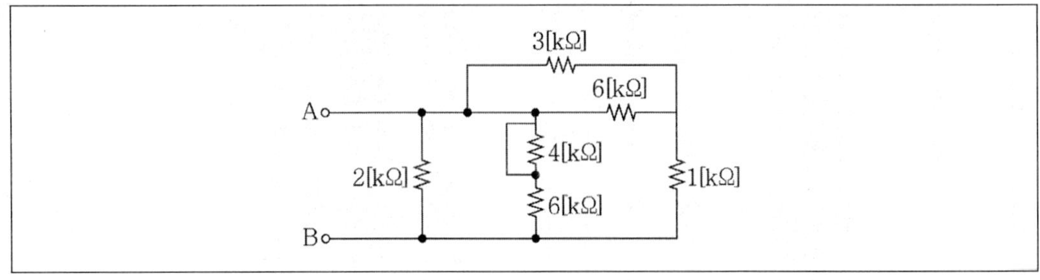

① 0.5[kΩ]　　② 1.0[kΩ]

③ 1.5[kΩ]　　④ 2.0[kΩ]

14 그림에서 ㈎의 회로를 ㈏와 같은 등가회로로 구성한다고 할 때, $x+y$의 값은?

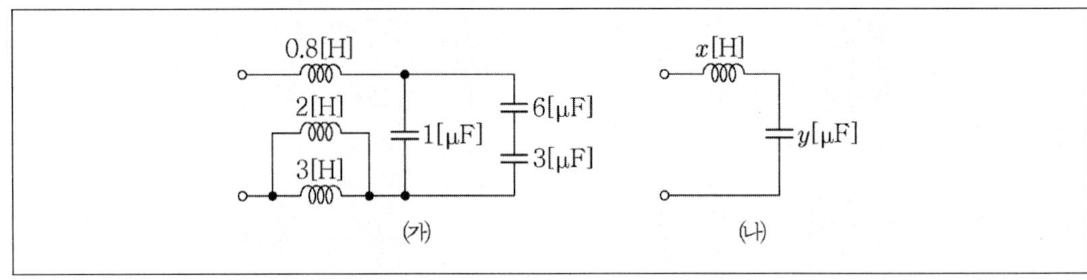

① 3　　② 4

③ 5　　④ 6

15 그림과 같은 자기회로에서 철심의 자기저항 R_c의 값[A · turns/Wb]은? (단, 자성체의 비투자율 μ_{r1}은 100이고, 공극 내 비투자율 μ_{r2}은 1이다. 자성체와 공극의 단면적은 4[m^2]이고, 공극을 포함한 자로의 전체 길이 L_c= 52[m]이며, 공극의 길이 L_g= 2[m]이다. 누설 자속은 무시한다.)

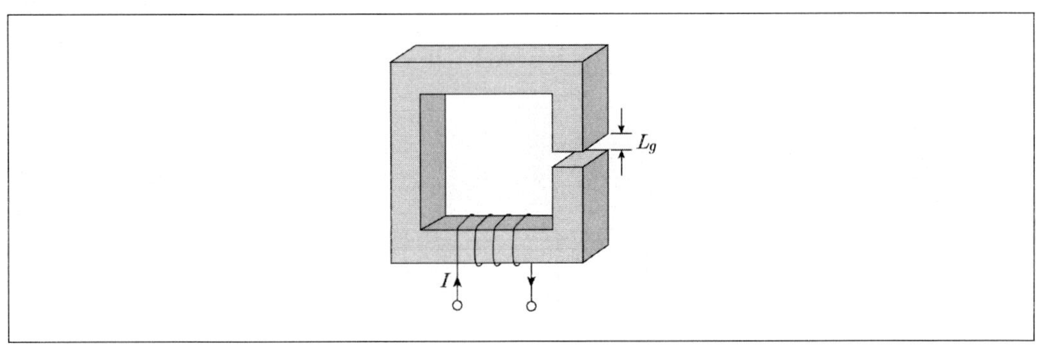

① $\frac{1}{32\pi}\times 10^7$[A · turns/Wb] ② $\frac{1}{16\pi}\times 10^7$[A · turns/Wb]

③ $\frac{1}{8\pi}\times 10^7$[A · turns/Wb] ④ $\frac{1}{4\pi}\times 10^7$[A · turns/Wb]

---

13 등가저항을 계산하면 우선 회로 그림의 맨 오른쪽 $R_{e1}=\frac{3\times 6}{3+6}+1=3[K\Omega]$, 왼쪽의 $4[K\Omega]$은 단락된 상태이므로 고려하지 않는다. 그 아래 $6[K\Omega]$과 병렬이므로 $R_{e2}=\frac{3\times 6}{3+6}=2[K\Omega]$, 마지막으로 맨 왼쪽의 저항 $2[K\Omega]$과 병렬이므로 계산하면 전체 등가저항은 $R_e=1[K\Omega]$

14 ㈎회로의 임피던스를 계산하면

C 병렬의 합성은 직렬 콘덴서 $\frac{6\times 3}{6+3}=2[\mu F]$, 병렬합성하면 $3[\mu F]$

L 병렬의 합성은 $\frac{2\times 3}{2+3}=1.2[H]$

$Z=j0.8-j3\times 10^{-6}+j1.2=j2-j3\times 10^{-6}\ [\Omega]$이므로 $x=2[H]$, $y=3[\mu F]$

$x+y=2+3=5$

15 총 자기저항 $R=R_c+R_g=\frac{l}{\mu_0\mu_{r1}S}+\frac{l_g}{\mu_0 S}=\frac{50}{4\pi\times 10^{-7}\times 100\times 4}+\frac{2}{4\pi\times 10^{-7}\times 4}$

철심의 자기저항 $R_c=\frac{l}{\mu_0\mu_{r1}S}=\frac{50}{4\pi\times 10^{-7}\times 100\times 4}=\frac{1}{32\pi}\times 10^7\ [A \cdot turns/wb]$

정답 및 해설 13.② 14.③ 15.①

16 그림과 같은 전압 파형의 실횻값[V]은? (단, 해당 파형의 주기는 16[sec]이다.)

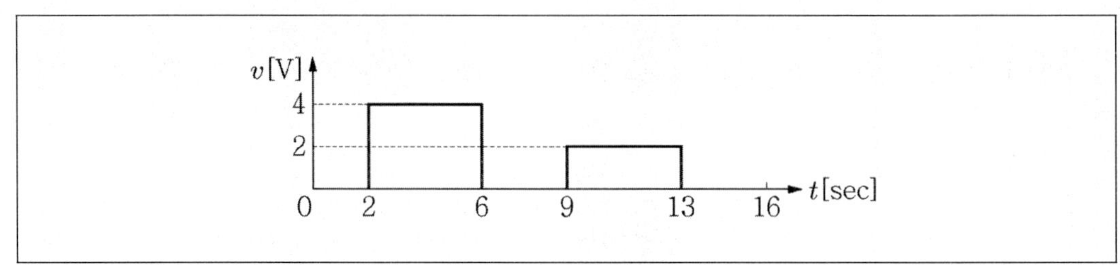

① $\sqrt{3}$ [V]
② 2[V]
③ $\sqrt{5}$ [V]
④ $\sqrt{6}$ [V]

17 시변 전계, 시변 자계와 관련한 Maxwell 방정식의 4가지 수식으로 가장 옳지 않은 것은?

① $\nabla \cdot \overrightarrow{D} = \rho_v$
② $\nabla \cdot \overrightarrow{E} = 0$
③ $\nabla \cdot \overrightarrow{B} = 0$
④ $\nabla \times \overrightarrow{H} = \overrightarrow{J} + \dfrac{\partial \overrightarrow{D}}{\partial t}$

18 무한히 먼 곳에서부터 A점까지 +3[C]의 전하를 이동시키는 데 60[J]의 에너지가 소비되었다. 또한 무한히 먼 곳에서부터 B점까지 +2[C]의 전하를 이동시키는 데 10[J]의 에너지가 생성되었다. A점을 기준으로 측정한 B점의 전압[V]은?

① −20[V]
② −25[V]
③ +20[V]
④ +25[V]

16 파형의 실횻값

$$v_0 = \sqrt{\frac{1}{T}\int v^2 dt} = \sqrt{\frac{1}{16}\left(\int_2^6 4^2 dt + \int_9^{13} 2^2 dt\right)}$$

$$v_0 = \sqrt{\frac{1}{16}\left([16t]_2^6 + [4t]_9^{13}\right)} = \sqrt{\frac{64+16}{16}} = \sqrt{5}$$

17 맥스웰 방정식에서

㉠ $\nabla \times \vec{H} = \vec{J} + \frac{\partial \vec{D}}{\partial t}$ 전도전류와 변위전류는 회전하는 자계를 만든다.

㉡ $\nabla \times \vec{E} = -\frac{\partial \vec{B}}{\partial t}$ 패러데이법칙의 미분형

예시 ①은 가우스법칙의 미분형, ②는 자속의 연속성을 각각 나타낸다.

18 에너지 W=QV[J].

무한히 먼 곳에서 A점까지 3[C]의 전하를 이동시키는 데 60[J] 에너지가 소비된 것은 포텐셜 에너지가 감소한 것이므로 전위가 −20[V]된 것이다. 이번에는 무한히 먼 곳에서 B점까지 2[C]의 전하를 이동시켜서 에너지가 10[J]이 생성되었으므로 포텐셜 에너지가 증가한 것이고 전위는 5[V]이다. A점을 기준으로 하면 거리가 멀어진 것이므로 (−20)−5 = −25[V]

정답 및 해설 16.③ 17.② 18.②

19 그림과 같은 연산증폭기 회로에서 v_1=1[V], v_2=2[V], R_1=1[Ω], R_2=4[Ω], R_3=1[Ω], R_4=4[Ω]일 때, 출력 전압 v_o의 값[V]은? (단, 연산증폭기는 이상적이라고 가정한다.)

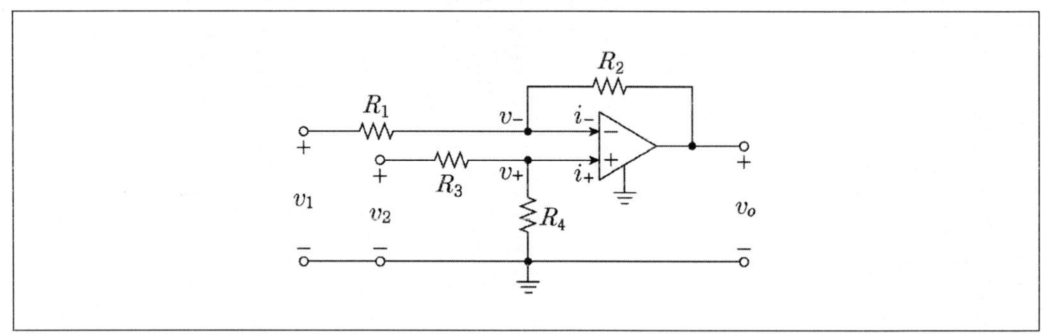

① 1[V]
② 2[V]
③ 3[V]
④ 4[V]

20 커패시터 양단에 인가되는 전압이 $v(t)=5\sin(120\pi t-\frac{\pi}{3})$[V]일 때, 커패시터에 입력되는 전류는 $i(t)=0.03\pi\cos(120\pi t-\frac{\pi}{3})$[A]이다. 이 커패시터의 커패시턴스의 값[$\mu$F]은?

① 40[μF]
② 45[μF]
③ 50[μF]
④ 55[μF]

19 출력전압의 값

$v_+ = \frac{R_4}{R_3 + R_4} v_2 = \frac{4}{1+4} \times 2 = 1.6[V]$

$I_{R_2} = \frac{v_1 - v_-}{R_1} = \frac{v_1}{R_1} - \frac{1}{R_1} \frac{R_4}{R_3 + R_4} v_2 \quad (v_+ = v_-)$

$v_{R_2} = -I_{R_2} \cdot R_2 = -\frac{v_1 R_2}{R_1} + \frac{R_2}{R_1} \frac{R_4 v_2}{R_3 + R_4} = -4 + \frac{32}{5} = 2.4[V]$

출력전압은 $V_o = v_+ + v_{R_2} = 1.6 + 2.4 = 4[V]$

차동증폭기의 다른 해석 $V_o = \frac{R_2}{R_1}(V_2 - V_1) = \frac{4}{1}(2-1) = 4[V]$

20 전압을 정지벡터로 나타내면 $v(t) = \frac{5}{\sqrt{2}} \angle -\frac{\pi}{3}$

전류를 정지벡터로 나타내면 $i(t) = \frac{0.03\pi}{\sqrt{2}} \angle \frac{\pi}{6}$

용량성 리액턴스는 $X_c = \frac{v(t)}{i(t)} = \frac{\frac{5}{\sqrt{2}} \angle -\frac{\pi}{3}}{\frac{0.03\pi}{\sqrt{2}} \angle \frac{\pi}{6}} = 53.01 \angle -\frac{\pi}{2}$

$X_c = \frac{1}{\omega C} = 53.1[\Omega]$, 따라서 정전용량 $C = \frac{1}{53.1 \times 120\pi} = 50[\mu F]$

정답 및 해설 19.④ 20.③

2020 6월 13일 | 제1회 지방직 시행 제2회 서울특별시 시행

1 그림의 자기 히스테리시스 곡선에서 가로축(X)과 세로축(Y)에 해당하는 것은?

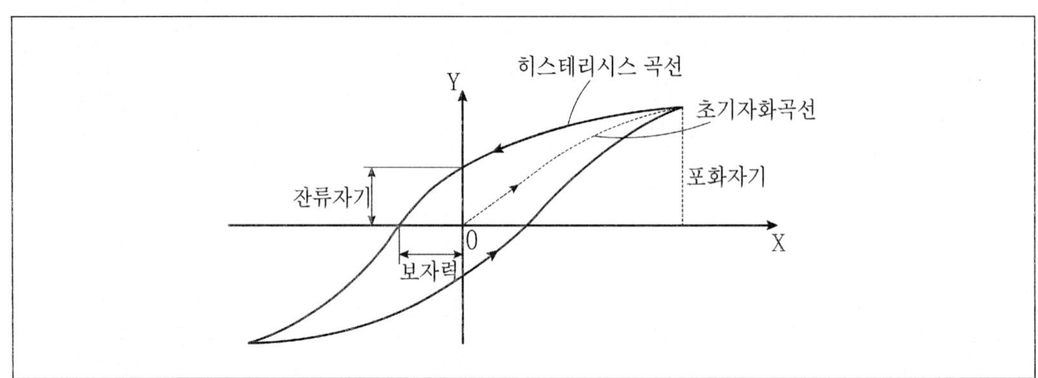

X	Y
① 자속밀도	투자율
② 자속밀도	자기장의 세기
③ 자기장의 세기	투자율
④ 자기장의 세기	자속밀도

2 그림의 회로에서 전류 I_1[A]은?

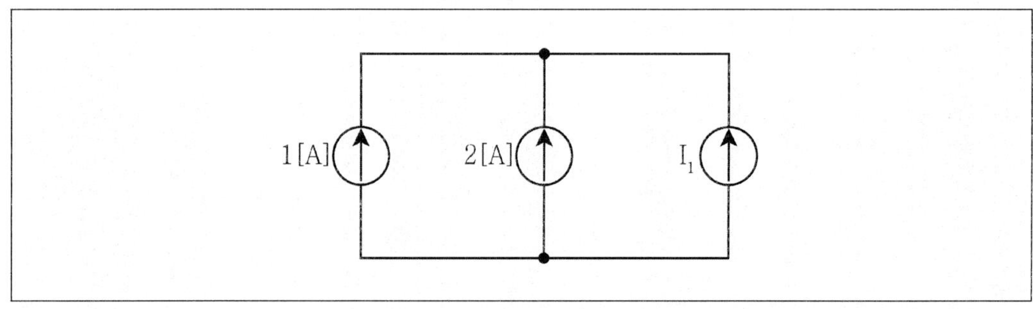

① −1 ② 1
③ −3 ④ 3

3 그림의 회로에서 공진주파수[Hz]는?

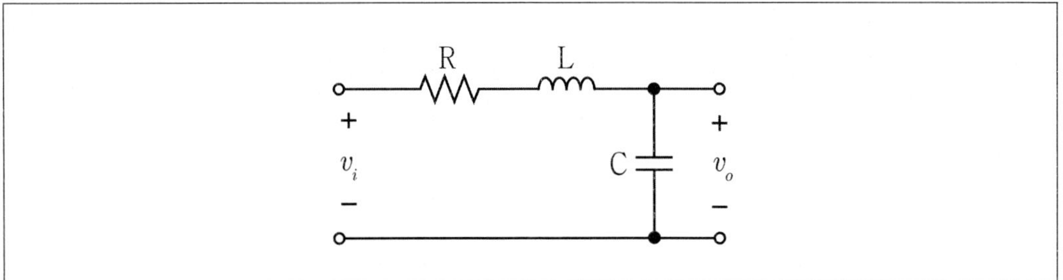

① $\frac{1}{\sqrt{LC}}$ ② $\frac{1}{LC}$

③ $\frac{1}{2\pi LC}$ ④ $\frac{1}{2\pi\sqrt{LC}}$

---

1 히스테리시스 곡선은 자기이력곡선이라고도 한다. 강자성체에서 외부자기장 방향과 세기에 따라 자기화가 변하는 곡선으로 외부자기장이 없을 때 물질에 남는 자기장을 잔류자속밀도라 하며 세로축에 표시가 되고, 보자력에서 잔류자속은 0이된다.

④ 히스테리시스 곡선의 가로축(X)은 자기장의 세기, 세로축(Y)은 자속밀도이다.

2 $1[A]+2[A]+I_1=0$이므로 $I_1=-3[A]$

3 R-L-C직렬회로에서 공진이란 임피던스의 허수부가 0이 되어 최소가 되고 전류는 가장 크게 증가하는 현상이다. 이때 허수부는 유도성 리액턴스와 용량성 리액턴스가 같아지므로

$X_L=X_C$ 즉 $\omega L=\frac{1}{\omega C}$이므로 $2\pi f_0 L=\frac{1}{2\pi f_0 C}$, 따라서 공진주파수는 $f_0^2=\frac{1}{(2\pi)^2 LC}$, $f_0=\frac{1}{2\pi\sqrt{LC}}[Hz]$

정답 및 해설 1.④ 2.③ 3.④

4 **그림의 Ch1 파형과 Ch2 파형에 대한 설명으로 옳은 것은?**

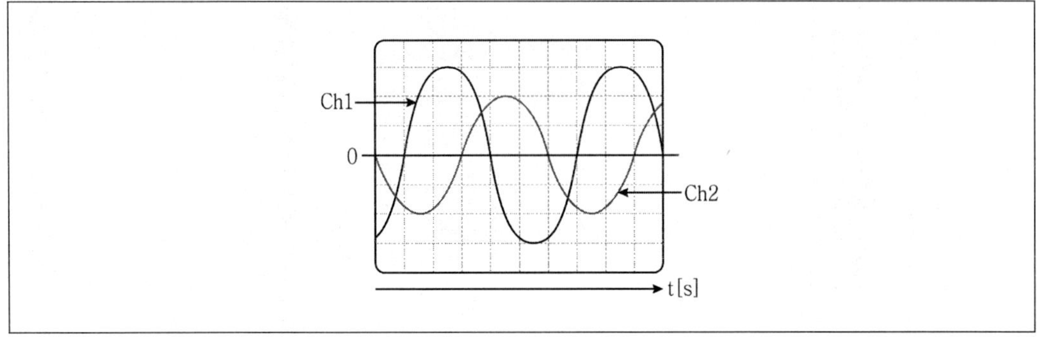

① Ch1 파형이 Ch2 파형보다 위상은 앞서고, 주파수는 높다.
② Ch1 파형이 Ch2 파형보다 위상은 앞서고, 주파수는 같다.
③ Ch1 파형이 Ch2 파형보다 위상은 뒤지고, 진폭은 크다.
④ Ch1 파형이 Ch2 파형보다 위상은 뒤지고, 진폭은 같다.

5 **그림의 회로에서 t=0일 때, 스위치 SW를 닫았다. 시정수 τ [s]는?**

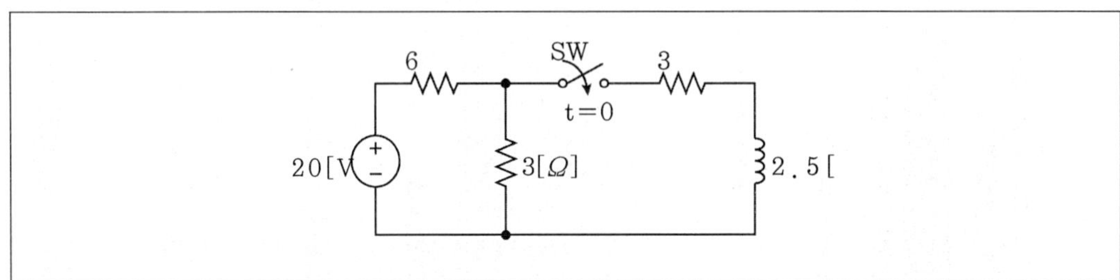

① $\frac{1}{2}$
② $\frac{2}{3}$
③ 1
④ 2

6 0.8 지상 역률을 가진 20 [kVA] 단상 부하가 200 [V_{rms}] 전압원에 연결되어 있다. 이 부하에 병렬로 커패시터를 연결하여 역률을 1로 개선하였다. 역률 개선 전과 비교한 역률 개선 후의 실효치 전원 전류는?

① 변화 없음

② $\frac{2}{5}$로 감소

③ $\frac{3}{5}$으로 감소

④ $\frac{4}{5}$로 감소

4 파형을 보고 바로 알 수 있는 것

㉠ ch1 파형과 ch2 파형의 주기가 같으므로 주파수는 같다.

㉡ ch1 파형이 ch2 파형보다 진폭이 크다.

㉢ ch1 주기와 ch2 주기를 비교해 볼 때 위상은 ch1이 앞선다.

5 스위치SW를 닫으면 R-L회로이므로 시정수는 $\frac{L}{R}$[sec]에서 $R=\frac{6\times3}{6+3}+3=5[\Omega]$,

시정수 $\tau=\frac{L}{R}=\frac{2.5}{5}=\frac{1}{2}$[sec]

6 역률 개선 전 전류 $I_1=\frac{P}{V\cos\theta}=\frac{20\times10^3}{200\times0.8}=125[A]$

역률 개선 후 전류 $I_2=\frac{20\times10^3}{200}=100[A]$

실효치 전류는 $\frac{I_2}{I_1}=\frac{100}{125}=\frac{4}{5}$로 감소한다.

※ 단위는 20[KVA]가 아닌 20[Kw]가 적절하다.

정답 및 해설 4.② 5.① 6.④

7 그림의 회로에서 3 [Ω]에 흐르는 전류 I[A]는?

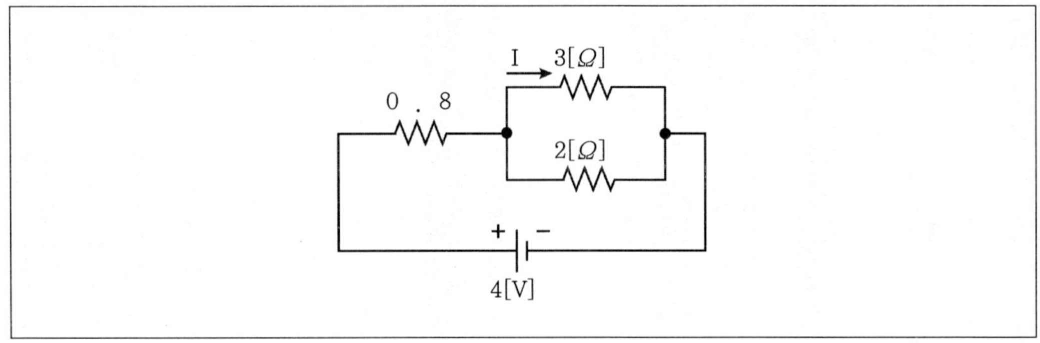

① 0.4　　② 0.8
③ 1.2　　④ 2

8 그림의 회로에서 $v = 200\sqrt{2}\,sin(120\pi t)$ [V]의 전압을 인가하면 $i = 10\sqrt{2}\,sin(120\pi t - \frac{\pi}{3})$ [A]의 전류가 흐른다. 회로에서 소비전력[kW]과 역률[%]은?

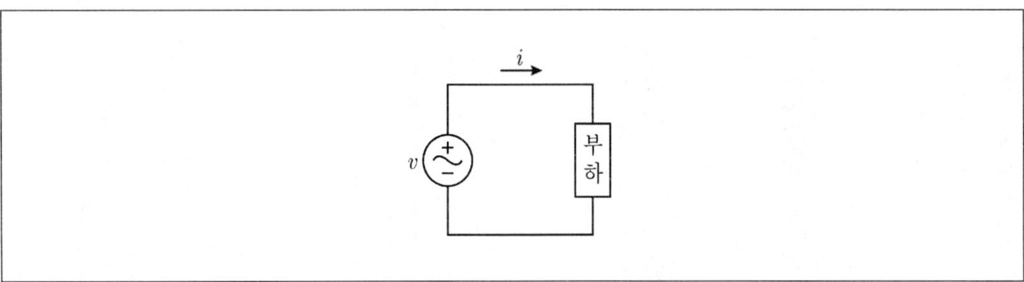

	소비전력	역률
①	4	86.6
②	1	86.6
③	4	50
④	1	50

9 그림의 회로에서 30 [Ω]의 양단전압 V_1[V]은?

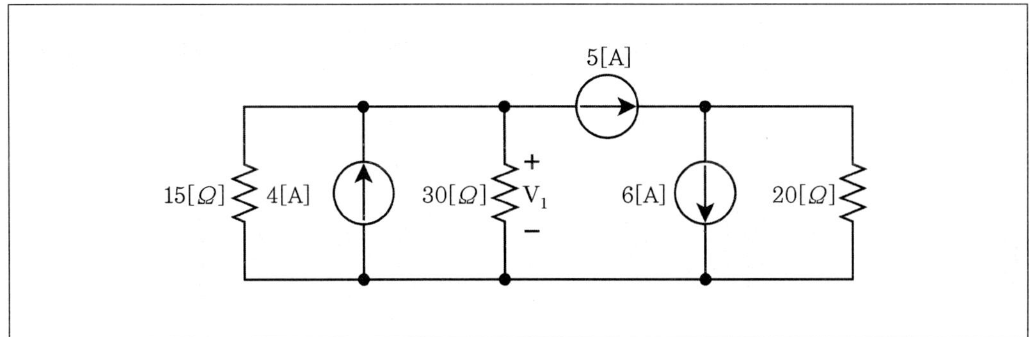

① −10　　② 10
③ 20　　④ −20

7
전체 합성저항 $R_e = \frac{3\times2}{3+2}+0.8 = 2[\Omega]$

전체전류 $I_0 = \frac{V}{R} = \frac{4}{2} = 2[A]$

그러므로 3[Ω]에 흐르는 전류는 $I = \frac{2}{3+2}\times2 = 0.8[A]$

8
$v = 200\sqrt{2}\,sin120\pi t\,[V],\ i = 10\sqrt{2}\,sin(120\pi t - \frac{\pi}{3})[A]$

소비전력 $P = VIcos\theta = 200\times10\times\cos\frac{\pi}{3} = 1000[W] = 1[kW]$

역률은 전압과 전류의 위상각차에 cos값이므로

$\cos\frac{\pi}{3} = 0.5$, 50%

9 전류원만의 회로이므로 중첩의 원리를 이용하여 구한다.

㉠ 4[A]의 전류원만 있는 경우
　30[Ω]의 저항을 개방시킨 경우 $V_{oc1} = 60[V]$

㉡ 5[A]의 전류원만 있는 경우
　30[Ω]의 저항을 개방시킨 경우 $V_{oc2} = -75[V]$

따라서 $V_{oc} = -15[V]$

전류원을 모두 개방시키면 회로의 등가저항은 30[Ω]과 15[Ω]이므로
$V_1 = -10[V]$가 걸린다.

정답 및 해설 7.② 8.④ 9.①

10 그림의 회로에서 스위치 SW가 충분히 긴 시간 동안 접점 a에 연결되어 있다. t=0에서 접점 b로 이동한 직후의 인덕터와 커패시터에 저장된 에너지[mJ]는?

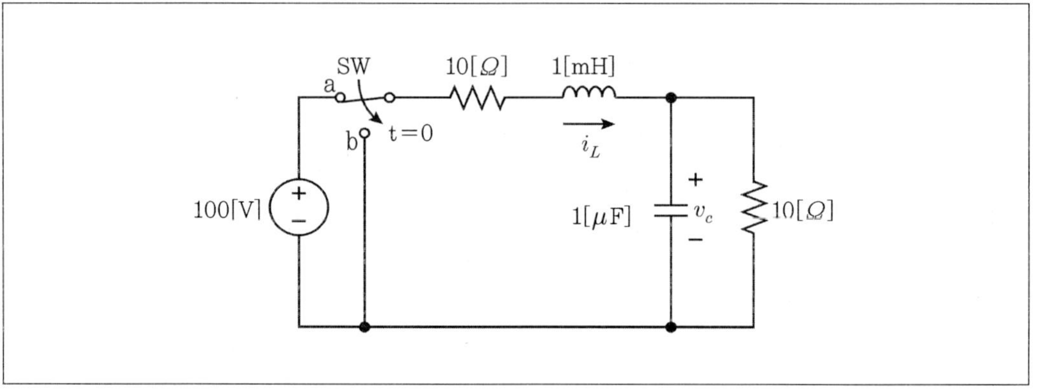

인덕터	커패시터
① 12.5	1.25
② 1.25	12.5
③ 12.5	1,250
④ 1,250	12.5

11 선간전압 200 [V_{rms}]인 평형 3상 회로의 전체 무효전력이 3,000 [Var]이다. 회로의 선전류 실횻값[A]은? (단, 회로의 역률은 80 [%]이다)

① $25\sqrt{3}$
② $\frac{75}{4\sqrt{3}}$
③ $\frac{25}{\sqrt{3}}$
④ $300\sqrt{3}$

12 비정현파 전압 $v = 3 + 4\sqrt{2}\,sin\omega t$ [V]에 대한 설명으로 옳은 것은?

① 실횻값은 5 [V]이다.
② 직류성분은 7 [V]이다.
③ 기본파 성분의 최댓값은 4 [V]이다.
④ 기본파 성분의 실횻값은 0 [V]이다.

10 t < 0에서 L은 단락, C는 50[V]로 충전되어 개방되어 있다.

초기전류는 $I_o = \frac{100}{20} = 5[A]$이므로

㉠ 인덕터에 저장된 에너지 $W = \frac{1}{2}LI^2 = \frac{1}{2} \times 10^{-3} \times 5^2 = 12.5[mJ]$

㉡ 커패시터에 저장된 에너지 $W = \frac{1}{2}CV^2 = \frac{1}{2} \times 10^{-6} \times 50^2 = 1.25[mJ]$

11 전체 무효전력이 3,000[Var]이고 역률이 80[%]이므로 무효율 $\sin\theta = \sqrt{1-\cos^2\theta} = \sqrt{1-0.8^2} = 0.6$

피상전력은 5,000[KVA]이다.

$P_a = \sqrt{3}\,VI = 5{,}000[VA]$이므로 전압이 200[V]이면 선전류는

$I = \frac{5{,}000}{\sqrt{3} \times 200} = \frac{25}{\sqrt{3}}[A]$

12 $v = 3 + 4\sqrt{2}\,sin\omega t\,[V]$에서

① 실횻값 $v_s = \sqrt{3^2 + 4^2} = 5[V]$이다.

② 직류성분은 3[V]이다.

③ 기본파 성분의 최댓값은 $4\sqrt{2}\,[V]$이다.

④ 기본파 성분의 실횻값은 4[V]이다.

정답 및 해설 10.① 11.③ 12.①

13 어떤 코일에 0.2초 동안 전류가 2 [A]에서 4 [A]로 변화하였을 때 4 [V]의 기전력이 유도되었다. 코일의 인덕턴스[H]는?

① 0.1 ② 0.4
③ 1 ④ 2.5

14 전자유도현상에 대한 설명이다. ㉠과 ㉡에 해당하는 것은?

> (㉠)은 전자유도에 의해 코일에 발생하는 유도기전력의 방향은 자속의 증가 또는 감소를 방해하는 방향으로 발생한다는 법칙이고, (㉡)은 전자유도에 의해 코일에 발생하는 유도기전력의 크기는 코일과 쇄교하는 자속의 변화율에 비례한다는 법칙이다.

	㉠	㉡
①	플레밍의 왼손 법칙	플레밍의 오른손 법칙
②	플레밍의 왼손 법칙	패러데이의 법칙
③	렌츠의 법칙	플레밍의 오른손 법칙
④	렌츠의 법칙	패러데이의 법칙

15 그림의 회로에 200 [V_{rms}] 정현파 전압을 인가하였다. 저항에 흐르는 평균전류[A]는? (단, 회로는 이상적이다)

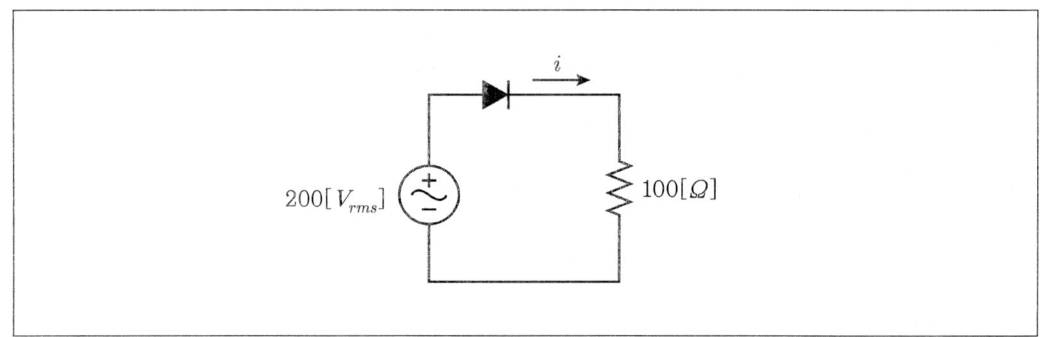

① $\frac{4\sqrt{2}}{\pi}$ ② $\frac{4}{\pi}$
③ $\frac{2\sqrt{2}}{\pi}$ ④ $\frac{2}{\pi}$

16 그림과 같이 3상 회로의 상전압을 직렬로 연결했을 때, 양단 전압 $\dot{V}$[V]는?

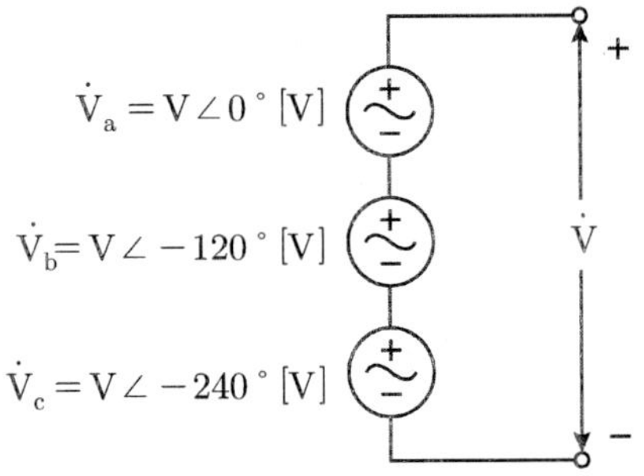

$\dot{V}_a = V\angle 0°$ [V]
$\dot{V}_b = V\angle -120°$ [V]
$\dot{V}_c = V\angle -240°$ [V]
$\dot{V}$

① $0\angle 0°$
② $V\angle 90°$
③ $\sqrt{2}V\angle 120°$
④ $\frac{1}{\sqrt{2}}V\angle 240°$

13 $e = L\frac{di}{dt} = L\times\frac{(4-2)}{0.2} = 4[V]$, $L = \frac{4}{10} = 0.4[H]$

14 ㉠ 렌츠의 법칙은 전자유도 작용에 의해 발생되는 유도기전력의 방향은 항상 유도작용을 일으키는 원인을 방해하려는 방향으로 발생한다는 법칙이다.
㉡ 패러데이 법칙은 전자유도에 의해 발생하는 유도기전력이 쇄교하는 자속의 변화율에 비례한다는 법칙이다.
$e = -\frac{\partial\varnothing}{\partial t}[V]$

15 다이오드가 한 개 있는 반파정류이므로 $I_{av} = \frac{I_m}{\pi} = \frac{\sqrt{2}}{\pi}I = \frac{\sqrt{2}}{\pi}\cdot\frac{200}{100} = \frac{2\sqrt{2}}{\pi}[A]$

16 전압의 합성
$\dot{V}_a + \dot{V}_b + \dot{V}_c = V\angle 0° + V\angle -120° + V\angle -240°$
$V + V(-\frac{1}{2}+j\frac{\sqrt{3}}{2}) + V(-\frac{1}{2}-j\frac{\sqrt{3}}{2}) = 0\angle 0°$

정답 및 해설 13.② 14.④ 15.③ 16.①

17 그림 (a)회로에서 스위치 SW의 개폐에 따라 코일에 흐르는 전류 i_L이 그림 (b)와 같이 변화할 때 옳지 않은 것은?

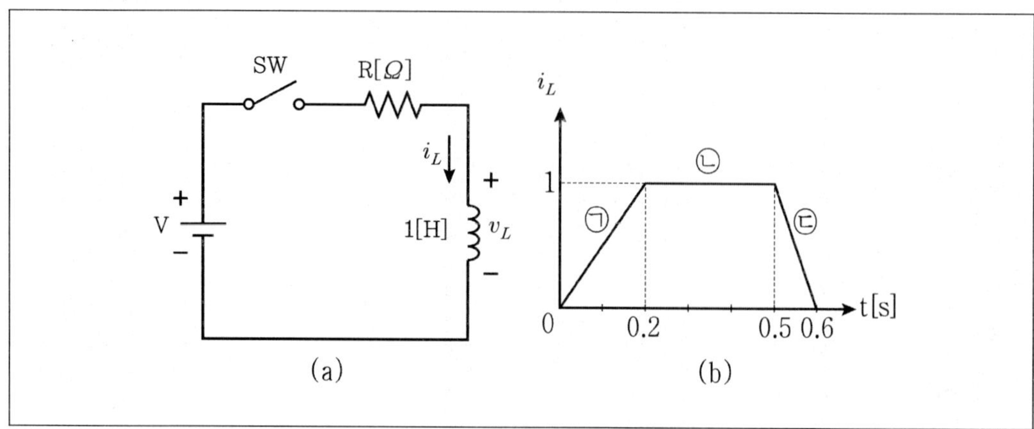

① ㉠구간에서 코일에서 발생하는 유도기전력 v_L은 5 [V]이다.
② ㉡구간에서 코일에서 발생하는 유도기전력 v_L은 0 [V]이다.
③ ㉢구간에서 코일에서 발생하는 유도기전력 v_L은 10 [V]이다.
④ ㉡구간에서 코일에 저장된 에너지는 0.5 [J]이다.

18 그림과 같이 유전체 절반이 제거된 두 전극판 사이의 정전용량[μF]은? (단, 두 전극판 사이에 비유전율 ϵ_r = 5인 유전체로 가득 채웠을 때 정전용량은 10 [μF]이며 전극판 사이의 간격은 일정하게 유지된다)

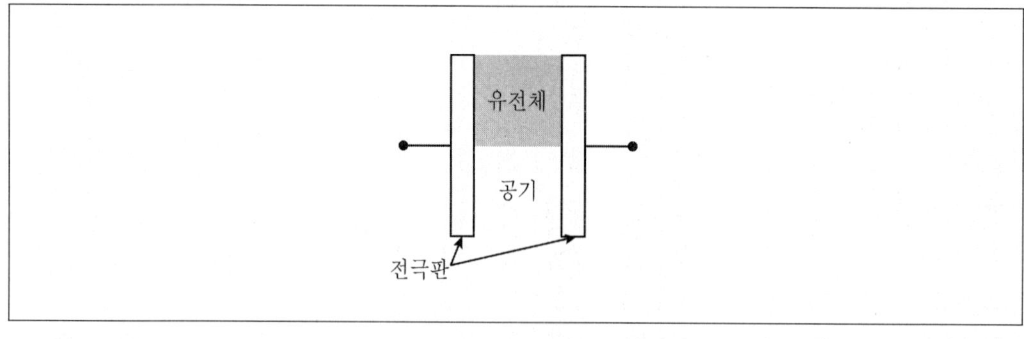

① 5 ② 6
③ 9 ④ 10

17 ① ㉠구간의 코일에서 발생하는 유도기전력 $V_L = L\frac{di}{dt} = \frac{1-0}{0.2} = 5[V]$이다.

② ㉡구간의 코일에서 발생하는 유도기전력은 전류의 변화가 없으므로 0[V]이다.

③ ㉢구간의 코일에서 발생하는 유도기전력은 $V_L = L\frac{di}{dt} = \frac{0-1}{0.1} = -10[V]$이다.

④ ㉡구간에서 코일에 저장된 에너지 $W = \frac{1}{2}LI^2 = \frac{1}{2} \times 1 \times 1^2 = \frac{1}{2}[J]$이다.

18 평행판에서 유전체 절반이 제거되었으므로 공기콘덴서와 유전체콘덴서가 병렬로 된 것이다.

$C = \frac{1}{2}C_0 + \frac{1}{2}C = \frac{1}{2} \times 2 + \frac{1}{2} \times 10 = 6[\mu F]$

정답 및 해설 17.③ 18.②

19 그림의 회로에서 I_1에 흐르는 전류는 1.5 [A]이다. 회로의 합성저항[Ω]은?

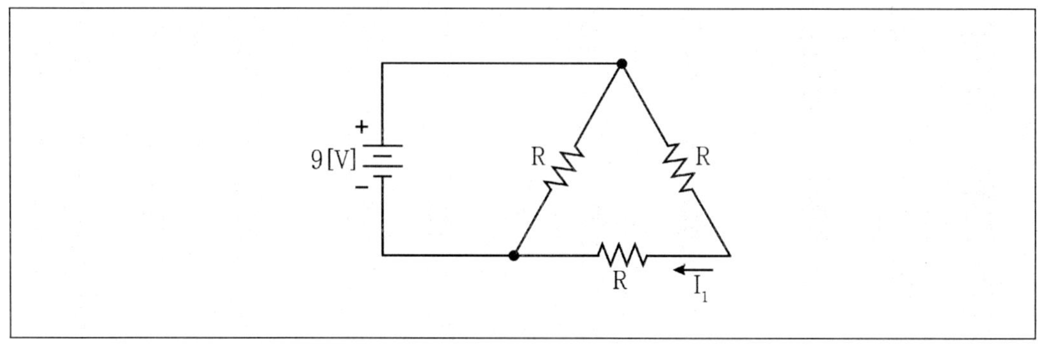

① 2
② 3
③ 6
④ 9

20 평형 3상 Y−Y 회로의 선간전압이 100 [V_{rms}]이고 한 상의 부하가 $Z_L = 3 + j4$ [Ω]일 때 3상 전체의 유효전력[kW]은?

① 0.4
② 0.7
③ 1.2
④ 2.1

19 합성저항 $R_e = \frac{2R \times R}{2R+R} = \frac{2}{3}R[\Omega]$

2R에 흐르는 전류는 $I = \frac{R}{2R+R} \cdot \frac{E}{R_e} = \frac{1}{3} \cdot \frac{9}{\frac{2}{3}R} = 1.5[A]$

$R = 3[\Omega]$ 따라서 합성저항 $R_e = \frac{2}{3}R = \frac{2}{3} \times 3 = 2[\Omega]$

20 3상 회로의 유효전력

$$P = 3I^2R = 3(\frac{V_p}{Z})^2R = 3\frac{V_p^2}{R^2+X_L^2}R = 3 \times \frac{(\frac{100}{\sqrt{3}})^2}{3^2+4^2} \times 3 = 1,200[W] = 1.2[kW]$$

정답 및 해설 19.① 20.③

2020 7월 11일 | 인사혁신처 시행

1 **다음의 교류전압 $v_1(t)$과 $v_2(t)$에 대한 설명으로 옳은 것은?**

- $v_1(t) = 100\sin\left(120\pi t + \frac{\pi}{6}\right)$[V]
- $v_2(t) = 100\sqrt{2}\sin\left(120\pi t + \frac{\pi}{3}\right)$[V]

① $v_1(t)$과 $v_2(t)$의 주기는 모두 $\frac{1}{60}$[sec]이다.

② $v_1(t)$과 $v_2(t)$의 주파수는 모두 120π[Hz]이다.

③ $v_1(t)$과 $v_2(t)$는 동상이다.

④ $v_1(t)$과 $v_2(t)$의 실횻값은 각각 100[V], $100\sqrt{2}$[V]이다.

2 **그림의 회로에서 1[Ω]에 흐르는 전류 I[A]는?**

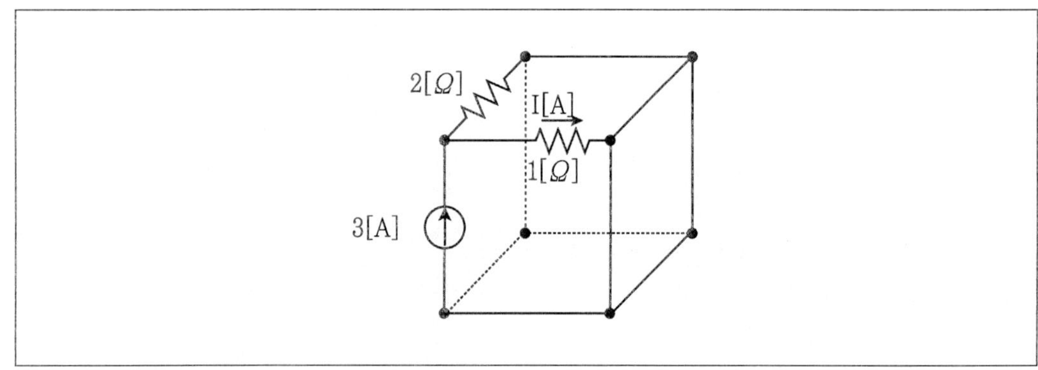

① 1　　② 2

③ 3　　④ 4

3 2Q[C]의 전하량을 갖는 전하 A에서 q[C]의 전하량을 떼어 내어 전하 A로부터 1[m] 거리에 q[C]를 위치시킨 경우, 두 전하 사이에 작용하는 전자기력이 최대가 되는 q[C]는? (단, 0 < q < 2Q이다)

① Q ② Q/2
③ Q/3 ④ Q/4

1 ①② $\sin(120\pi t)$에서 $\sin\omega t = \sin 2\pi f t$이므로 주파수 $f=60[Hz]$, 주기는 $T=\frac{1}{60}$[sec]이다.

③ $v_1(t)=\frac{100}{\sqrt{2}}\angle\frac{\pi}{6}$, $v_2(t)=100\angle\frac{\pi}{3}$이므로 두 교류전압은 위상이 다르다.

④ $v_1(t)=\frac{100}{\sqrt{2}}\angle\frac{\pi}{6}$, $v_2(t)=100\angle\frac{\pi}{3}$으로 실횻값은 각각 $v_1(t)=\frac{100}{\sqrt{2}}$, $v_2(t)=100$이다.

2 전류는 저항에 반비례한다.
따라서 전류원이 3[A]이므로 2[Ω]에 흐르는 전류는 1[A],
1[Ω]에 흐르는 전류는 $I_{1\Omega}=\frac{2}{1+2}\times 3=2[A]$ 이다.

3 쿨롱의 법칙
$F=\frac{1}{4\pi\epsilon}\frac{(2Q-q)\cdot q}{1^2}[N]$
최대가 되려면
$\frac{d(2Q-q)\cdot q}{dq}=\frac{d(2Qq-q^2)}{dq}=2Q-2q=0$에서
따라서 $Q=q$

정답 및 해설 1.① 2.② 3.①

4 그림과 같이 공극의 단면적 $S=100\times10^{-4}[m^2]$인 전자석에 자속밀도 $B=2[Wb/m^2]$인 자속이 발생할 때, 철편에 작용하는 힘[N]은? (단, $\mu_0=4\pi\times10^{-7}$이다)

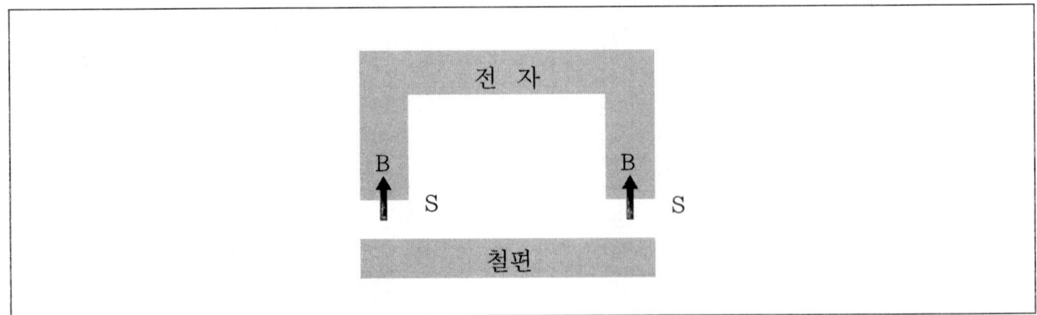

① $\dfrac{1}{\pi}\times10^5$
② $\dfrac{1}{\pi}\times10^{-5}$
③ $\dfrac{1}{2\pi}\times10^5$
④ $\dfrac{1}{2\pi}\times10^{-5}$

5 3상 평형 △ 결선 및 Y 결선에서, 선간전압, 상전압, 선전류, 상전류에 대한 설명으로 옳은 것은?

① △ 결선에서 선간전압의 크기는 상전압 크기의 $\sqrt{3}$ 배이다.
② Y 결선에서 선전류의 크기는 상전류 크기의 $\sqrt{3}$ 배이다.
③ △ 결선에서 선간전압의 위상은 상전압의 위상보다 $\dfrac{\pi}{6}[rad]$ 앞선다.
④ Y 결선에서 선간전압의 위상은 상전압의 위상보다 $\dfrac{\pi}{6}[rad]$ 앞선다.

6 그림의 회로에서 전류 I[A]는?

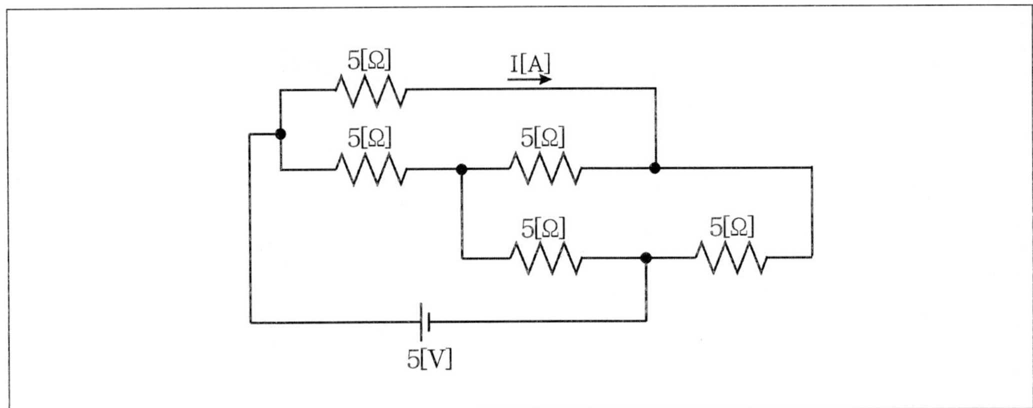

① 0.25　　② 0.5

③ 0.75　　④ 1

---

4 철편에 작용하는 힘 $f=\frac{1}{2}\frac{B^2}{\mu_o}\times 2S=\frac{2^2}{4\pi\times 10^{-7}}\times 100\times 10^{-4}=\frac{1}{\pi}\times 10^5\,[N]$

5 ① △결선에서 선간전압과 상전압의 크기는 같다. $V_l=V_p$

② Y결선에서 상전류와 선전류는 크기가 같다. $I_l=I_p$

③ △결선에서 선간전압과 상전압의 위상은 같다.

6

그림은 브릿지 회로이고 대각선 위치에 있는 저항의 곱이 같으므로 중앙에 있는 5[Ω]에는 전류가 흐르지 않는다.

그러므로 합성저항은 $R_e=\frac{10\times 10}{10+10}=5[\Omega]$이 되고 회로에는 $I_o=\frac{V}{R}=\frac{5}{5}=1[A]$의 전류가 흐른다.

따라서 I=0.5[A] 이다.

정답 및 해설 4.① 5.④ 6.②

7 그림의 회로에서 점 a와 점 b 사이의 정상상태 전압 V_{ab} [V]는?

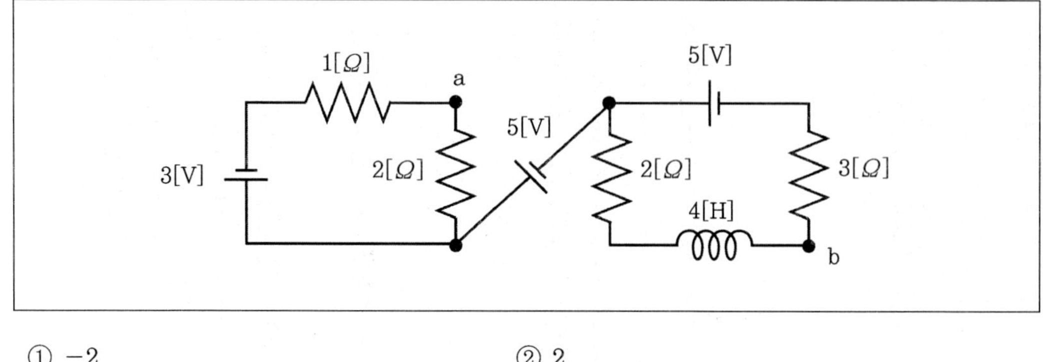

① −2
② 2
③ 5
④ 6

8 그림의 회로에서 저항 R_L에 4 [W]의 최대전력이 전달될 때, 전압 E [V]는?

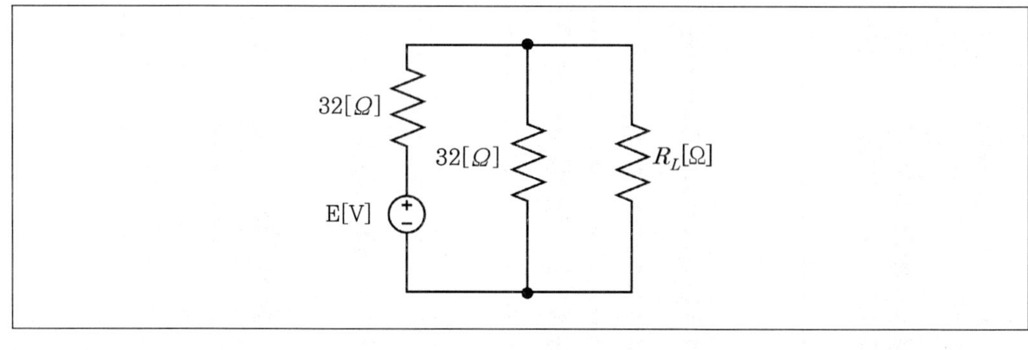

① 32
② 48
③ 64
④ 128

7 그림에서 L은 직류전원에서 단락상태이므로 전압이 걸리는 부분을 보면 다음과 같다.

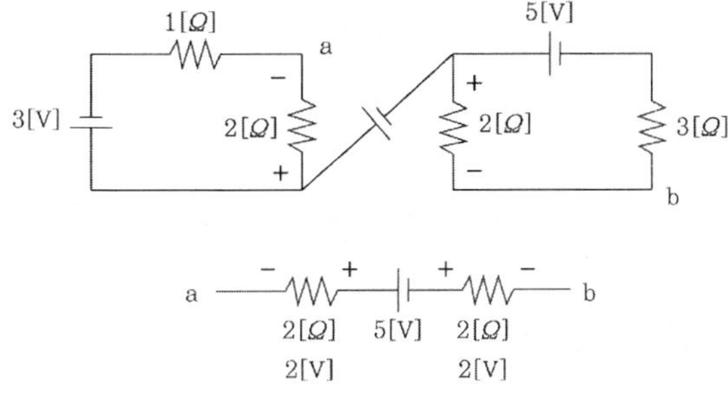

그림과 같이 극성이 연결되므로

$V_{ab} = (-2)[V] + 5[V] + 2[V] = 5[V]$

8 회로의 등가회로를 그리면

16[Ω]

$\frac{E}{2}$[V]　　R_L[Ω]

최대전력이 전달되려면 $R_L = 16[\Omega]$이 된다.

$P_{\max} = \dfrac{V^2}{4R_L} = \dfrac{(\frac{E}{2})^2}{4 \times 16} = 4[W]$에서 $(\frac{E}{2})^2 = 16 \times 16$, $\frac{E}{2} = 16[V]$

$E = 32[V]$

정답 및 해설 7.③ 8.①

9 그림 (a)의 T형 회로를 그림 (b)의 π형 등가회로로 변환할 때, Z_3 [Ω]은? (단, $\omega = 10^3 [rad/s]$이다)

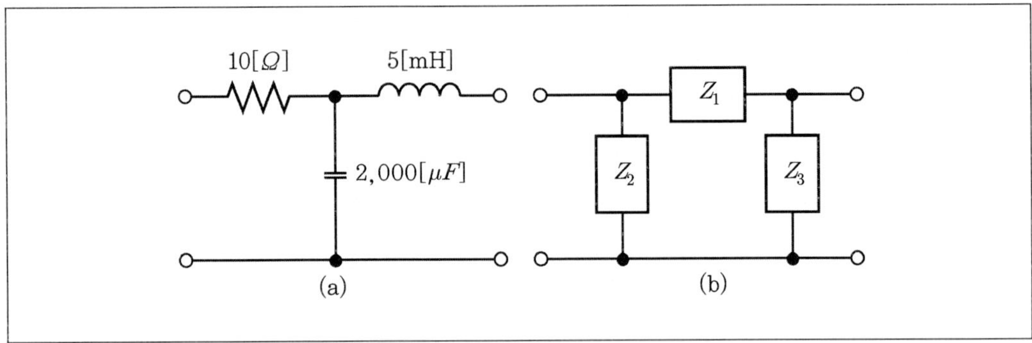

① $-90 + j5$
② $9 - j0.5$
③ $0.25 + j4.5$
④ $9 + j4.5$

10 그림의 회로에서 전원전압의 위상과 전류 I[A]의 위상에 대한 설명으로 옳은 것은?

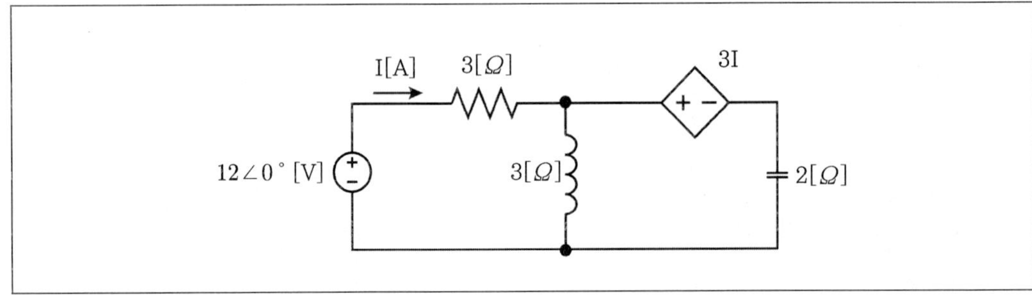

① 동위상이다.
② 전류의 위상이 앞선다.
③ 전류의 위상이 뒤진다.
④ 위상차는 180도이다.

9 $X_c = \dfrac{1}{jomegaC} = -j\dfrac{1}{10^3 \times 2000 \times 10^{-6}} = -j0.5[\Omega]$

$X_L = j\omega L = j10^3 \times 5 \times 10^{-3} = j5[\Omega]$

(a)의 T형회로를 (b)의 π형 회로로 변환을 하면

$$Z_1 = \frac{10 \times (-j0.5) + (-j0.5) \times j5 + 10 \times j5}{-j0.5} = \frac{2.5 + j45}{-j0.5} = -90 + j5[\Omega]$$

$$Z_2 = \frac{2.5 + j45}{j5} = 9 - j0.5[\Omega]$$

$$Z_3 = \frac{2.5 + j45}{10} = 0.25 + j4.5[\Omega]$$

10 중첩의 원리를 적용하여 전류를 구하면

㉠ 전압원만 있는 경우 전류제어 전압원 단락하고 전류를 구하면

$$I_1 = \frac{12\angle 0^\circ}{3 + \dfrac{j3 \times (-j2)}{j3 + (-j2)}} = \frac{12\angle 0^\circ}{3 - j6} = \frac{12\angle 0^\circ}{\sqrt{45}\angle -\tan^{-1}2} = 1.79\angle 63.43^\circ [A]$$

㉡ 전류제어 전압원만 있는 경우 전압원 단락하고 전류를 구하면

$$I_2 = \frac{3I}{-j2 + \dfrac{3 \times j3}{3 + j3}} = \frac{3I}{-j2 + \dfrac{j9}{3\sqrt{2}\angle 45^\circ}} = \frac{3I}{-j2 + \dfrac{3}{\sqrt{2}}\angle 45^\circ}[A]$$

$$= \frac{3I}{-j2 + 1.5 + j1.5} = \frac{3I}{1.5 - j0.5}[A]$$

따라서 $I = I_1 - I_2 = 1.79\angle 63.43^\circ - \dfrac{3I}{1.5 - j0.5}[A]$

$I + \dfrac{3I}{1.5 - j0.5} = 1.79\angle 63.43^\circ$,

$\dfrac{1.5 - j0.5 + 3}{1.5 - j0.5} = \dfrac{4.5 - j0.5}{1.5 - j0.5} = \dfrac{4.53\angle -6.34^\circ}{1.58\angle -18.43^\circ} = 2.87\angle 12.09^\circ$

$I = \dfrac{1.79\angle 63.43^\circ}{2.87\angle 12.09^\circ} = 0.62\angle 51.34^\circ$

전류의 위상이 앞선다.

정답 및 해설 9.③ 10.②

11 그림과 같이 3상 평형전원에 연결된 600 [VA]의 3상 부하(유도성)의 역률을 1로 개선하기 위한 개별 커패시터 용량 C $[\mu F]$는? (단, 3상 부하의 역률각은 30°이고, 전원전압은 $V_{ab}(t) = 100\sqrt{2}\,sin100t$ [V]이다)

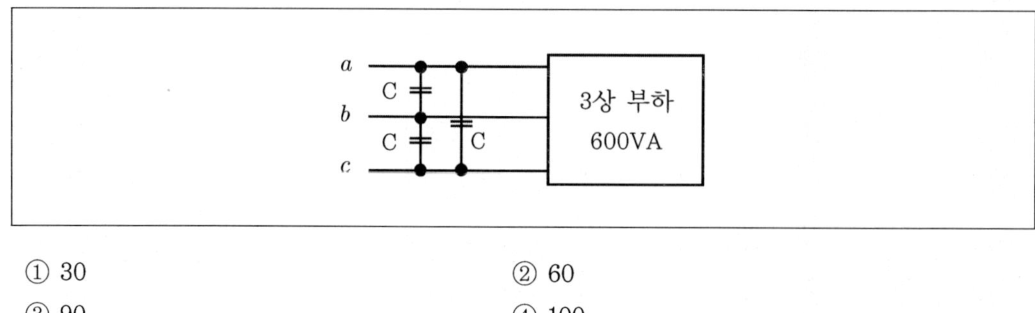

① 30
② 60
③ 90
④ 100

12 2개의 도체로 구성되어 있는 평행판 커패시터의 정전용량을 100[F]에서 200[F]으로 증대하기 위한 방법은?

① 극판 면적을 4배 크게 한다.
② 극판 사이의 간격을 반으로 줄인다.
③ 극판의 도체 두께를 2배로 증가시킨다.
④ 극판 사이에 있는 유전체의 비유전율이 4배 큰 것을 사용한다.

13 어떤 회로에 전압 $v(t) = 25\sin(wt+\theta)$ [V]을 인가하면 전류 $i(t) = 4\sin(wt+\theta-60^\circ)$ [A]가 흐른다. 이 회로에서 평균전력[W]은?

① 15
② 20
③ 25
④ 30

11 역률1로 하려면 공급하는 무효전력은 다음과 같다.

$$Q = P_a \cos\theta \times \frac{\sin\theta}{\cos\theta} = 600 \times \sin 30^o = 300[VA]$$

$Q = 3\omega CV^2 = 300[VA]$이므로

$$C = \frac{300}{3\omega \times 100^2} = \frac{300}{3 \times 100 \times 100^2} = 10^{-4} = 100[\mu F]$$

12 평행판 커패시터의 정전용량 $C = \epsilon \frac{S}{d}[F]$이므로 정전용량은 판간거리에 반비례한다. 그러므로 용량을 2배 증가하려면 극판면적을 2배로 하는 방법과 간격을 1/2로 가깝게 하는 방법, 그리고 비유전율을 2배로 하면 된다.

13 평균전력은 전압의 실횻값과 전류의 실횻값을 곱하고 역률을 곱해서 구한다.

$$P = \frac{25}{\sqrt{2}} \times \frac{4}{\sqrt{2}} cos60^o = 25[W]$$

정답 및 해설 11.④ 12.② 13.③

14 그림과 같이 자로 $l = 0.3[\mathrm{m}]$, 단면적 $\mathrm{S} = 3 \times 10^{-4}[\mathrm{m}^2]$, 권선수 N = 1,000회, 비투자율 $\mu_r = 10^4$인 링(ring)모양 철심의 자기인덕턴스 L [H]은? (단, $\mu_0 = 4\pi \times 10^{-7}$이다)

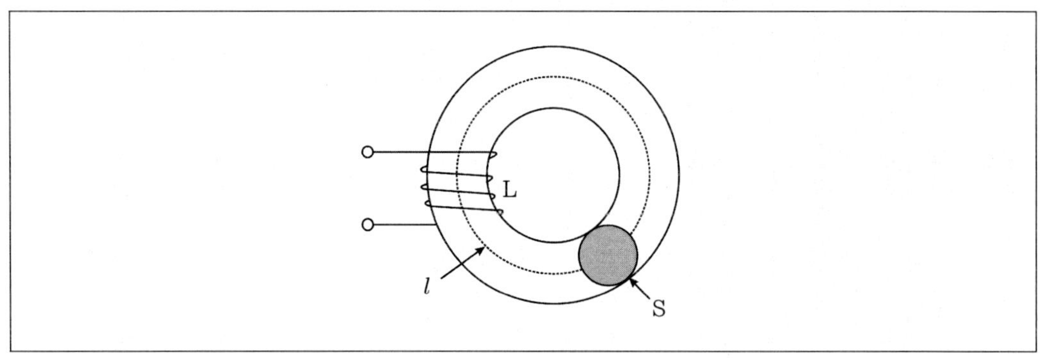

① 0.04π ② 0.4π

③ 4π ④ 5π

15 그림의 자기결합 회로에서 V_2[V]가 나머지 셋과 다른 하나는? (단, M은 상호 인덕턴스이며, L_2 코일로 흐르는 전류는 없다)

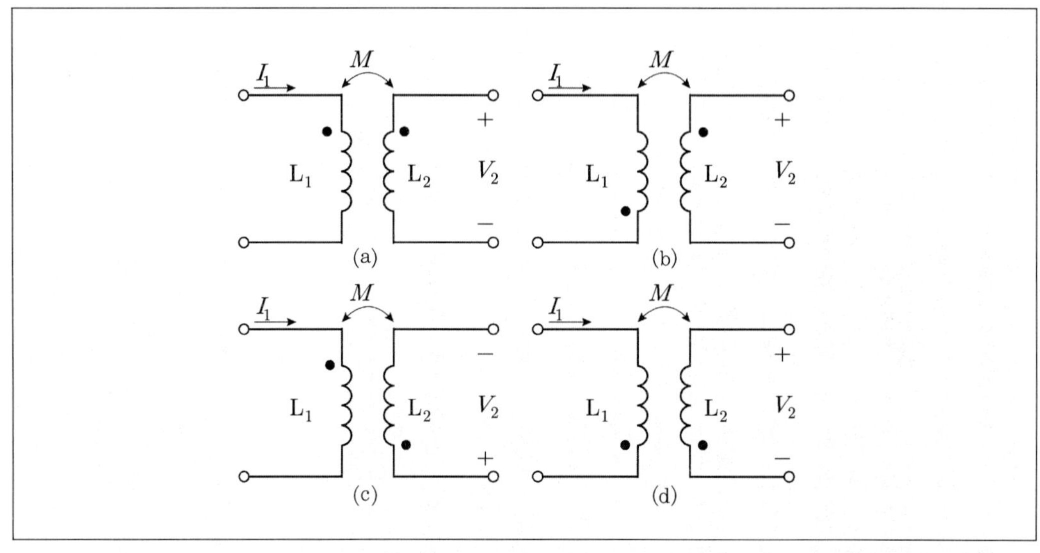

① (a) ② (b)

③ (c) ④ (d)

16 그림의 회로에서 교류전압을 인가하여 전류 $I[A]$가 최소가 될 때, 리액턴스 X_C $[\Omega]$는?

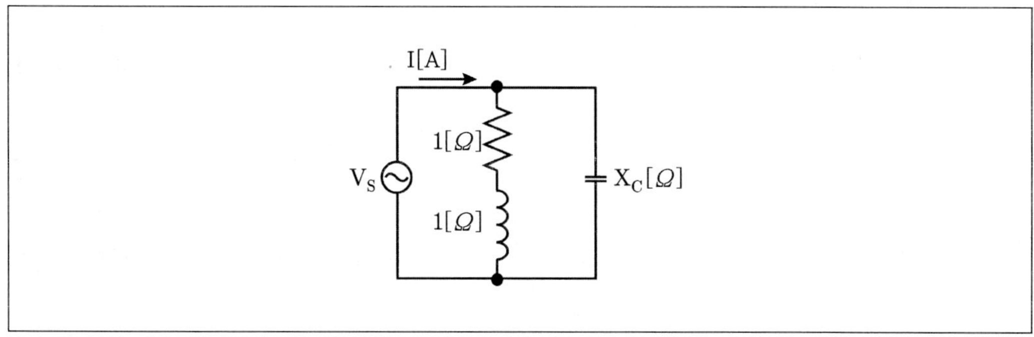

① 2
② 4
③ 6
④ 8

14 환상솔레노이드에서 인덕턴스

$$L=\frac{N^2}{R}=\frac{\mu SN^2}{l}=\frac{4\pi\times10^{-7}\times10^4\times3\times10^{-4}\times1000^2}{0.3}=4\pi[H]$$

15 극성에 관한 문제이다.

(a), (c), (d)에서 가극성 $v_1=L_1\frac{di_1}{dt}+M\frac{di_2}{dt}$, $v_2=L_2\frac{di_2}{dt}+M\frac{di_1}{dt}[V]$

(b) 감극성 $v_1=L_1\frac{di_1}{dt}-M\frac{di_2}{dt}$, $v_2=L_2\frac{di_2}{dt}-M\frac{di_1}{dt}[V]$

16 전류가 최소가 되는 회로는 공진상태를 의미한다.

$Y=\frac{1}{R+jX_L}+j\frac{1}{X_c}=\frac{R-jX_L}{R^2+X_L^2}+j\frac{1}{X_c}=\frac{R}{R^2+X_L^2}+j(\frac{1}{X_c}-\frac{X_L}{R^2+X_L^2})$에서 허수부가 0이므로

$\frac{1}{X_c}=\frac{X_L}{R^2+X_L^2}$, $X_c=\frac{R^2+X_L^2}{X_L}=\frac{1^2+1^2}{1}=2[\Omega]$

정답 및 해설 14.③ 15.② 16.①

17 2개의 단상전력계를 이용하여 어떤 불평형 3상 부하의 전력을 측정한 결과 $P_1=3$ [W], $P_2=6$ [W]일 때, 이 3상 부하의 역률은?

① $\frac{3}{5}$　　② $\frac{4}{5}$

③ $\frac{1}{\sqrt{3}}$　　④ $\frac{\sqrt{3}}{2}$

18 그림의 회로에서 t=0 [sec]일 때, 스위치 S를 닫았다. t=3 [sec]일 때, 커패시터 양단 전압 v_c(t) [V]은? (단, v_c(t = 0₋) = 0 [V]이다)

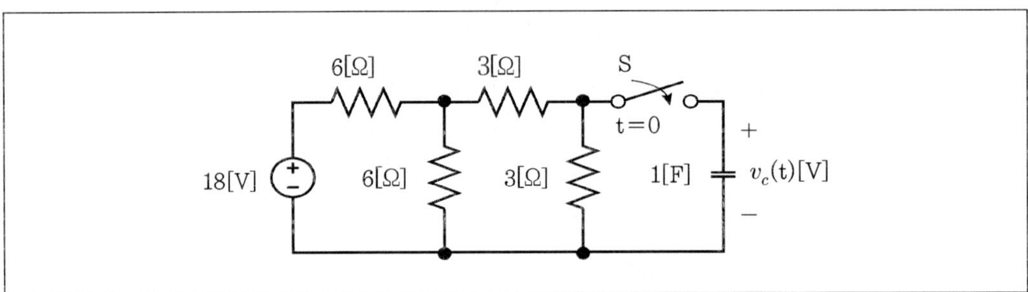

① $3e^{-4.5}$　　② $3-3e^{-4.5}$

③ $3-3e^{-1.5}$　　④ $-3e^{-1.5}$

17 2전력계법으로 구하면 역률

$$\cos\theta = \frac{P_1 + P_2}{2\sqrt{P_1^2 + P_2^2 - P_1P_2}} = \frac{3+6}{2\sqrt{3^2+6^2-3\times6}} = \frac{4.5}{\sqrt{27}} = \frac{\sqrt{3}}{2}$$

18

스위치를 닫으면 C는 충전을 하게 된다. 따라서 $V_c(t) = V(1-e^{-\frac{1}{RC}t})[V]$

최종값은 C의 왼쪽에 있는 3[Ω]에 걸리는 전압과 같게 되므로 3[V]가 걸린다.

그러므로 $V_c(t) = V(1-e^{-\frac{1}{RC}t}) = 3(1-e^{-\frac{1}{2\times1}\times3}) = 3(1-e^{-1.5})[V]$

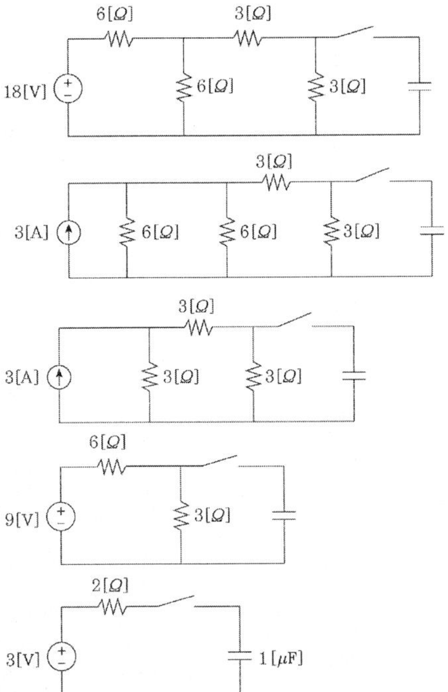

정답 및 해설 17.④ 18.③

19 그림의 회로에서 t=0 [sec]일 때, 스위치 S_1과 S_2를 동시에 닫을 때, t > 0에서 커패시터 양단 전압 $v_c(t)$ [V]은?

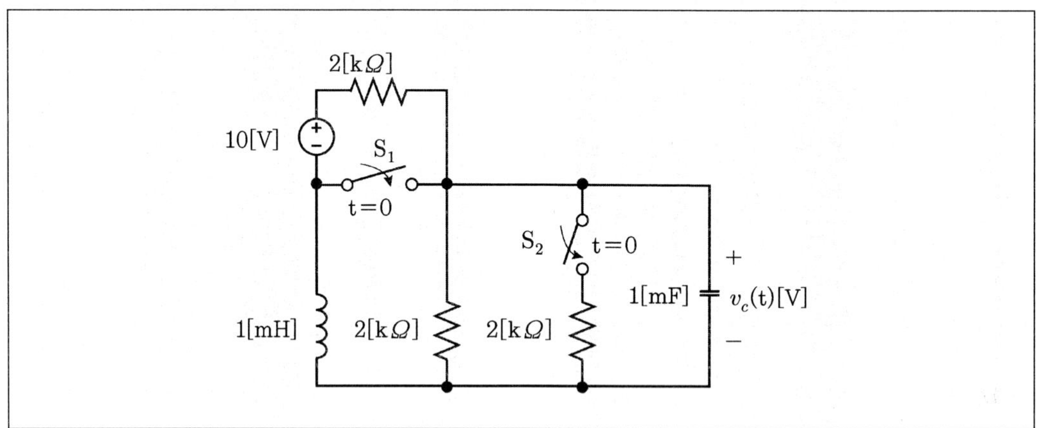

① 무손실 진동
② 과도감쇠
③ 임계감쇠
④ 과소감쇠

20 그림과 같은 구형파의 제 $(2n-1)$ 고조파의 진폭(A_1)과 기본파의 진폭(A_2)의 비($\frac{A_1}{A_2}$)는?

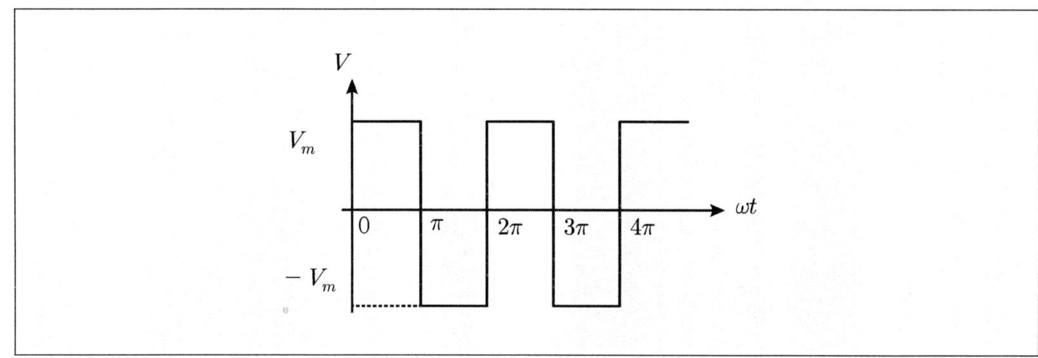

① $\frac{1}{2n-1}$　　② $2n-1$
③ $\frac{\pi}{2n-1}$　　④ $\frac{2n-1}{\pi}$

19 $t<0$에서 C에 걸리는 전압은 2[$k\Omega$]의 저항에 걸리는 전압과 같다. 스위치 두 개를 동시에 닫는 경우 전원이 제거되므로 v_c는 방전을 한다. 회로는 R-L 병렬회로이므로 전압은 완만한 감소를 하게 된다.

20 주어진 진동파형에 관하여 1주기를 프리에 급수로 전개하면 기본파 및 그의 2, 3배의 진동수를 가지는 정현파, 여현파의 합이 된다. 이 기본파의 2, 3…배의 진동수의 진동파형을 고조파라 한다. 고조파는 진동수는 정현파의 정수배가 되고 진폭의 비는 n차 고조파에 대하여 1/n이 된다. 따라서 2n-1 고조파의 진폭은 기본파에 대해 1/(2n-1)이다.

정답 및 해설 19.④ 20.①

2021 4월 17일 | 인사혁신처 시행

1 전류원과 전압원의 특징에 대한 설명으로 옳은 것만을 모두 고르면?

> ㉠ 이상적인 전류원의 내부저항 $r = 1[\Omega]$이다.
> ㉡ 이상적인 전압원의 내부저항 $r = 0[\Omega]$이다.
> ㉢ 실제적인 전류원의 내부저항은 전원과 직렬 접속으로 변환할 수 있다.
> ㉣ 실제적인 전압원의 내부저항은 전원과 직렬 접속으로 변환할 수 있다.

① ㉠, ㉡
② ㉠, ㉢
③ ㉡, ㉣
④ ㉢, ㉣

2 그림의 회로에 대한 설명으로 옳지 않은 것은?

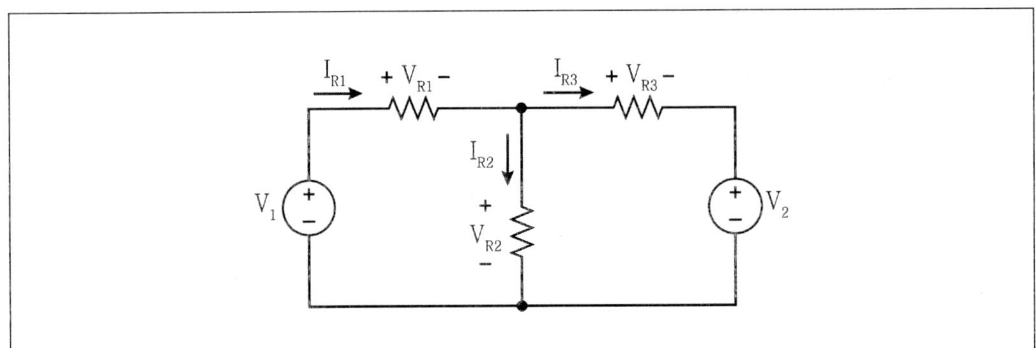

① 회로의 마디(node)는 4개다.
② 회로의 루프(loop)는 3개다.
③ 키르히호프의 전압법칙(KVL)에 의해 $V_1 - V_{R1} - V_{R3} - V_2 = 0$이다.
④ 키르히호프의 전류법칙(KCL)에 의해 $I_{R1} + I_{R2} + I_{R3} = 0$이다.

3 그림의 R−C 직렬회로에서 $t=0$[s]일 때 스위치 S를 닫아 전압 E[V]를 회로의 양단에 인가하였다. t = 0.05[s]일 때 저항 R의 양단 전압이 $10e^{-10}$[V]이면, 전압 E[V]와 커패시턴스 C[μF]는? (단, R = 5,000[Ω], 커패시터 C의 초기전압은 0[V]이다)

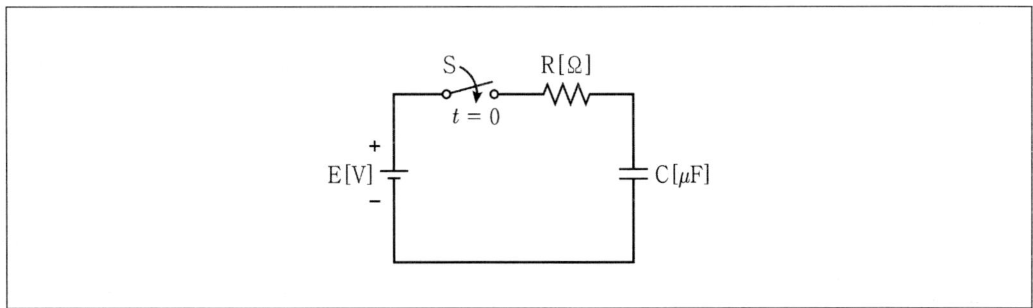

	E[V]	C[μF]
①	10	1
②	10	2
③	20	1
④	20	2

---

1 이상적 전류원

- 내부저항이 무한대에 가까울수록 이상적이다. (내부저항이 개방상태)
- 실제적인 전류원의 내부저항은 전원과 병렬접속으로 변환할 수 있다.

이상적 전압원

- 내부저항이 0에 가까울수록 이상적이다. (내부저항이 단락상태)
- 실제적인 전압원의 내부저항은 전원과 직렬접속으로 변환할 수 있다.

2 키르히호프의 전류법칙 $I_{R1}=I_{R2}+I_{R3}$, $I_{R1}-I_{R2}-I_{R3}=0$

키르히호프의 전압법칙 $V_1-V_{R1}=V_2-(-V_{R3})$

$V_1-V_{R1}-V_2-V_{R3}=0$

3 R-C 회로의 전원을 인가하면 전류는

$i(t)=\frac{E}{R}e^{-\frac{1}{RC}t}$[A]이므로 주어진 조건대로 t =0.05[s]일 때 $E=10e^{-10}=Ri=5{,}000\times\frac{E}{R}e^{-\frac{1}{RC}\times 0.05}$[V]로부터

$e^{-10}=e^{-\frac{1}{RC}\times 0.05}$, $\frac{0.05}{5{,}000\times C}=10$, $C=1[\mu F]$

또한 $10=5{,}000\times\frac{E}{R}$이므로 $R=5{,}000[\Omega]$이면 $E=10[V]$

정답 및 해설 1.③ 2.④ 3.①

4 전압 V = 100 + j10[V]이 인가된 회로의 전류가 I = 10 − j5[A]일 때, 이 회로의 유효전력[W]은?

① 650　　② 950
③ 1,000　　④ 1,050

5 그림의 회로에서 평형 3상 △ 결선의 ×표시된 지점이 단선되었다. 단자 a와 단자 b 사이에 인가되는 전압이 120[V]일 때, 저항 r_a에 흐르는 전류 I[A]는? (단, $R_a = R_b = R_c = 3[\Omega]$, $r_a = r_b = r_c = 1[\Omega]$이다)

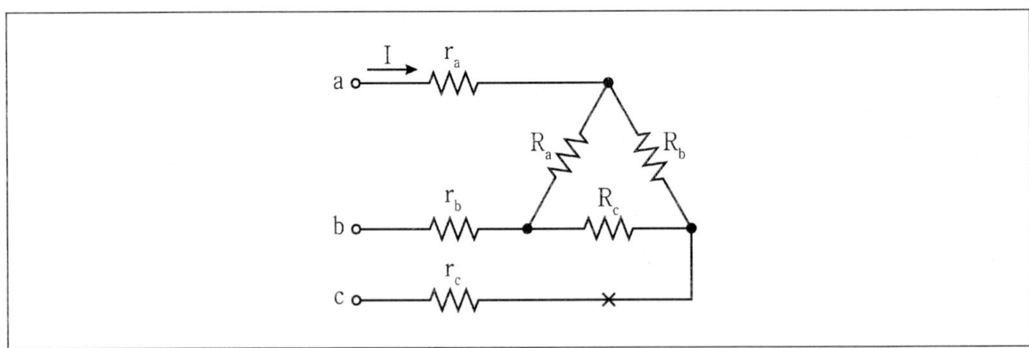

① 10　　② 20
③ 30　　④ 40

6 그림의 회로에서 부하에 최대전력이 전달되기 위한 부하 임피던스[Ω]는? (단, $R_1 = R_2 = 5[\Omega]$, $R_3 = 2[\Omega]$, $X_C = 5[\Omega]$, $X_L = 6[\Omega]$이다)

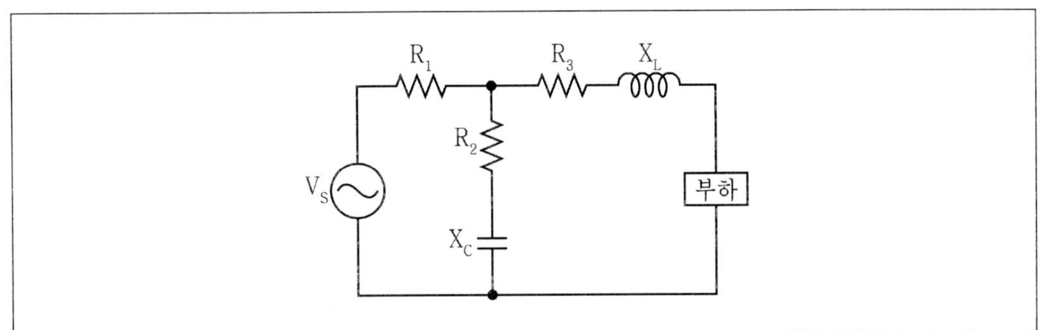

① $5 - j5$
② $5 + j5$
③ $5 - j10$
④ $5 + j10$

4 $V = 100 + j10[\text{V}]$, $I = 10 - j5[\text{A}]$에서 복소전력을 구하면

$P_a = \overline{V}I = (100 - j10)(10 - j5) = 1{,}000 - j500 - j100 - 50 = 950 - j600$

따라서 유효전력 950[W], 무효전력 600[Var]

5

단선이 되면 $I_c = 0[\text{A}]$이므로 $R_{ab} = \dfrac{R_a(R_b + R_c)}{R_a + R_b + R_c} + r_a + r_b = \dfrac{3 \times 6}{3+6} + 2 = 4[\Omega]$

단상전류 $I = \dfrac{V_{ab}}{R_{ab}} = \dfrac{120}{4} = 30[\text{A}]$

6 최대전력이 되기 위해서 부하를 제외한 모든 부하의 합성과 부하가 같아야 한다.

다만 복소수의 형태이면 공액복소수를 취한다.

부하임피던스 $Z_L = R_3 + jX_L + \dfrac{R_1(R_2 - jX_c)}{R_1 + R_2 - jX_c} = 2 + j6 + \dfrac{5(5 - j5)}{5 + 5 - j5} = 2 + j6 + \dfrac{5 - j5}{2 - j}$

$2 + j6 + \dfrac{(5 - j5)(2 + j)}{(2 - j)(2 + j)} = 2 + j6 + \dfrac{15 - j5}{5} = 5 + j5$

그러므로 최대전력을 송전하기 위한 부하임피던스는 $5 - j5$

정답 및 해설 4.② 5.③ 9.①

7 그림 ㈎와 그림 ㈏는 두 개의 물질에 대한 히스테리시스 곡선이다. 두 물질에 대한 설명으로 옳은 것은?

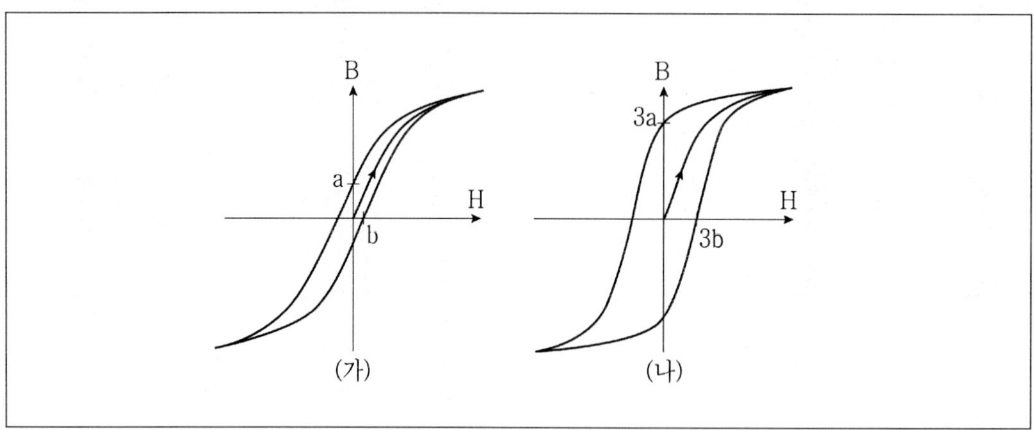

① ㈎의 물질은 ㈏의 물질보다 히스테리시스 손실이 크다.
② ㈎의 물질은 ㈏의 물질보다 보자력이 크다.
③ ㈏의 물질은 ㈎의 물질에 비해 고주파 회로에 더 적합하다.
④ ㈏의 물질은 ㈎의 물질에 비해 영구자석으로 사용하기에 더 적합하다.

8 그림의 회로가 역률이 1이 되기 위한 X_C[Ω]는?

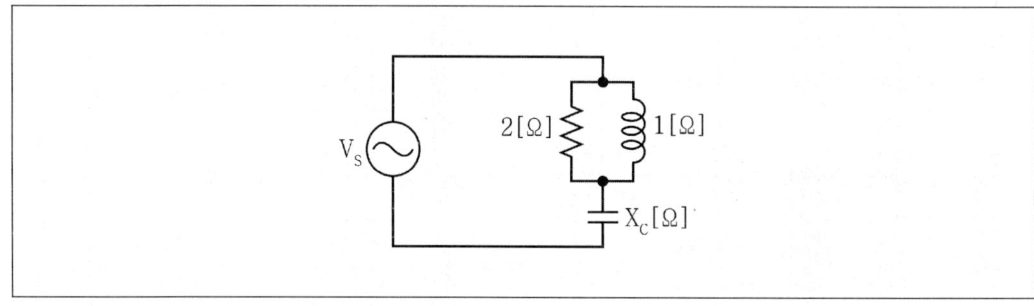

① $\frac{2}{5}$
② $\frac{3}{5}$
③ $\frac{4}{5}$
④ 1

9 **인덕턴스 L의 정의에 대한 설명으로 옳은 것은?**

① 전압과 전류의 비례상수이다.
② 자속과 전류의 비례상수이다.
③ 자속과 전압의 비례상수이다.
④ 전력과 자속의 비례상수이다.

7 두 개의 히스테리시스 곡선을 비교하면 (가)보다 (나)는 잔류자속밀도가 a에서 3a로 3배가 크고, 보자력도 b에서 3b로 3배가 크므로 영구자석에 적합하다.
전자석은 히스테리시스곡선의 면적이 작고 보자력이 작은 것이 보다 쉽게 자화되므로 좋고, 영구자석은 전자석에 비해 히스테리시스곡선의 면적이 크고 보자력이 큰 것이 유리하다.
히스테리시스곡선의 면적이 자화손실이므로 (가)의 물질이 손실이 적은 것이다.

8 합성임피던스 $Z_0 = \dfrac{R \times jX_L}{R + jX_L} - jX_c = \dfrac{2 \times j}{2+j} - jX_c = \dfrac{2j(2-j)}{(2+j)(2-j)} - jX_c = \dfrac{2}{5} + \dfrac{4j}{5} - jX_c$

역률이 1이 되려면 허수부가 0이 되어야 하므로 $X_c = \dfrac{4}{5}$ [Ω]

9 자속은 전류와 비례한다. $\phi = LI$ 비례상수가 인덕턴스이다.

정답 및 해설 7.④ 8.③ 9.②

10 그림의 Y-Y 결선 평형 3상 회로에서 전원으로부터 공급되는 3상 평균전력[W]은? (단, 극좌표의 크기는 실횻값이다)

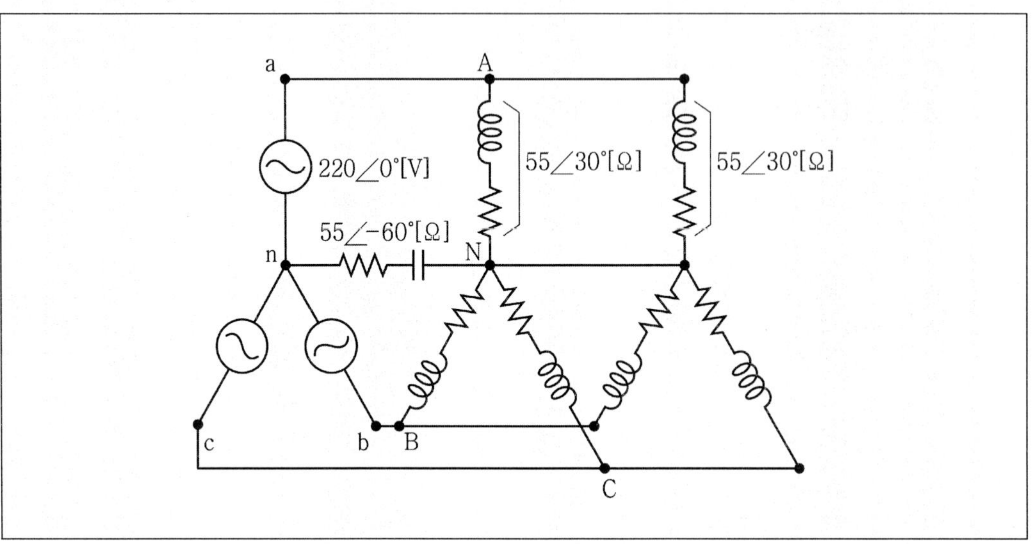

① $440\sqrt{3}$

② $660\sqrt{3}$

③ $1,320\sqrt{3}$

④ $2,640\sqrt{3}$

11 그림의 회로에서 스위치 S가 충분히 오랜 시간 동안 개방되었다가 t = 0[s]인 순간에 닫혔다. $t>0$일 때의 전류 $i(t)$[A]는?

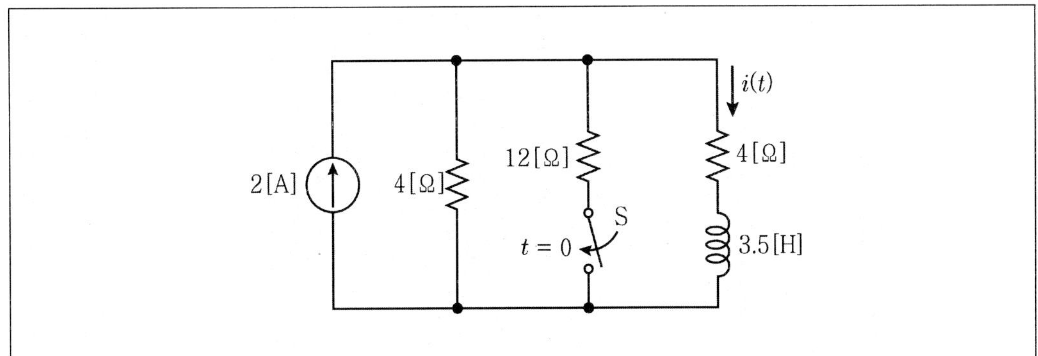

① $\frac{1}{7}\left(6+e^{-2t}\right)$　② $\frac{1}{7}\left(6+e^{-\frac{3}{2}t}\right)$

③ $\frac{1}{7}\left(8-e^{-2t}\right)$　④ $\frac{1}{7}\left(8-e^{-\frac{3}{2}t}\right)$

---

10 평형 3상 회로이므로 n-N(중성점)에 연결된 임피던스 $55\angle-60°[\Omega]$은 무시하도록 한다.
Y 결선에 연결된 임피던스가 병렬연결이므로

합성 임피던스 $Z_p=\frac{55}{2}\angle 30°[\Omega]$

3상 평균전력

$$P=3VI\cos\theta=3\times220\times\frac{220}{\frac{55}{2}}\times\cos30°=4{,}572.614=2{,}640\sqrt{3}$$

평형 결선된 Y-Y회로에서 중성점 사이 전압은 0이다. 중성선에는 전류가 흐르지 않는다.

11 초기의 전류는 스위치 개방, L은 단락상태이므로 회로가 4[Ω] 병렬에 2[A]전원이므로 전류 $i(0)=1[\mathrm{A}]$가 흐른다.

$t=0$에서　$i(0)=\frac{1}{7}(6+e^{0})=1[\mathrm{A}]$

$t>0$에서 임피던스

시정수$\frac{L}{R}=\frac{3.5}{3+4}=\frac{1}{2}$

따라서 전류 $i(t)=\frac{1}{7}(6+e^{-2t})[\mathrm{A}]$

정답 및 해설 10.④　11.①

12 R－L 직렬회로에 200[V], 60[Hz]의 교류전압을 인가하였을 때, 전류가 10[A]이고 역률이 0.8이었다. R을 일정하게 유지하고 L만을 조정하여 역률이 0.4가 되었을 때, 회로의 전류[A]는?

① 5　　② 7.5
③ 10　　④ 12

13 그림의 회로에서 저항 R에 인가되는 전압이 6[V]일 때, 저항 R[Ω]은?

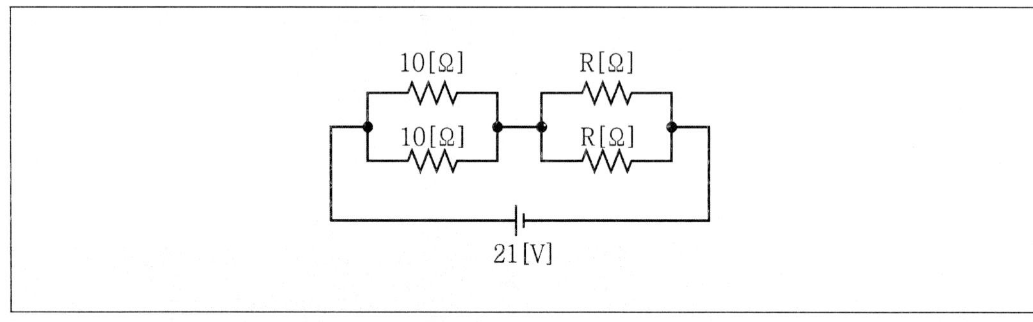

① 2　　② 4
③ 10　　④ 25

14 그림의 평형 3상 Y－Y 결선에 대한 설명으로 옳지 않은 것은?

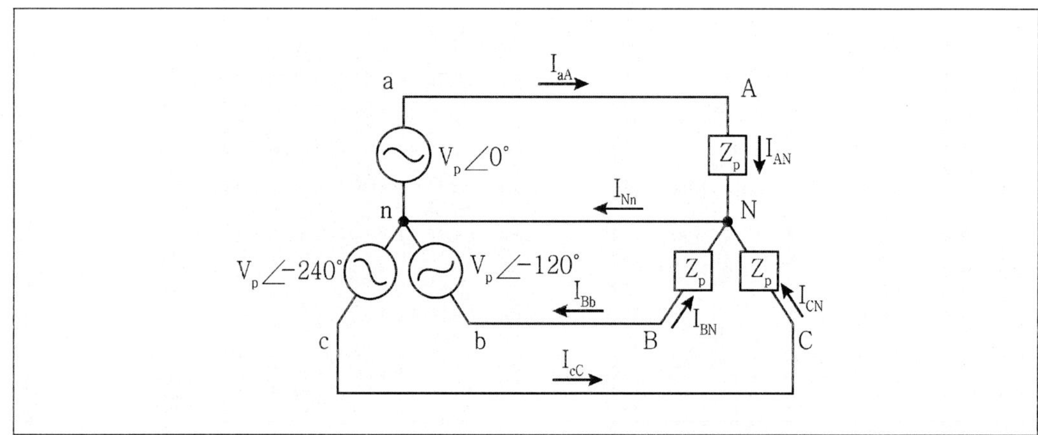

① 선간전압 $V_{ca} = \sqrt{3}V_p\angle -210°$로 상전압 V_{cn}보다 크기는 $\sqrt{3}$배 크고 위상은 30° 앞선다.
② 선전류 I_{aA}는 부하 상전류 I_{AN}과 크기는 동일하고, Z_p가 유도성인 경우 부하 상전류 I_{AN}의 위상이 선전류 I_{aA}보다 뒤진다.
③ 중성선 전류 $I_{Nn} = I_{aA} - I_{Bb} + I_{cC} = 0$을 만족한다.
④ 부하가 △ 결선으로 변경되는 경우 동일한 부하 전력을 위한 부하 임피던스는 기존 임피던스의 3배이다.

12 R-L직렬회로 전압이 200[V], 전류가 10[A]이면

임피던스 $Z=\frac{V}{I}=\frac{200}{10}=20[\Omega]$ 역률이 0.8이면 $20(0.8+j0.6)=16+j12[\Omega]$

R을 그대로 두고 L을 조정하여 역률이 0.4이면

$\cos\theta=0.4=\frac{16}{\sqrt{16^2+X_L^2}}$에서 $\sqrt{16^2+X_L^2}=\frac{16}{0.4}=40$

전류 $i(t)=\frac{V}{Z}=\frac{200}{\sqrt{16^2+X_L^2}}=\frac{200}{40}=5[A]$

13 회로를 직렬로 정리하면 10[Ω] 병렬은 합성으로 5[Ω]이 되고 R[Ω]두 개가 병렬이면 합성하여 $\frac{R}{2}$[Ω]이다.

지금 R에 인가되는 전압이 6[V]이면 합성된 5[Ω] 쪽에 인가되는 전압배분은 15[V]

$5 : \frac{R}{2}=15:6$

$7.5R=30,\ R=4[\Omega]$

14 Y결선이므로 선전류와 상전류의 크기와 위상은 같다.

정답 및 해설 12.① 13.② 14.②

15 그림 ㈎와 같이 면적이 S, 극간 거리가 d인 평행 평판 커패시터가 있고, 이 커패시터의 극판 내부는 유전율 ε인 물질로 채워져 있다. 그림 ㈏와 같이 면적이 S인 평행 평판 커패시터의 극판 사이에 극간 거리 d의 $\frac{1}{3}$ 부분은 유전율 3ε인 물질로 극간 거리 d의 $\frac{1}{3}$ 부분은 유전율 2ε인 물질로 그리고 극간 거리 d의 $\frac{1}{3}$ 부분은 유전율 ε인 물질로 채웠다면, 그림 ㈏의 커패시터 전체 정전용량은 그림 ㈎의 커패시터 정전용량의 몇 배인가? (단, 가장자리 효과는 무시한다)

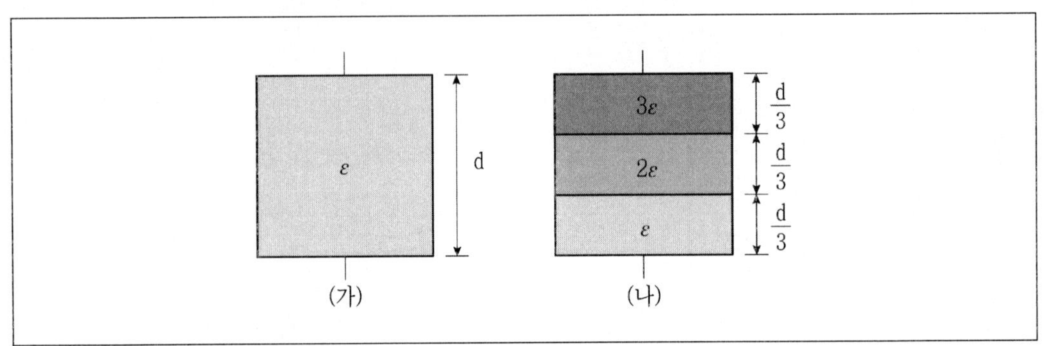

① $\frac{11}{18}$

② $\frac{9}{11}$

③ $\frac{11}{9}$

④ $\frac{18}{11}$

16 그림의 회로는 동일한 정전용량을 가진 6개의 커패시터로 구성되어 있다. 그림의 회로에 대한 설명으로 옳은 것은?

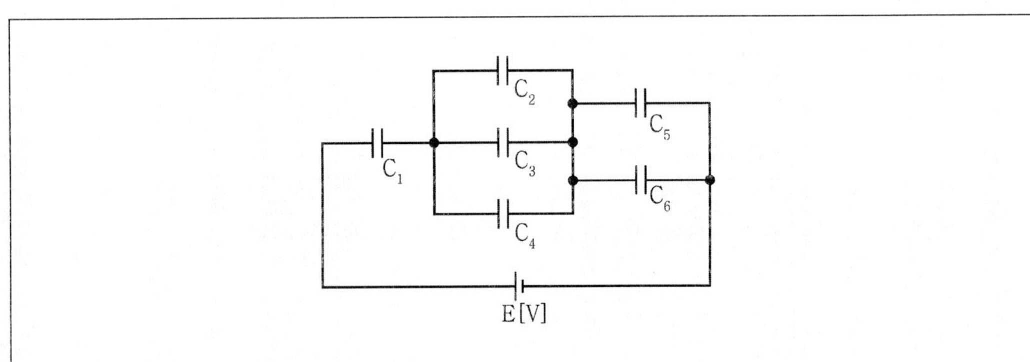

① C_5에 충전되는 전하량은 C_1에 충전되는 전하량과 같다.
② C_6의 양단 전압은 C_1의 양단 전압의 2배이다.
③ C_3에 충전되는 전하량은 C_5에 충전되는 전하량의 2배이다.
④ C_2의 양단 전압은 C_6의 양단 전압의 $\frac{2}{3}$배이다.

15 (가) 콘덴서의 용량 $C=\epsilon\frac{S}{d}[F]$

(나) 그림에서 콘덴서가 직렬로 구분되어 있으므로

$$\frac{1}{C_o}=\frac{1}{C_1}+\frac{1}{C_2}+\frac{1}{C_3}=\frac{C_2C_3+C_1C_3+C_1C_2}{C_1C_2C_3}$$

$$C_o=\frac{C_1C_2C_3}{C_2C_3+C_1C_3+C_1C_2}=\frac{3\epsilon\frac{3S}{d}\cdot 2\epsilon\frac{3S}{d}\cdot\epsilon\frac{3S}{d}}{2\epsilon\frac{3S}{d}\cdot\epsilon\frac{3S}{d}+3\epsilon\frac{3S}{d}\cdot\epsilon\frac{3S}{d}+3\epsilon\frac{3S}{d}\cdot 2\epsilon\frac{3S}{d}}$$

정리하면 $C_o=\frac{3\epsilon\frac{3S}{d}\cdot 2}{2+3+3\cdot 2}=\frac{18}{11}C$

16 6개의 커패시터가 동일한 정전용량이므로
우선 병렬합성 $C_2+C_3+C_4=3C$, $C_5+C_6=2C$
C_1과 두 번째 $C_2+C_3+C_4=3C$, 세 번째 $C_5+C_6=2C$가 직렬이므로 전부 전기량 Q가 같다.

따라서 C_2, C_3, C_4 에는 각각 $\frac{Q}{3}$이 충전되고, C_5, C_6에는 각각 $\frac{Q}{2}$가 충전된다.

전압은 정전용량에 반비례하므로 C_1에 걸리는 전압을 V라고 할 때 $C_2+C_3+C_4=3C$에는 $\frac{V}{3}$, $C_5+C_6=2C$에는 $\frac{V}{2}$가 걸린다.

그러므로 C_2의 양단전압은 $\frac{V}{3}$, C_6의 양단전압은 $\frac{V}{2}$

$$\frac{V_{c2}}{V_{c6}}=\frac{\frac{V}{3}}{\frac{V}{2}}=\frac{2}{3}$$

정답 및 해설 15.④ 16.④

17 그림의 R－L 직렬회로에 대한 설명으로 옳지 않은 것은? (단, 회로의 동작상태는 정상상태이다)

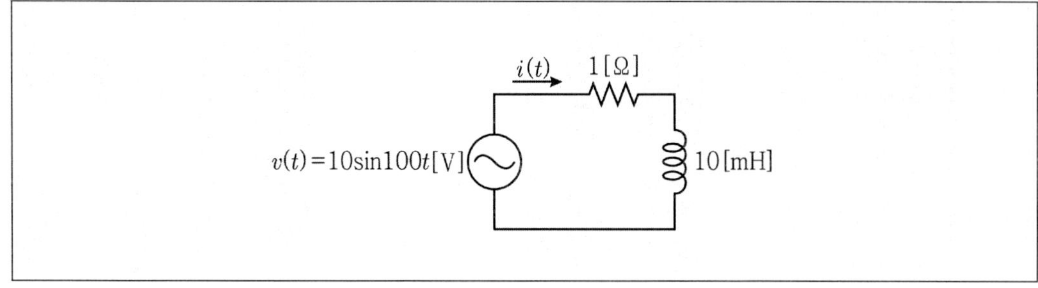

① $v(t)$와 $i(t)$의 위상차는 45°이다.
② $i(t)$의 최댓값은 10[A]이다.
③ $i(t)$의 실횻값은 5[A]이다.
④ R－L의 합성 임피던스는 $\sqrt{2}$ [Ω]이다.

18 그림의 회로에서 전류 I_x[A]는?

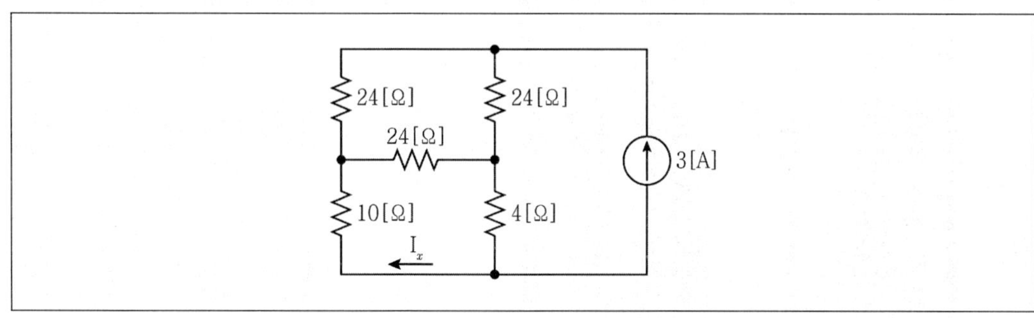

① －0.6　　② －1.2
③ 0.6　　④ 1.2

19 시변 전자계 시스템에서 맥스웰 방정식의 미분형과 관련 법칙이 서로 옳게 짝을 이룬 것을 모두 고른 것은? (단, E는 전계, H는 자계, D는 전속밀도, J는 전도전류밀도, B는 자속밀도, ρ_v는 체적전하밀도이다)

	맥스웰 방정식 미분형	관련 법칙
가.	$\nabla \times E = -\frac{\partial B}{\partial t}$	패러데이의 법칙
나.	$\nabla \cdot B = \rho_v$	가우스 법칙
다.	$\nabla \times H = J + \frac{\partial E}{\partial t}$	암페어의 주회적분 법칙
라.	$\nabla \cdot D = \rho_v$	가우스 법칙

① 가, 나
② 가, 라
③ 나, 다
④ 다, 라

17 R-L직렬회로 $Z = R + j\omega L = 1 + j100 \times 10 \times 10^{-3} = 1 + j[\Omega]$

$|Z| = \sqrt{1^2 + 1^2} = \sqrt{2} \angle 45^o$

$i_{max} = \frac{v_{max}}{Z} = \frac{10}{\sqrt{2}} = 5\sqrt{2}[A]$

$i_{rms} = \frac{v_{rms}}{Z} = \frac{\frac{10}{\sqrt{2}}}{\sqrt{2}} = 5[A]$

18 그림에서 브릿지로 된 저항부분 가운데 24[Ω] △를 Y로 전환하면 저항이 1/3으로 되므로 저항은 그림과 같이 다시 생각해 볼 수 있다.
그림의 전류의 흐름은 실제 전류의 흐름과 방향이 반대가 되어 부호가 (-)가 된다.
따라서 $I_x = \frac{12}{12+18} \times 3 = -1.2[A]$

19 $\nabla \cdot B = 0$으로 N극에서 나온 자속은 모두 S극으로 들어간다. 자속의 연속성으로 발산되는 자속은 없다.
$\nabla \times H = J + \frac{\partial D}{\partial t}$ 암페어의 주회법칙으로 전도전류와 변위전류는 둘 다 회전하는 자계가 발생한다.

정답 및 해설 17.② 18.② 19.②

20 **그림과 같은 전류 $i(t)$가 4[kΩ]의 저항에 흐를 때 옳지 않은 것은?**

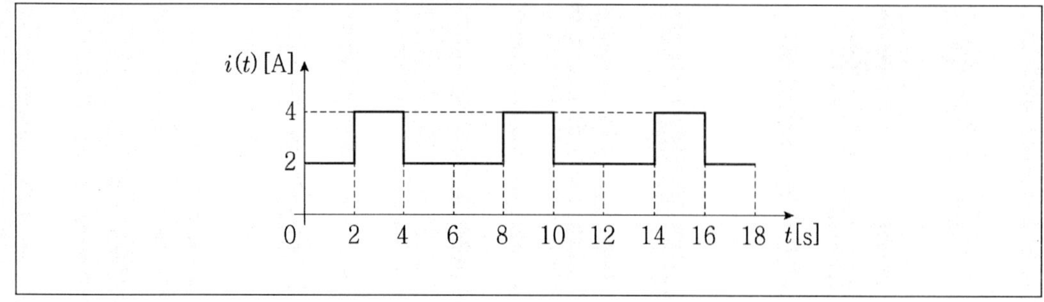

① 전류의 주기는 6[s]이다.

② 전류의 실횻값은 $2\sqrt{2}$ [A]이다.

③ 4[kΩ]의 저항에 공급되는 평균전력은 32[kW]이다.

④ 4[kΩ]의 저항에 걸리는 전압의 실횻값은 $4\sqrt{2}$ [kV]이다.

20 그림에서 전류의 주기는 6[s]임을 알 수 있다.

전류의 실횻값

$$i=\sqrt{\frac{1}{6}[\int_{2}^{4}4^2dt+\int_{4}^{8}2^2dt]}=\sqrt{\frac{1}{6}[16t]_2^4+[4t]_4^8}=\sqrt{8}=2\sqrt{2}\,[\mathrm{A}]$$

따라서 평균전력 $P=i^2R=(2\sqrt{2})^2\times 4K=32[\mathrm{Kw}]$

전압의 실횻값은 $P=vi=v\times 2\sqrt{2}=32[\mathrm{Kw}]$에서

$$v=\frac{32K}{2\sqrt{2}}=8\sqrt{2}\,[\mathrm{KV}]$$

정답 및 해설 20.④

2021 6월 5일 | 제1회 지방직 시행

1 일반적으로 도체의 전기 저항을 크게 하기 위한 방법으로 옳은 것만을 모두 고르면?

> ㉠ 도체의 온도를 높인다.
> ㉡ 도체의 길이를 짧게 한다.
> ㉢ 도체의 단면적을 작게 한다.
> ㉣ 도전율이 큰 금속을 선택한다.

① ㉠, ㉢　　② ㉠, ㉣
③ ㉡, ㉢　　④ ㉢, ㉣

2 평등 자기장 내에 놓여 있는 직선의 도선이 받는 힘에 대한 설명으로 옳은 것은?

① 도선의 길이에 반비례한다.
② 자기장의 세기에 비례한다.
③ 도선에 흐르는 전류의 크기에 반비례한다.
④ 자기장 방향과 도선 방향이 평행할수록 큰 힘이 발생한다.

3 환상 솔레노이드의 평균 둘레 길이가 50[cm], 단면적이 1[cm^2], 비 투자율 μ_r =1,000이다. 권선 수가 200회인 코일에 1[A]의 전류를 흘렸을 때, 환상 솔레노이드 내부의 자계 세기[AT/m]는?

① 40　　② 200
③ 400　　④ 800

4 그림과 같은 평형 3상 회로에서 $V_{an} = V_{bn} = V_{cn} = \dfrac{200}{\sqrt{3}}$[V], Z = 40 + j30[Ω]일 때, 이 회로에 흐르는 선전류[A]의 크기는? (단, 모든 전압과 전류는 실횻값이다)

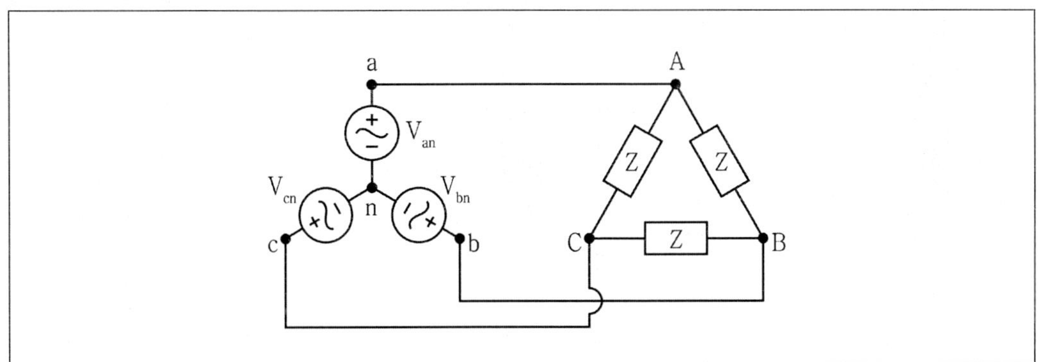

① $4\sqrt{3}$ ② $5\sqrt{3}$
③ $6\sqrt{3}$ ④ $7\sqrt{3}$

---

1 전기저항 $R = \rho\dfrac{l}{S} = \dfrac{l}{\sigma S}$[Ω]

저항을 크게 하려면 길이 L을 길게 하던지, 단면적 S를 작게 하면 된다. 저항률 ρ에 비례하므로 역수인 도전율 σ이 작아도 저항이 증가한다. 또한 온도가 증가하면 t[℃]에서의 저항은 $R_t = R_o[1+\alpha t]$로서 온도증가에 따라 저항은 증가한다.

2 평등자기장 내에 놓여있는 직선의 도선이 받는 힘은 플레밍의 법칙을 말한다.
$F = l[I \times B] = Bl l\sin\theta$[N]
도선의 길이에 비례하며, 자속밀도(자기장의 세기)와 전류의 크기에 비례한다.
자기장의 방향과 도선이 수직일수록 크다. 전동기의 원리가 된다.

3 환상 솔레노이드 내부 자계의 세기
$H = \dfrac{NI}{l} = \dfrac{NI}{2\pi r} = \dfrac{200 \times 1}{0.5} = 400$[AT/m]

4 부하임피던스를 Y로 전환하면 $Z_Y = \dfrac{Z_\triangle}{3} = \dfrac{40+j30}{3}$[Ω]

선전류 $I_l = I_p = \dfrac{V_p}{Z_p} = \dfrac{\frac{200}{\sqrt{3}}}{\frac{40+j30}{3}} = \dfrac{\frac{200}{\sqrt{3}}}{\frac{50}{3}} = \dfrac{200 \times 3}{50\sqrt{3}} = 4\sqrt{3}$[A]

정답 및 해설 1.① 2.② 3.① 4.①

5 그림의 회로에서 전압 v_2[V]는?

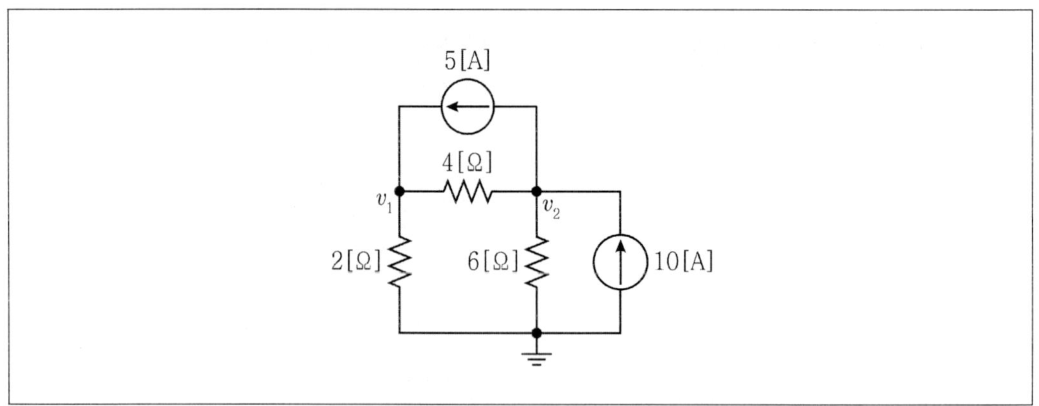

① 0　　② 13
③ 20　　④ 26

6 그림과 같이 미세공극 l_g가 존재하는 철심회로의 합성자기저항은 철심부분 자기저항의 몇 배인가?

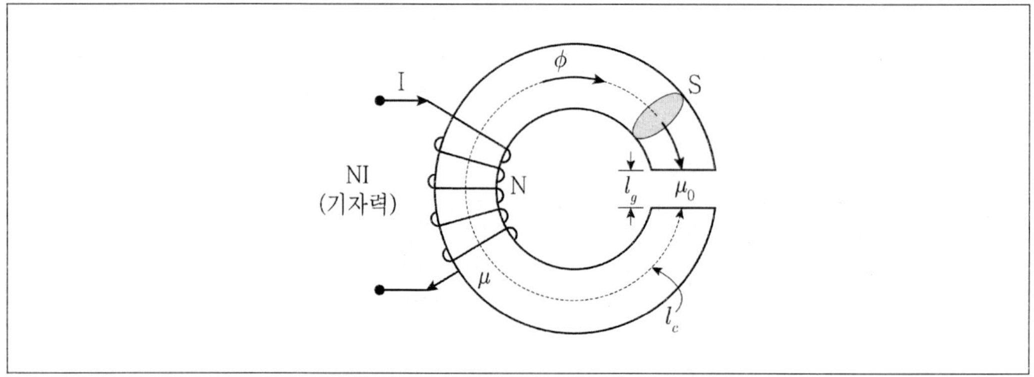

① $1+\dfrac{\mu_0 l_g}{\mu l_c}$　　② $1+\dfrac{\mu l_g}{\mu_0 l_c}$
③ $1+\dfrac{\mu_0 l_c}{\mu l_g}$　　④ $1+\dfrac{\mu l_c}{\mu_0 l_g}$

7 **그림의 직류 전원공급 장치 회로에 대한 설명으로 옳지 않은 것은? (단, 다이오드는 이상적인 소자이고, 커패시터의 초기 전압은 0[V]이다)**

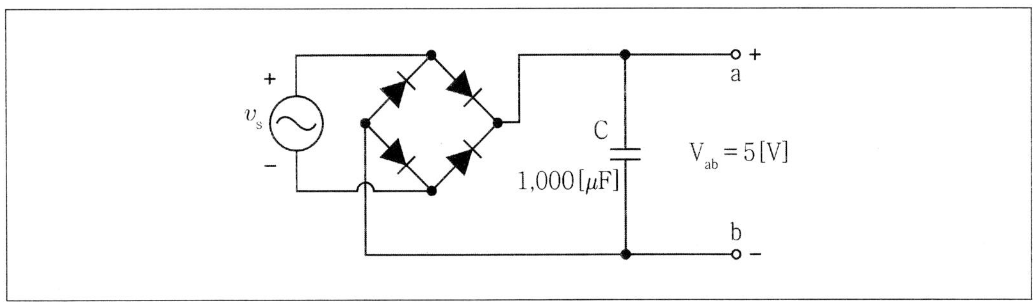

① 일반적으로 서지전류가 발생한다.
② 다이오드를 4개 사용한 전파 정류회로이다.
③ 콘덴서에는 정상상태에서 12.5[mJ]의 에너지가 축적된다.
④ C와 같은 용량의 콘덴서를 직렬로 연결하면 더 좋은 직류를 얻을 수 있다.

---

5 회로방정식을 구하면

v_1에서 $5 = \dfrac{v_1}{2} + \dfrac{v_1 - v_2}{4}$

$20 = 3v_1 - v_2$

v_2에서 $10 = \dfrac{v_2}{6} + \dfrac{v_2 - v_1}{4} + 5$

$20 = \dfrac{5}{3}v_2 - v_1$

연립하면 $80 = 4v_2$, $v_2 = 20[V]$

6

$$\frac{R_m + R_{gap}}{R_m} = 1 + \frac{R_{gap}}{R_m} = 1 + \frac{\dfrac{l_g}{\mu_o S}}{\dfrac{l_c}{\mu S}} = 1 + \frac{\mu l_g}{\mu_o l_c}$$

7 그림은 전파정류회로이다.

에너지 $W = \dfrac{1}{2}CV^2 = \dfrac{1}{2} \times 1,000 \times 10^{-6} \times 5^2 = 12.5[mJ]$

C는 정류의 맥류를 평활하고자 넣은 것이다. C를 직렬로 하면 DC회로에서 전류가 흐르지 않는다.

정답 및 해설 5.③ 6.② 7.④

8 2[μF] 커패시터에 그림과 같은 전류 $i(t)$를 인가하였을 때, 설명으로 옳지 않은 것은? (단, 커패시터에 저장된 초기 에너지는 없다)

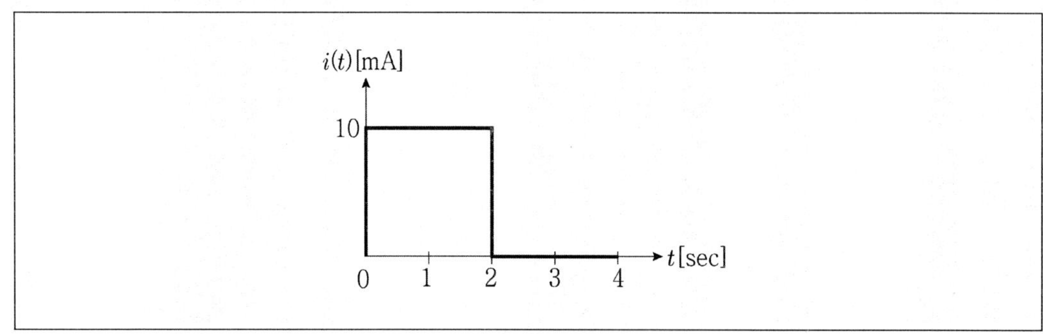

① $t=1$에서 커패시터에 저장된 에너지는 25[J]이다.
② $t>2$ 구간에서 커패시터의 전압은 일정하게 유지된다.
③ $0<t<2$ 구간에서 커패시터의 전압은 일정하게 증가한다.
④ $t=2$에서 커패시터에 저장된 에너지는 $t=1$에서 저장된 에너지의 2배이다.

9 그림의 교류회로에서 저항 R에서의 소비하는 유효전력이 10[W]로 측정되었다고 할 때, 교류전원 $v_1(t)$이 공급한 피상전력[VA]은? (단, $v_1(t)=10\sqrt{2}\sin(377t)$[V], $v_2(t)=9\sqrt{2}\sin(377t)$[V]이다)

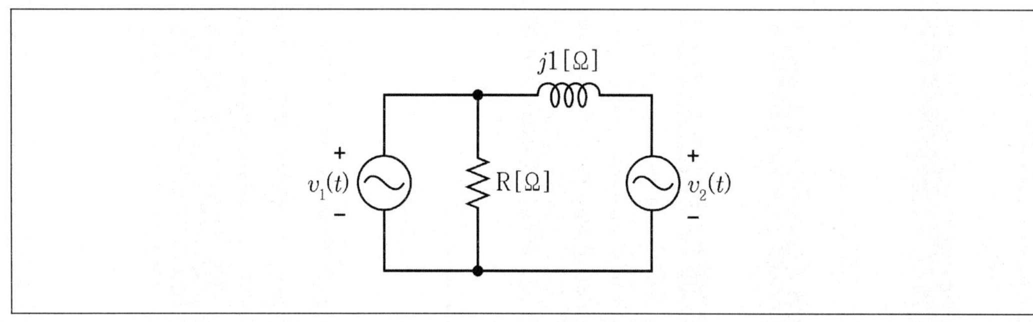

① $\sqrt{10}$　　② $2\sqrt{5}$
③ 10　　④ $10\sqrt{2}$

8 커패시터에 전류를 흘려 충전이 되는 상황이다.

$t=1$에서 $Q=\int_0^1 10\times10^{-3}\,dt=[10\times10^{-3}t]_o^1=10[\mathrm{mC}]$

저장되는 에너지 $W=\frac{1}{2}\frac{Q^2}{C}=\frac{1}{2}\times\frac{(10\times10^{-3})^2}{2\times10^{-6}}=25[\mathrm{J}]$

전압 $V=\frac{Q}{C}=\frac{10\times10^{-3}}{2\times10^{-6}}=5\times10^3[\mathrm{V}]$

t=2에서 $Q=\int_0^2 10\times10^{-3}\,dt=[10\times10^{-3}t]_o^2=20[\mathrm{mC}]$

저장되는 에너지 $W=\frac{1}{2}\frac{Q^2}{C}=\frac{1}{2}\times\frac{(20\times10^{-3})^2}{2\times10^{-6}}=100[\mathrm{J}]$

전압 $V=\frac{Q}{C}=\frac{20\times10^{-3}}{2\times10^{-6}}=10\times10^3[\mathrm{V}]$

$0 < t < 2$에서 전압은 일정하게 증가한다.

9 $v_1(t)=10\sqrt{2}\sin377t=10\angle0^o[\mathrm{V}]$

$v_2(t)=9\sqrt{2}\sin377t=9\angle0^o[\mathrm{V}]$

전압원을 단락시켜보면 저항 R에는 $v_1(t)$전압만 가해진다.

10[V]의 전원이므로 $\frac{10^2}{R}=10[\mathrm{W}]$, $R=10[\Omega]$

$i_1(t)=\frac{v_1(t)}{Z}=Yv_1(t)=[\frac{1}{R}+\frac{1}{j}]\times10=1-j10[\mathrm{A}]$

$i_2(t)=\frac{v_2(t)}{j}=-j9[\mathrm{A}]$

$i=i_1(t)-i_2(t)=1-j10+j9=1-j[\mathrm{A}]$

피상전력 $P_a=v_1(t)\cdot\overline{i(t)}=10(1+j)=10+j10=10\sqrt{2}[\mathrm{VA}]$

정답 및 해설 8.④ 9.④

10 그림의 (가)회로를 (나)회로와 같이 테브난(Thevenin) 등가변환 하였을 때, 등가 임피던스 Z_{TH}[Ω]와 출력전압 V(s)[V]는? (단, 커패시터와 인덕터의 초기 조건은 0이다)

6[Ω] 1[F] 1[H] 2u(t)[A] 6u(t)[V] 2[Ω] v(t) (가)

V_{oc}(s) Z_{TH} 2[Ω] V(s) (나)

	Z_{TH} [Ω]	V(s)[V]
①	$\frac{s}{s^2+1}$	$\frac{4(s+3)}{(s+1)^2}$
②	$\frac{s^2+1}{s}$	$\frac{4(s+3)}{(s+1)^2}$
③	$\frac{s}{s^2+1}$	$\frac{4(s^2+1)(s+3)}{s(2s^2+s+2)}$
④	$\frac{s^2+1}{s}$	$\frac{4(s^2+1)(s+3)}{s(2s^2+s+2)}$

11 그림의 (가)회로와 (나)회로가 등가관계에 있을 때, 부하저항 RL[Ω]은?

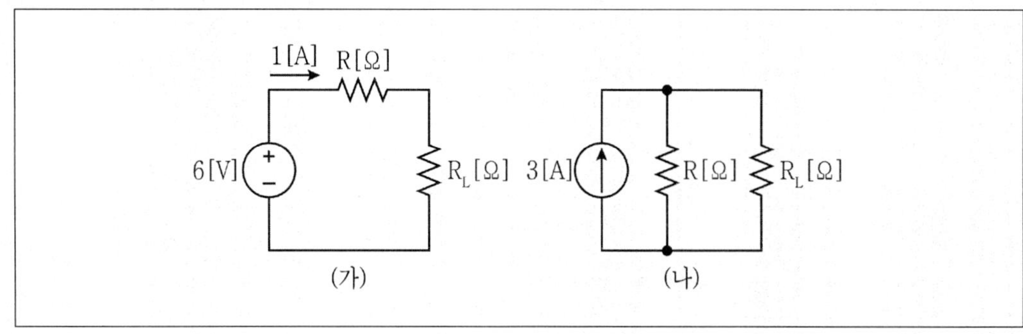

① 1 ② 2
③ 3 ④ 4

12 그림의 회로에서 전압 V_{ab}[V]는?

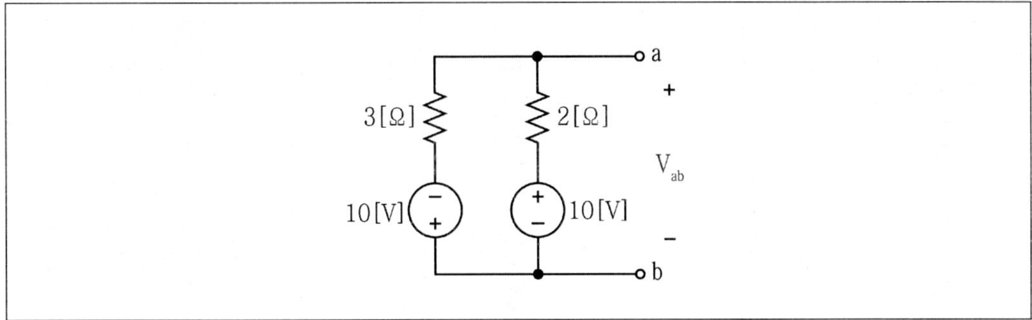

① 1　　② 2
③ 4　　④ 8

---

10 ㈎회로를 ㈏회로와 같이 등가변환하면 Z_{TH}는 전압원 단락과 전류원 개방을 한 후 구하면 된다.
전류원을 개방하면 저항은 적용을 할 수 없으므로 전압원을 단락할 때 L과 C의 직렬임피던스가 된다.

$$Z_{TH}=Ls+\frac{1}{Cs}=s+\frac{1}{s}=\frac{s^2+1}{s}$$

전압원에 의한 $v(t)$ 전류원 개방 후 $v_1(t)=\dfrac{2}{Ls+\dfrac{1}{Cs}+2}\times 6u(t)=\dfrac{2}{s+\dfrac{1}{s}+2}\times\dfrac{6}{s}=\dfrac{12}{s^2+2s+1}=\dfrac{12}{(s+1)^2}$

전류원에 의한 $v(t)$ 전압원 단락 후 $v_2(t)=\dfrac{s}{s+\dfrac{1}{s}+2}\times 2u(t)\times 2=\dfrac{s^2}{s^2+2s+1}\times\dfrac{2}{s}\times 2=\dfrac{4s}{(s+1)^2}$

$$V(s)=v_1(t)+v_2(t)=\frac{12}{(s+1)^2}+\frac{4s}{(s+1)^2}=\frac{4s+12}{(s+1)^2}$$

11 ㈎회로와 ㈏회로가 등가이므로 전압원을 전류원으로 하면 전류원 $3[A]=\dfrac{6[V]}{R}$에서 저항 $R=2[\Omega]$
그때 ㈎회로에 1[A]가 흐르므로 $R_L=4[\Omega]$이 된다.

12 중성점전위에 대한 밀만의 식을 적용하면 $V_{ab}=\dfrac{\dfrac{V_1}{R_1}+\dfrac{V_2}{R_2}}{\dfrac{1}{R_1}+\dfrac{1}{R_2}}=\dfrac{-\dfrac{10}{3}+\dfrac{10}{2}}{\dfrac{1}{3}+\dfrac{1}{2}}=\dfrac{\dfrac{10}{6}}{\dfrac{5}{6}}=2[V]$

전위의 극성에 주의하여야 한다.

정답 및 해설 10.② 11.④ 12.②

13 R−L 직렬회로에 대한 설명으로 옳은 것은?

① 주파수가 증가하면 전류는 증가하고, 저항에 걸리는 전압은 증가한다.
② 주파수가 감소하면 전류는 증가하고, 저항에 걸리는 전압은 감소한다.
③ 주파수가 증가하면 전류는 감소하고, 인덕터에 걸리는 전압은 증가한다.
④ 주파수가 감소하면 전류는 감소하고, 인덕터에 걸리는 전압은 감소한다.

14 그림의 회로에서 스위치 S가 충분히 긴 시간 동안 접점 a에 연결되어 있다가 $t=0$에서 접점 b로 이동하였다. 회로에 대한 설명으로 옳지 않은 것은?

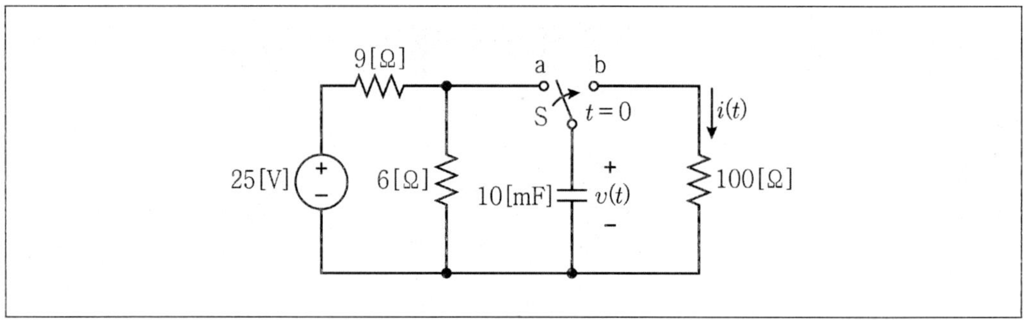

① $v(0) = 10$[V]이다.
② $t > 0$에서 $i(t) = 10e^{-t}$ [A]이다.
③ $t > 0$에서 회로의 시정수는 1[sec]이다.
④ 회로의 시정수는 커패시터에 비례한다.

15 그림과 같이 주기적으로 변하는 전압 $v(t)$의 실횻값[V]은?

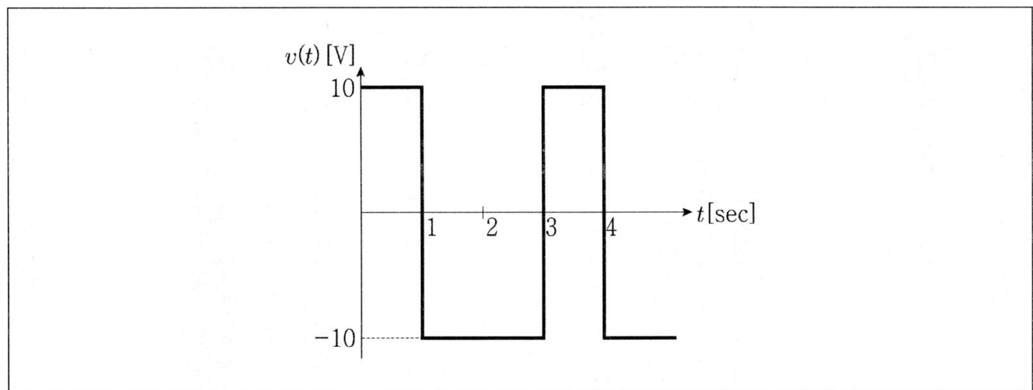

① $\frac{10}{\sqrt{5}}$　　② $\frac{10}{\sqrt{3}}$

③ $\frac{10}{\sqrt{2}}$　　④ 10

---

13 R-L 직렬회로 임피던스 $Z=R+j\omega L[\Omega]$이므로
주파수가 증가하면 유도성리액턴스가 증가하므로 임피던스가 커져서 전류는 감소
인덕터에 걸리는 전압은 $e_L = L\frac{di}{dt} = j\omega LI[\text{V}]$이므로 주파수에 비례하여 증가한다.

14 충분히 긴시간 a에 연결되어 C는 충전이 되어있다.
C에 걸린 전압은 6[Ω]에 걸린 전압과 같으므로 10[V], $v(0)=10[\text{V}]$
(25[V] 전압원에 의하여 저항 9[Ω]에는 15[V], 6[Ω]에는 10[V]가 걸린다.)
b로 이동한 후 R-C회로이므로 시정수는 RC[sec], 커패시터 C에 비례하며
$RC=100\times10\times10^{-3}=1[\text{sec}]$
전류 $i(t)=\frac{v(0)}{R}e^{-\frac{1}{RC}t}=\frac{10}{100}e^{-t}=0.1e^{-t}[\text{A}]$

15 전압의 실횻값
$v(t)=\sqrt{\frac{1}{3}[\int_0^1 10^2 dt \int_1^3 (-10)^2 dt]}=\sqrt{\frac{1}{3}[100t]_o^1+[100t]_1^3}=\sqrt{100}=10[\text{V}]$

정답 및 해설 13.③ 14.② 15.④

16 R-L-C 직렬공진회로, 병렬공진회로에 대한 설명으로 옳지 않은 것은?

① 직렬공진, 병렬공진 시 역률은 모두 1이다.
② 병렬공진회로일 경우 임피던스는 최소, 전류는 최대가 된다.
③ 직렬공진회로의 공진주파수에서 L과 C에 걸리는 전압의 합은 0이다.
④ 직렬공진 시 선택도 Q는 $\frac{1}{R}\sqrt{\frac{L}{C}}$ 이고, 병렬공진 시 선택도 Q는 $R\sqrt{\frac{C}{L}}$ 이다.

17 그림의 회로에서 전류 I[A]의 크기가 최대가 되기 위한 X_o에 대한 소자의 종류와 크기는? (단, $v(t) = 100\sqrt{2}\sin 100t$[V]이다)

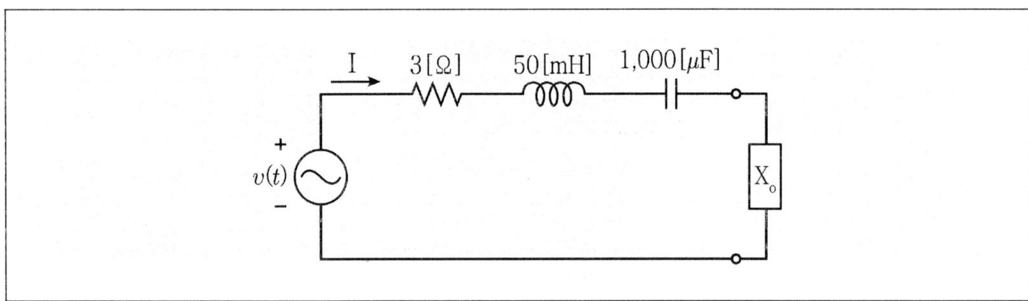

	소자의 종류	소자의 크기
①	인덕터	50[mH]
②	인덕터	100[mH]
③	커패시터	1,000[μF]
④	커패시터	2,000[μF]

18 그림의 회로에서 스위치 S를 t = 0에서 닫았을 때, 전류 $i_c(t)$[A]는? (단, 커패시터의 초기 전압은 0[V]이다)

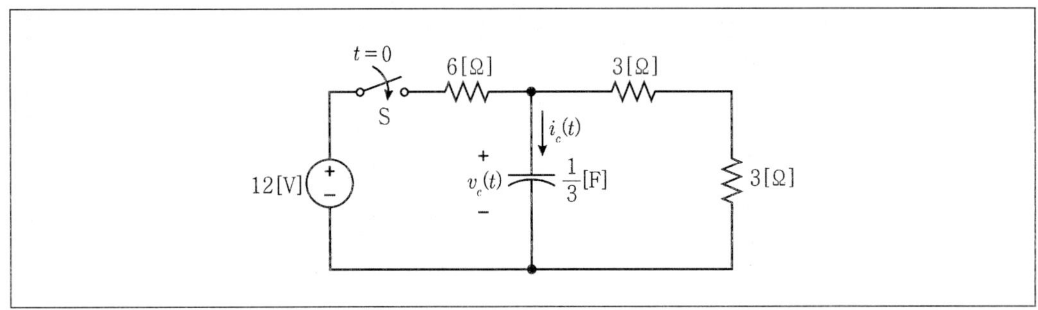

① e^{-t}　　② $2e^{-t}$

③ e^{-2t}　　④ $2e^{-2t}$

16 R-L-C 직렬공진은 임피던스가 최소, 전류는 최대

병렬공진은 어드미턴스가 최소이므로 임피던스는 최대, 따라서 전류는 최소.

직렬공진이나 병렬공진이나 허수부가 없으므로 역률은 1이 된다.

직렬공진에서 선택도 $Q=\frac{1}{R}\sqrt{\frac{L}{C}}$, 병렬공진에서는 $Q=R\sqrt{\frac{C}{L}}$

직렬공진에서 L에 걸리는 전압과 C에 걸리는 전압은 크기가 같고 부호가 반대이므로 합성전압이 0이다.

17 전류의 크기가 최대이므로 공진회로이다.

$j\omega L+\frac{1}{j\omega C}+jX_o=0$이 되어야 한다.

전압식에서 $\omega=100[\text{rad/s}]$이므로

$j100\times50\times10^{-3}-j\frac{1}{100\times1,000\times10^{-6}}+jX_o=j5-j10+jX_o=0$

$jX_o=j5$

소자는 인덕터이며 L의 크기는 $X_o=\omega L=100L=5$

$L=0.05=50[\text{mH}]$

18

전류 $i_c(t)=\frac{V}{R}e^{-\frac{1}{RC}t}=\frac{12}{6}e^{-\frac{1}{3\times\frac{1}{3}}t}=2e^{-t}[A]$

스위치를 닫았을 때 초기에 커패시터는 단락상태이므로 전압은 12[V], 저항은 6[Ω] 뿐이므로 초기전류는 2[A]이다.

C에 충전이 되면서 전압이 증가하고 C에 흐르는 전류는 감소하게 된다.

시정수 RC에서 R은 왼쪽 6[Ω]과 오른쪽 6[Ω]이 병렬로서 합성이 3[Ω]이 된다.

정답 및 해설 16.② 17.① 18.②

19 그림 (가)의 입력전압이 (나)의 정류회로에 인가될 때, 입력전압 $v(t)$와 출력전압 $v_o(t)$에 대한 설명으로 옳지 않은 것은? (단, 다이오드는 이상적인 소자이고, 출력전압의 평균값은 200[V]이다)

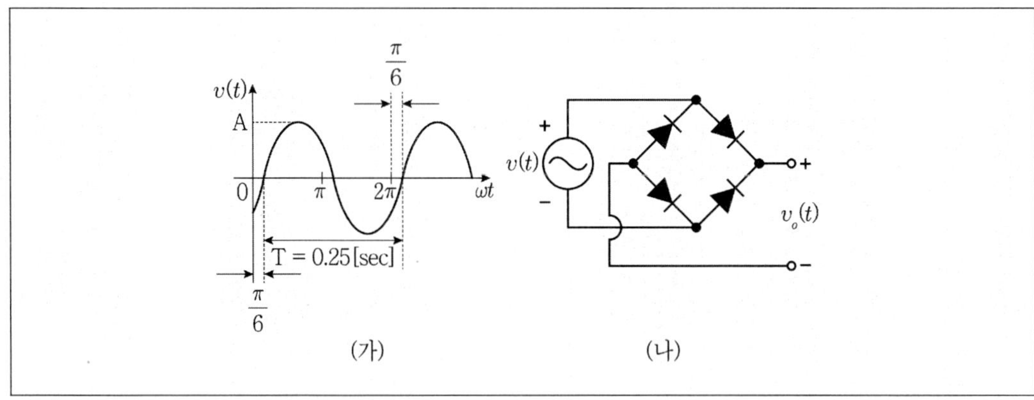

① 입력전압의 주파수는 4[Hz]이다.
② 출력전압의 최댓값은 100π[V]이다.
③ 출력전압의 실횻값은 $100\pi\sqrt{2}$ [V]이다.
④ 입력전압 $v(t) = \text{A}\sin(\omega t - 30^\circ)$[V]이다.

20 그림의 Y-Y 결선 불평형 3상 부하 조건에서 중성점 간 전류 I_{nN}[A]의 크기는? (단, ω = 1 [rad/s], $V_{an} = 100\angle 0^\circ$ [V], $V_{bn} = 100\angle -120^\circ$ [V], $V_{cn} = 100\angle -240^\circ$ [V]이고, 모든 전압과 전류는 실횻값이다)

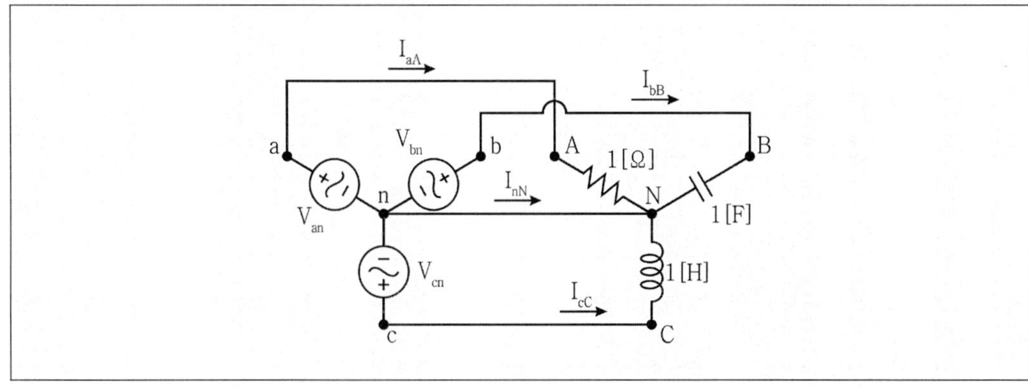

① $100\sqrt{3}$
② $200\sqrt{3}$
③ $100+50\sqrt{3}$
④ $100+100\sqrt{3}$

19 전파정류이고 출력전압의 평균값이 200[V]이므로

$$v_o(t) = \frac{2V_m}{\pi} = \frac{2\sqrt{2}\,V}{\pi} = 200[\mathrm{V}],\quad V = \frac{200\pi}{2\sqrt{2}} = \frac{100\pi}{\sqrt{2}}[\mathrm{V}],\quad V_m = \frac{200\pi}{2} = 100\pi[\mathrm{V}]$$

입력전압의 주파수 $f = \frac{1}{T} = \frac{1}{0.25} = 4[\mathrm{Hz}]$

입력전압은 위상이 $\frac{\pi}{6}$ 뒤지므로 $v(t) = A\sin(\omega t - 30^o)[\mathrm{V}]$

20 중성점 간 전류

$$I_{nN} = I_{nA} + I_{nB} + I_{nC} = \frac{V_{an}}{R} + \frac{V_{bn}}{\frac{1}{j\omega C}} + \frac{V_{cn}}{j\omega L} = \frac{100\angle 0^o}{1} + \frac{100\angle -120^o}{\frac{1}{j1\times 1}} + \frac{100\angle -240^o}{j1\times 1}$$

$$I_{nN} = 100 + 100[-120^0 - (-90^o)] + 100(-240^o - 90^o)$$

$-240^o = 120^o$이므로

$$I_{nN} = 100 + 100\angle -30^o + 100\angle 30^o = 100 + 100(\cos 30^o - j\sin 30^o) + 100(\cos 30^o + j\sin 30^o)$$

$$= 100 + 100\times\frac{\sqrt{3}}{2}\times 2 = 100 + 100\sqrt{3}\,[\mathrm{A}]$$

정답 및 해설 19.③ 20.④

2021 # 6월 5일 | 제1회 서울특별시 시행

1 **전기회로 소자에 대한 설명으로 가장 옳은 것은?**

① 저항소자는 에너지를 순수하게 소비만 하고 저장하지 않는다.
② 이상적인 독립전압원의 경우는 특정한 값의 전류만을 흐르게 한다.
③ 인덕터 소자로 흐르는 전류는 소자 양단에 걸리는 전압의 변화율에 비례하여 흐르게 된다.
④ 저항소자에 흐르는 전류는 전압에 반비례한다.

2 **모선 L에 〈보기〉와 같은 부하들이 병렬로 접속되어 있을 때, 합성 부하의 역률은?**

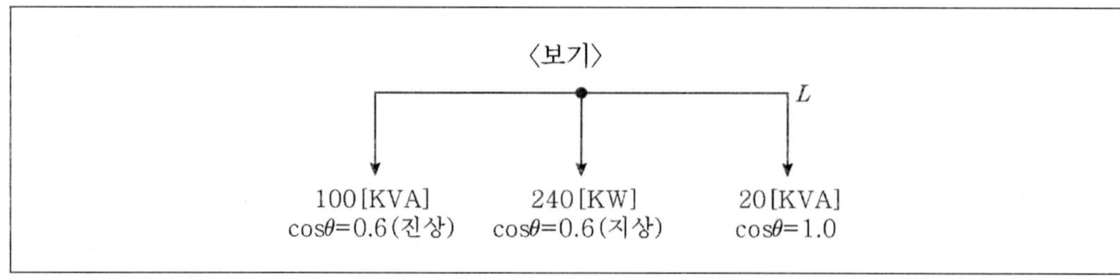

① 0.8(진상, 앞섬) ② 0.8(지상, 뒤짐)
③ 0.6(진상, 앞섬) ④ 0.6(지상, 뒤짐)

1 전기회로 소자

ⓐ 저항소자는 에너지를 소비만 하고 저장하지 않는다.

ⓑ L과 C는 에너지를 저장만 하고 소비하지 않는다. $W=\frac{1}{2}LI^2$ [J], $W=\frac{1}{2}CV^2$ [J]

ⓒ 인덕터 소자에 걸리는 전압은 소자에 흐르는 전류의 변화율에 비례한다. $e=L\frac{di}{dt}$ [V]

ⓓ 저항소자에 흐르는 전류는 전압과 비례한다. $V=RI$

ⓔ 이상적인 독립전압원의 경우 부하전류의 크기와 관계없이 특정한 전압을 공급한다.

2 합성부하 $L=P_a(\cos\theta+j\sin\theta)=P+jP_r$ 에서

100[KVA] $\cos\theta=0.6$ (진상)은 $100(0.6+j0.8)=60+j80$

240[KW] $\cos\theta=0.6$(지상)은 $\frac{240}{0.6}=400$[KVA]이므로 $400(0.6-j0.8)=240-j320$

20[KVA] $\cos\theta=1.0$은 동상. $20(1+j0)=20$

$L=100(0.6+j0.8)+400(0.6-j0.8)+20=60+j80+240-j320+20=320-j240$

유효전력 320[KW], 지상 무효전력 240[Kvar], 피상전력 $\sqrt{320^2+240^2}=400$[KVA]

역률 $\cos\theta=\frac{P}{P_a}=\frac{320}{\sqrt{320^2+240^2}}=0.8$ (지상)

정답 및 해설 1.① 2.②

3 〈보기〉의 회로에서 R_L 부하에 최대 전력 전달이 되도록 저항값을 정하려 한다. 이때, R_L 부하에서 소비되는 전력의 값[W]은?

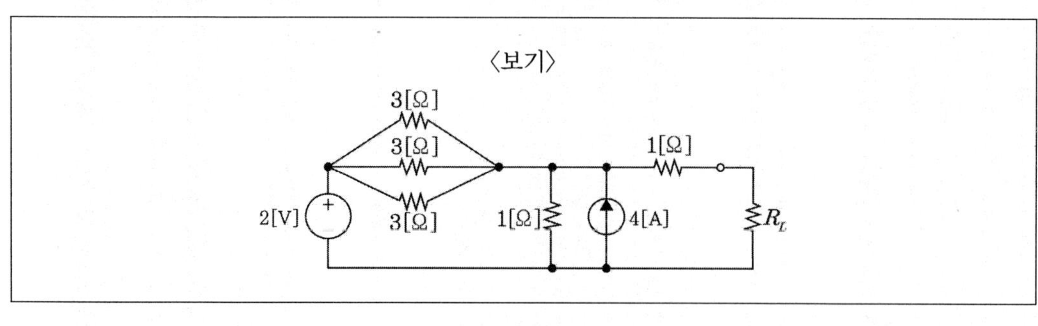

① 0.8 ② 1.2
③ 1.5 ④ 3.0

4 평판형 커패시터가 있다. 평판의 면적을 2배로, 두 평판 사이의 간격을 1/2로 줄였을 때의 정전용량은 원래의정전용량보다 몇 배가 증가하는가?

① 0.5배 ② 1배
③ 2배 ④ 4배

3 부하에 최대전력이 전달되려면 부하저항 R_L과 전원측 회로의 저항의 합계가 같아야 한다.
전원측 임피던스를 구하기 위하여 전압원을 단락하고 전류원을 개방한 후에 오른쪽 단자에서 바라본 회로의 합성 저항이다.

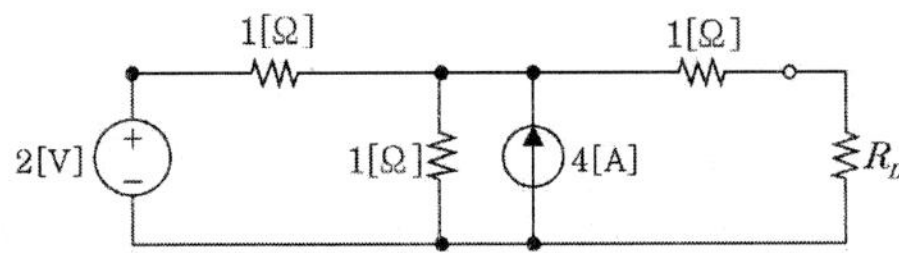

3[Ω]의 병렬저항 3개를 합성하고 회로를 그리면 윗 그림과 같다.
전압원을 단락하고, 전류원을 개방한 후 합성저항을 구하면

1[Ω] 1[Ω]
1[Ω]
← 1+0.5=1.5[Ω]

등가전압원을 구하기 위해서 전류원을 개방하면 전압2[V]에 의한 단자전압은

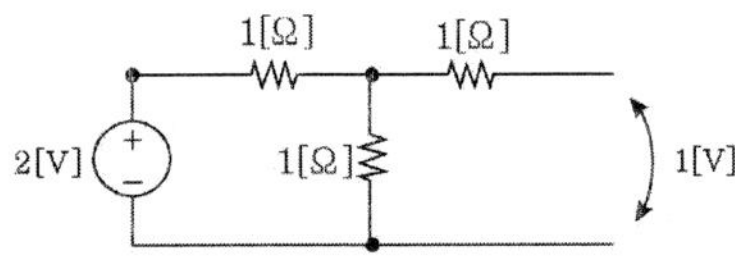

단자에는 1[V]의 전압이 걸린다.
다음에 전류원에 의한 전압을 구하기 위하여 전압원을 단락시키면

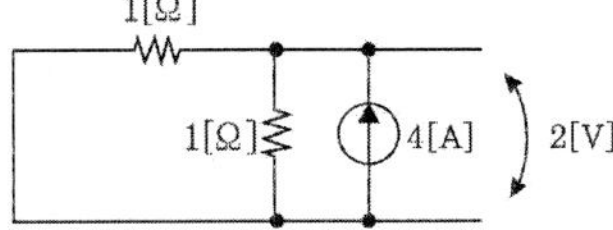

전류원에 의한 단자전압은 2[V]가 되어 단자전압은 $V_{eq} = 1 + 2 = 3[V]$

따라서 부하에서 소비되는 전력은 $P = \dfrac{V^2}{4R_L} = \dfrac{3^2}{4 \times 1.5} = 1.5[W]$

4 평판형 커패시터 $C_1 = \epsilon_1 \dfrac{S}{d}[F]$이므로 면적을 2배로 하고, 간격을 1/2로 줄이면 $C_2 = \epsilon_1 \dfrac{2S}{\frac{1}{2}d} = \epsilon_1 \dfrac{4S}{d} = 4C_1$으로 4배가 된다.

정답 및 해설 3.③ 4.④

5 〈보기〉의 R, L, C 직렬 공진회로에서 전압 확대율(Q)의 값은? [단, f(femto)=10^{-15}, n(nano)=10^{-9}이다.]

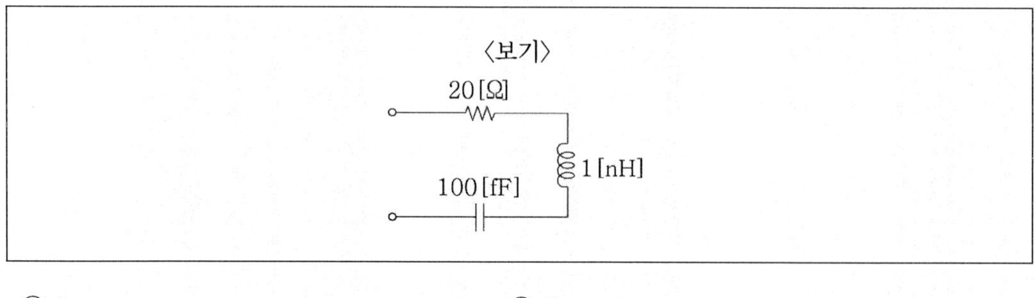

① 2
② 5
③ 10
④ 20

6 〈보기〉 4단자 회로망(two port network)의 Z 파라미터 중 Z_{22}의 값[Ω]은?

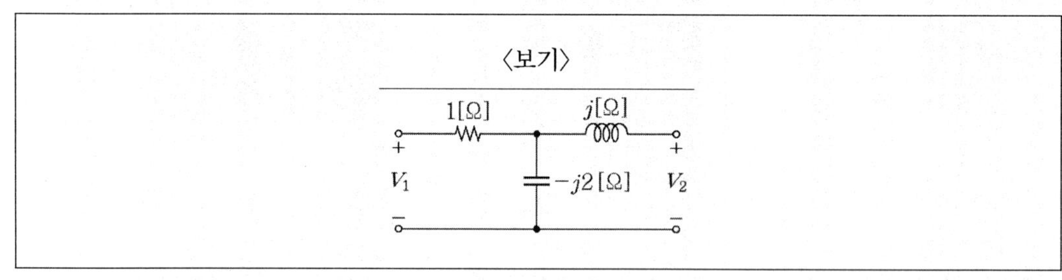

① j
② $j2$
③ $-j$
④ $-j2$

7 1[μF]의 용량을 갖는 커패시터에 1[V]의 직류 전압이 걸려 있을 때, 커패시터에 저장된 에너지의 값[μJ]은?

① 0.5
② 1
③ 2
④ 5

8 반지름 a[m]인 구 내부에만 전하 $+Q$[C]가 균일하게 분포하고 있을 때, 구 내·외부의 전계(electric field)에 대한 설명으로 가장 옳지 않은 것은? [단, 구 내·외부의 유전율(permittivity)은 동일하다.]

① 구 중심으로부터 $r=a/4$[m] 떨어진 지점에서의 전계의 크기와 $r=2a$[m] 떨어진 지점에서의 전계의 크기는 같다.

② 구 외부의 전계의 크기는 구 중심으로부터의 거리의 제곱에 반비례한다.

③ 전계의 크기로 표현되는 함수는 $r=a$[m]에서 연속이다.

④ 구 내부의 전계의 크기는 구 중심으로부터의 거리에 반비례한다.

---

5 직렬공진회로 전압확대율(Q)=선택도

$$Q=\frac{1}{R}\sqrt{\frac{L}{C}}=\frac{1}{20}\sqrt{\frac{10^{-9}}{100\times10^{-15}}}=5$$

6 Z 파라미터

$$\begin{vmatrix}V_1\\V_2\end{vmatrix}=\begin{vmatrix}Z_{11}&Z_{12}\\Z_{21}&Z_{22}\end{vmatrix}\begin{vmatrix}I_1\\I_2\end{vmatrix}$$

$V_1=Z_{11}I_1+Z_{12}I_2$, $V_2=Z_{21}I_1+Z_{22}I_2$

$Z_{22}=\frac{V_2}{I_2}(I_1=0)$이므로 1차측 전류가 없을 때 2차측에서 바라본 임피던스를 말한다.

그러므로 2차측에서 본 임피던스는 $j-j2=-j$

7 커패시터에 저장되는 에너지 $W=\frac{1}{2}CV^2=\frac{1}{2}\times10^{-6}\times1^2=0.5[\mu\text{J}]$

8 $+Q$가 구 내부에 균일하게 분포하고 있을 때

ⓐ 구 외부의 전계 $E=\frac{Q}{4\pi\epsilon r^2}\propto\frac{1}{r^2}$ 거리제곱에 반비례한다. [r > a]

ⓑ 구 내부의 전계 $E=\frac{rQ}{4\pi\epsilon a^3}$ [V/m] 구 중심으로부터의 거리 r에 비례한다. [r < a]

ⓒ 구 중심으로부터 $r=a/4$의 전계 $E=\frac{rQ}{4\pi\epsilon a^3}=\frac{\frac{a}{4}Q}{4\pi\epsilon a^3}=\frac{Q}{16\pi\epsilon a^2}$ [V/m]

$r=2a$에서의 전계 $E=\frac{Q}{4\pi\epsilon r^2}=\frac{Q}{4\pi\epsilon(2a)^2}=\frac{Q}{16\pi\epsilon a^2}$[V/m]

ⓓ 구 표면 r=a에서 함수는 연속이다.

정답 및 해설 5.② 6.③ 7.① 8.④

9 길이 1[m]의 철심(μ_s=1,000) 자기회로에 1[mm]의 공극이 생겼다면 전체의 자기 저항은 약 몇 배가 되는가? (단, 각 부분의 단면적은 일정하다.)

① 1/2배 ② 2배

③ 4배 ④ 10배

10 〈보기〉와 같이 이상적인 연산증폭기를 이용한 회로가 주어졌을 때, R_L에 걸리는 전압의 값 [V]은?

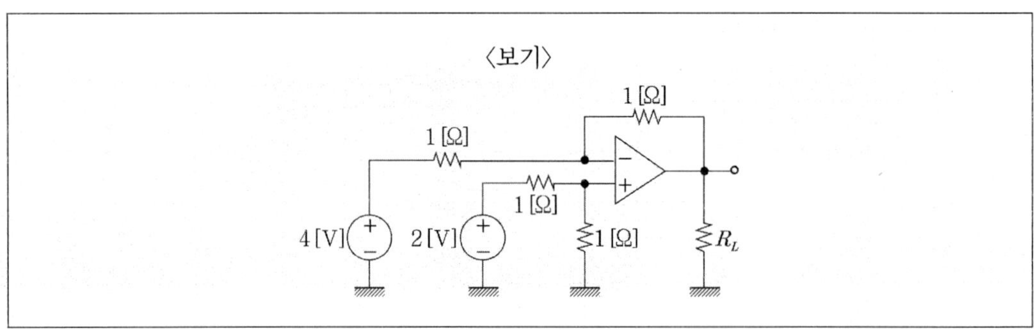

① −2.0 ② −1.5

③ 2.5 ④ 3.0

9

$$\frac{\text{공극이 생겼을 때 자기저항}}{\text{공극이 없는 상태의 자기저항}}=\frac{R_m+R_{gap}}{R_m}=1+\frac{R_{gap}}{R_m}=1+\frac{\frac{\delta}{\mu_o S}}{\frac{l}{\mu S}}=1+\frac{\mu\delta}{\mu_o l}$$

$$1+\frac{\mu\delta}{\mu_o l}=1+\frac{\mu_s\delta}{l}=1+\frac{1{,}000\times\frac{1}{1{,}000}}{1}=2$$

10 회로는 차동증폭기이며 저항이 모두 같을 때 $V_L=2-4=-2$[V]가 된다.

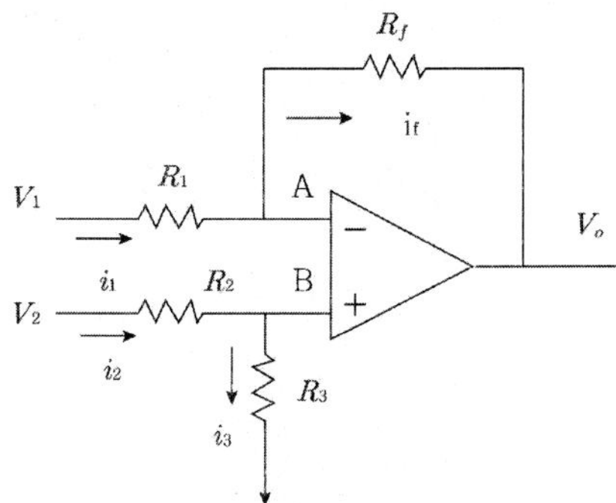

B점을 접지하고 $V_2=0$으로 하면 출력전압 $V_{01}=-\frac{R_f}{R_1}\cdot V_1$이 된다.

입력전압 V_1을 0으로 하면 비반전 증폭기가 되고 출력전압 $V_{02}=(1+\frac{R_f}{R_1})\cdot V_B$

$$V_B=\frac{R_3}{R_2+R_3}V_2$$

차동증폭기의 출력전압

$$V_o=V_{01}+V_{02}=-\frac{R_f}{R_1}V_1+(1+\frac{R_f}{R_1})(\frac{R_3}{R_2+R_3})V_2$$

그러므로 $R_1=R_2=R_3=R_f$이면

$$V_o=V_2-V_1$$

정답 및 해설 9.② 10.①

11 진공 중에 직각좌표계로 표현된 전압함수가 $V = 4xyz^2$[V]일 때, 공간상에 존재하는 체적전하밀도[C/m^3]는?

① $\rho = -2\varepsilon_0 xy$
② $\rho = -4\varepsilon_0 xy$
③ $\rho = -8\varepsilon_0 xy$
④ $\rho = -10\varepsilon_0 xy$

12 60[Hz]의 교류 발전기 회전자가 균일한 자속밀도(magnetic flux density) 내에서 회전하고 있다. 회전자코일의 면적이 100[cm^2], 감은 수가 100[회]일 때, 유도 기전력(induced electromotive force)의 최댓값이 377[V]가 되기 위한 자속밀도의 값[T]은? (단, 각속도는 377[rad/s]로 가정한다.)

① 100
② 1
③ 0.01
④ 10−4

13 〈보기〉와 같은 회로에서 전류 $i(t)$에 관한 특성 방정식(characteristic equation)이 $s^2 + 5s + 6 = 0$이라고 할 때, 저항 R의 값[Ω]은? (단, $i(0) = I_0$[A], $v(0) = V_0$[V]이다.)

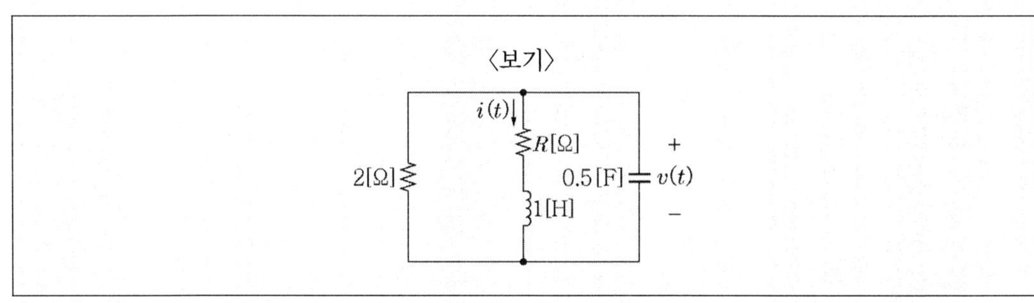

① 1
② 2
③ 3
④ 4

14 〈보기〉와 같은 회로에서 스위치가 충분히 오랜 시간 동안 열려 있다가 $t=0$[s]에 닫혔다. $t>0$[s]일 때 $v(t)=8e^{-2t}$[V]라고 한다면, 코일 L의 값[H]은?

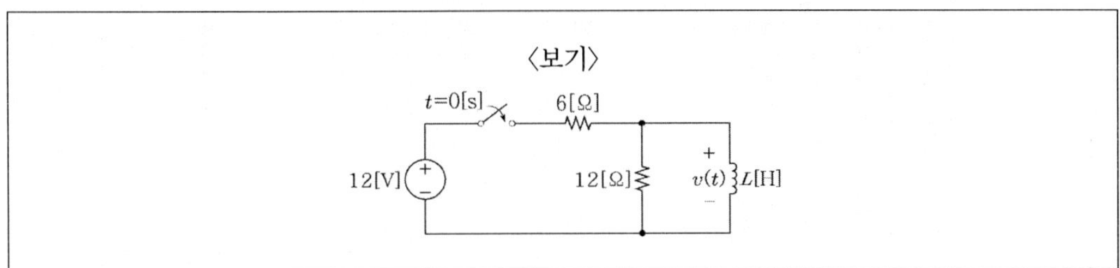

① 2 ② 4
③ 6 ④ 8

---

11 체적전하밀도 Poisson의 방정식에 의하여 전위를 두 번 미분하여 구한다.

전위 $V=4xyz^2$[V]

$\frac{\partial V}{\partial x}=4yz^2,\ \frac{\partial^2}{\partial x^2}=0$

$\frac{\partial V}{\partial y}=4xz^2,\ \frac{\partial^2}{\partial y^2}=0$

$\frac{\partial V}{\partial z}=8xyz,\ \frac{\partial^2}{\partial z^2}=8xy$

$\nabla^2 V=-\frac{\rho}{\epsilon_o}=8xy$에서 $\rho=-8xy\epsilon_o$ [C/m³]

12 $e=\omega NBS$[V]

$377=377\times100\times B\times100\times10^{-4}$이므로 자속밀도 $B=1$[T]

13 $Z=\frac{V_o}{I_o}=\frac{1}{\frac{1}{2}+\frac{1}{R+s}+0.5s}=\frac{1}{\frac{(R+s)+2+s(R+s)}{2(R+s)}}=\frac{2(R+s)}{s^2+(R+1)s+R+2}$

$s^2+(R+1)s+R+2=s^2+5s+6=0$

$R=4$[Ω]

14 스위치를 닫으면 L에는 $t=0$에서 전류가 흐르지 않는다.

따라서 초기전압 $v_o(o)=8$[V] (12[V]가 분압되어 6[Ω]에는 4[V], 12[Ω]에는 8[V])

$v(t)=8e^{-\frac{R}{L}t}$[V]로 전압은 감소하여 단락으로 진행된다.

$\frac{R}{L}=\frac{\frac{6\times12}{6+12}}{L}=\frac{4}{L}=2$, L=2[H]

정답 및 해설 11.③ 12.② 13.④ 14.①

15 〈보기〉와 같은 회로에서 Z_L에 최대 전력이 전달되기 위한 X의 값[Ω]과 Z_L에 전달되는 최대 전력[W]을 순서대로 나열한 것은?

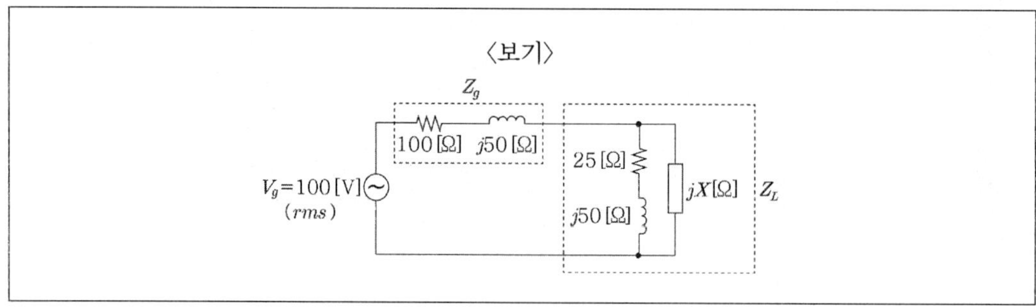

① 50, 25
② 50, 50
③ −50, 25
④ −50, 50

16 〈보기〉의 회로와 같이 △ 결선을 결선으로 환산하였을때, Z의 값[Ω]은?

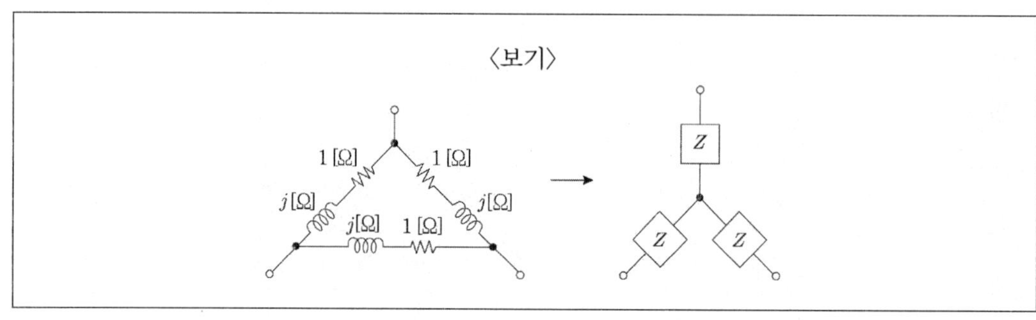

① $1+j$
② $1/3+j1/3$
③ $1/2+j1/2$
④ $3+j3$

17 〈보기〉와 같은 한 변의 길이가 d[m]인 정사각형도체에 전류 I[A]가 흐를 때, 정사각형 중심점에서자계의 값[A/m]은?

〈보기〉

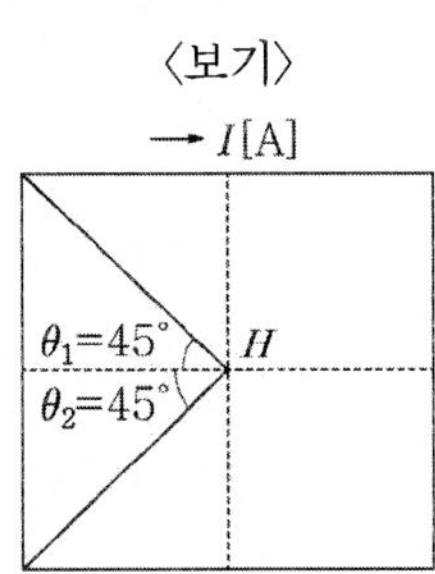

① $H=\frac{\sqrt{2}}{\pi d}I$　　② $H=\frac{2\sqrt{2}}{\pi d}I$

③ $H=\frac{3\sqrt{2}}{\pi d}I$　　④ $H=\frac{4\sqrt{2}}{\pi d}I$

---

15 선로 임피던스 $Z_g=100+j50[\Omega]$이므로 최대전력이 전달되기 위한 Z_L은 공액복소수인 $Z_L=100-j50[\Omega]$가 된다.

최대전력 $P_{\max}=I^2R=(\frac{V_g}{Z_g+Z_L})^2R=(\frac{100}{100+j50+100-j50})^2\times 100=25[\text{W}]$

$Z_L=100-j50=\frac{(25+j50)\cdot jX}{25+j50+jX}$에서 $X=-50[\Omega]$ (예시를 대입해서 성립하는 것으로)

16 각 상의 임피던스가 같다 $Z=1+j[\Omega]$

$Z_\triangle=3Z_Y$이므로 $Z_Y=\frac{1}{3}Z_\triangle=\frac{1}{3}(1+j)=\frac{1}{3}+j\frac{1}{3}$

17 유한장에서 자계

$H=\frac{I}{4\pi a}(\sin\theta_1+\sin\theta_2)=\frac{I}{4\pi\times\frac{d}{2}}(\sin45^o+\sin45^o)=\frac{I}{2\pi d}\times\frac{2}{\sqrt{2}}=\frac{\sqrt{2}I}{2\pi d}[\text{A/m}]$

정사각형의 변이 4개이므로 중심점에서의 자계

$H_\square=\frac{\sqrt{2}I}{2\pi d}\times 4=\frac{2\sqrt{2}I}{\pi d}[\text{A/m}]$

정답 및 해설 15.③ 16.② 17.②

18 균일 평면파가 비자성체($\mu = \mu_0$)의 무손실 매질 속을 $+x$ 방향으로 진행하고 있다. 이 전자기파의 크기는 10[V/m]이며, 파장이 10[cm]이고 전파속도는 1×10^8[m/s]이다. 파동의 주파수[Hz]와 해당 매질의 비유전율(ϵ_r)은?

	파동주파수	ϵ_r		파동주파수	ϵ_r
①	1×10^9	4	②	2×10^9	4
③	1×10^9	9	④	2×10^9	9

19 〈보기〉와 같은 진공 중에 점전하 $Q = 0.4[\mu$C]가 있을 때, 점전하로부터 오른쪽으로 4[m] 떨어진 점 A와 점전하로부터 아래쪽으로 3[m] 떨어진 점 B 사이의 전압차[V]는? (단, 비례상수 $k = \dfrac{1}{4\pi\varepsilon_0}$=9×10^{9}이다.)

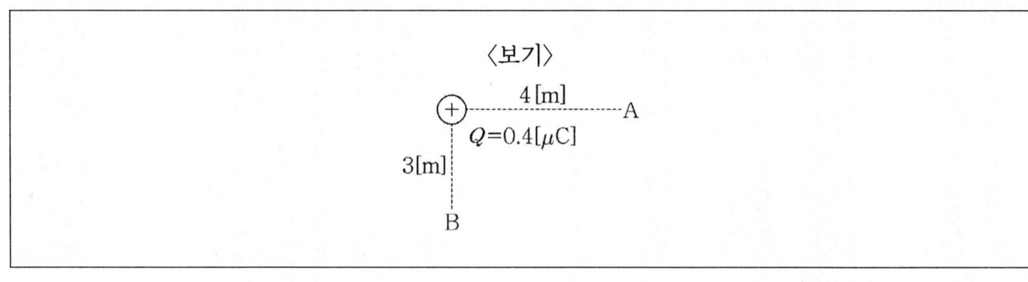

① 100　② 300
③ 500　④ 1,000

18 전파속도

$$v=\lambda f=\frac{1}{\sqrt{\epsilon\mu}}=1\times10^{8}\,[\text{m/sec}]$$

파장 $\lambda=0.1[\text{m}]$이므로 주파수 $f=\frac{1\times10^{8}}{\lambda}=\frac{1\times10^{8}}{0.1}=1\times10^{9}\,[\text{Hz}]$

비 자성체이므로 $\frac{1}{\sqrt{\epsilon\mu}}=\frac{1}{\sqrt{\epsilon\mu_{o}}}=\frac{1}{\sqrt{\epsilon_{o}\epsilon_{s}\mu_{o}}}=1\times10^{8}$

$\frac{1}{\sqrt{\epsilon_{o}\mu_{o}}}=3\times10^{8}$을 대입하면 $\frac{3\times10^{8}}{\sqrt{\epsilon_{s}}}=1\times10^{8}$, $3=\sqrt{\epsilon_{s}}$, $\epsilon_{s}=9$

19

A점에서의 전위 $V_{A}=9\times10^{9}\times\frac{Q}{r}=9\times10^{9}\times\frac{0.4\times10^{-6}}{4}=9\times10^{2}[\text{V}]$

B점에서의 전위 $V_{B}=9\times10^{9}\times\frac{Q}{r}=9\times10^{9}\times\frac{0.4\times10^{-6}}{3}=12\times10^{2}[\text{V}]$

A점과 B점의 전위차는 1,200−900=300[V]

정답 및 해설 18.③ 19.②

20 〈보기〉의 회로에서 스위치가 오랫동안 1에 있다가 $t=0$[s] 시점에 2로 전환되었을 때, $t=0$[s] 시점에커패시터에 걸리는 전압 초기치 v_c(0)[V]와 $t>0$[s] 이후 $v_c(t)$가 전압 초기치의 e^{-1}만큼 감소하는 시점[msec]을 순서대로 나열한 것은?

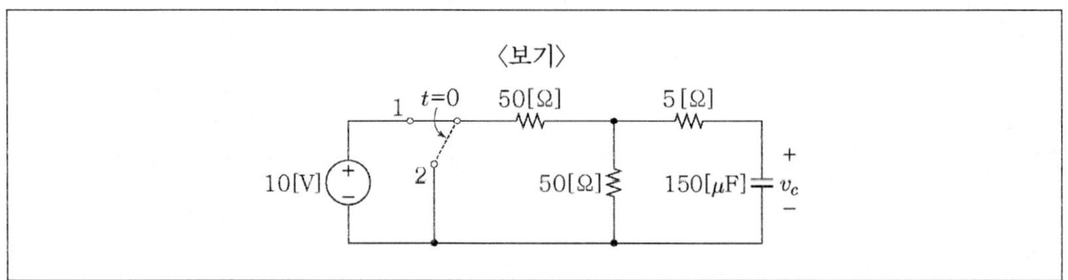

① 5, 4.5

② 10, 2.5

③ 5, 3.0

④ 3, 2.5

20 $t=0[s]$ 시점의 커패시터에 걸리는 전압

스위치가 1에 오래 있었으므로 C에 충분히 충전이 되어 전류가 흐르지 않으므로 두 개의 50[Ω]의 저항에 각각 전원전압 10[V]의 1/2의 전압이 걸린다.

그러므로 $v_c(0)=5[V]$

스위치가 2로 전환이 되면 커패시터 C에 충전된 전하가 방전이 되므로

$$v_c(t)=v_o(t)e^{-\frac{1}{RC}t}=v_oe^{-1}$$

$$\frac{1}{RC}t=1,\ t=RC=30\times150\times10^{-6}=4.5\times10^{-3}=4.5[\text{msec}]$$

$$(R=5+\frac{50\times50}{50+50}=30[\Omega])$$

정답 및 해설 20.①

2021 6월 5일 | 제1회 서울특별시(보훈청 추천) 시행

1 **전기회로 소자에 대한 설명으로 가장 옳은 것은?**

① 저항소자는 에너지를 순수하게 소비만 하고 저장하지 않는다.
② 이상적인 독립전압원의 경우는 특정한 값의 전류만을 흐르게 한다.
③ 인덕터 소자로 흐르는 전류는 소자 양단에 걸리는 전압의 변화율에 비례하여 흐르게 된다.
④ 저항소자에 흐르는 전류는 전압에 반비례한다.

2 **〈보기〉의 회로에서 R_L 부하에 최대 전력 전달이 되도록 저항값을 정하려 한다. 이때, R_L 부하에서 소비되는 전력의 값[W]은?**

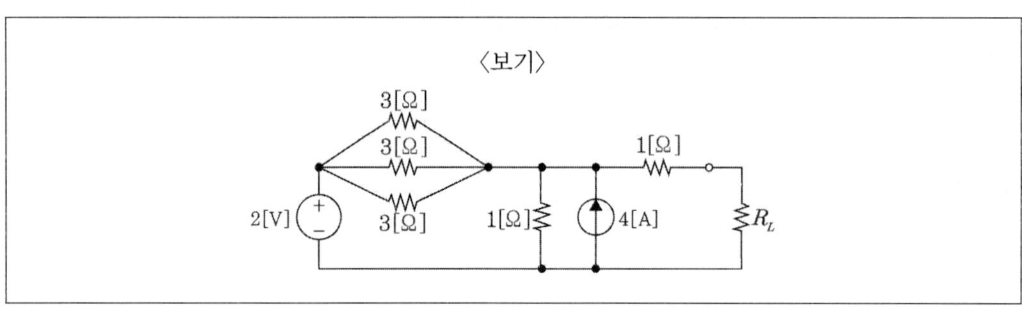

① 0.8
② 1.2
③ 1.5
④ 3.0

1 전기회로 소자

ⓐ 저항소자는 에너지를 소비만 하고 저장하지 않는다.

ⓑ L과 C는 에너지를 저장만 하고 소비하지 않는다. $W=\frac{1}{2}LI^2$[J], $W=\frac{1}{2}CV^2$[J]

ⓒ 인덕터 소자에 걸리는 전압은 소자에 흐르는 전류의 변화율에 비례한다. $e=L\frac{di}{dt}$[V]

ⓓ 저항소자에 흐르는 전류는 전압과 비례한다. $V=RI$

ⓔ 이상적인 독립전압원의 경우 부하전류의 크기와 관계없이 특정한 전압을 공급한다.

2 부하에 최대전력이 전달되려면 부하저항 R_L과 전원측 회로의 저항의 합계가 같아야 한다.

전원측 임피던스를 구하기 위하여 전압원을 단락하고 전류원을 개방한 후에 오른쪽 단자에서 바라본 회로의 합성 저항이다.

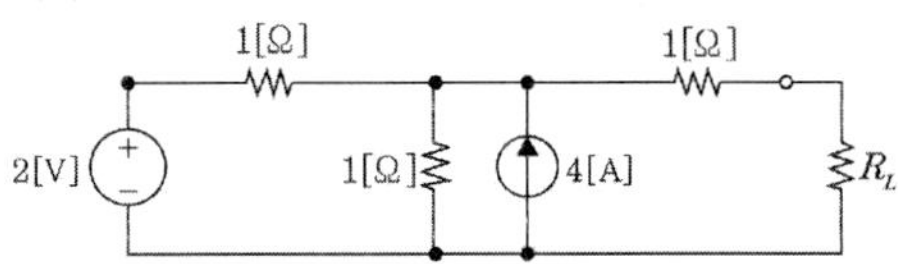

3[Ω]의 병렬저항 3개를 합성하고 회로를 그리면 윗 그림과 같다.

전압원을 단락하고, 전류원을 개방한 후 합성저항을 구하면

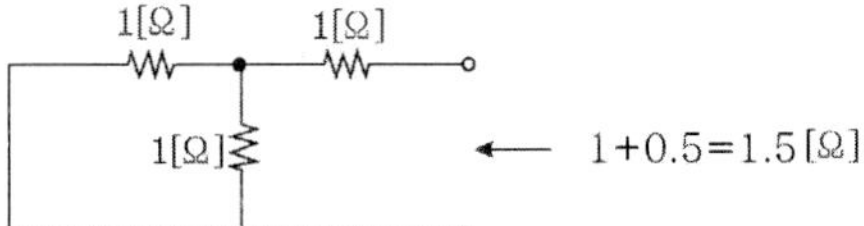

등가전압원을 구하기 위해서 전류원을 개방하면 전압2[V]에 의한 단자전압은

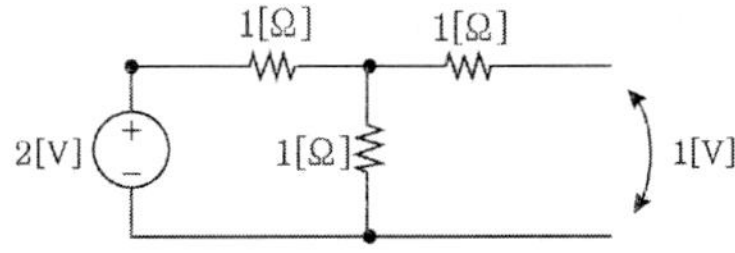

단자에는 1[V]의 전압이 걸린다.

다음에 전류원에 의한 전압을 구하기 위하여 전압원을 단락시키면

전류원에 의한 단자전압은 2[V]가 되어 단자전압은 $V_{eq}=1+2=3$[V]

따라서 부하에서 소비되는 전력은 $P=\frac{V^2}{4R_L}=\frac{3^2}{4\times1.5}=1.5$[W]

정답 및 해설 1.① 2.③

3 평판형 커패시터가 있다. 평판의 면적을 2배로, 두 평판 사이의 간격을 1/2로 줄였을 때의 정전용량은 원래의정전용량보다 몇 배가 증가하는가?

① 0.5배
② 1배
③ 2배
④ 4배

4 모선 L에 〈보기〉와 같은 부하들이 병렬로 접속되어 있을 때, 합성 부하의 역률은?

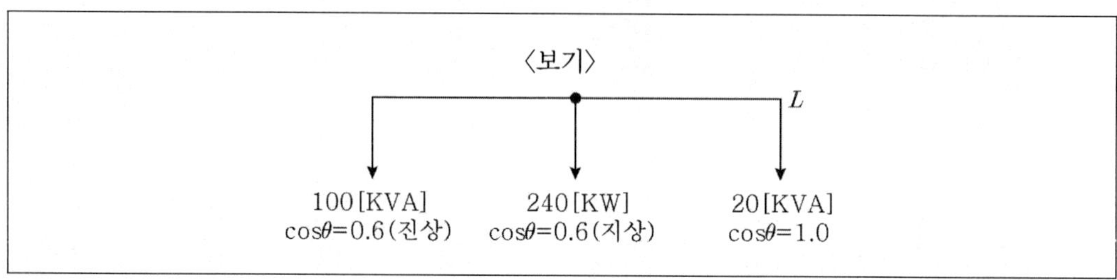

① 0.8(진상, 앞섬)
② 0.8(지상, 뒤짐)
③ 0.6(진상, 앞섬)
④ 0.6(지상, 뒤짐)

5 〈보기〉의 R, L, C 직렬 공진회로에서 전압 확대율(Q)의 값은? [단, f(femto)=10^{-15}, n(nano)=10^{-9}이다.]

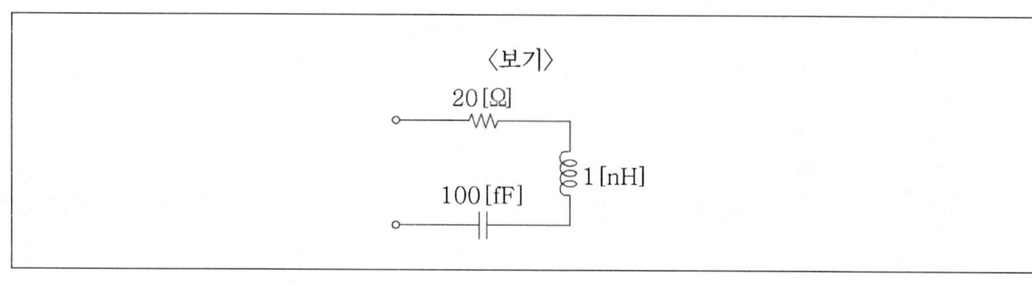

① 2
② 5
③ 10
④ 20

3 평판형 커패시터 $C_1 = \epsilon_1 \frac{S}{d}[F]$이므로 면적을 2배로 하고, 간격을 1/2로 줄이면 $C_2 = \epsilon_1 \frac{2S}{\frac{1}{2}d} = \epsilon_1 \frac{4S}{d} = 4C_1$으로 4배가 된다.

4 합성부하 $L = P_a(\cos\theta + j\sin\theta) = P + jP_r$ 에서

100[KVA] $\cos\theta = 0.6$ (진상)은 $100(0.6 + j0.8) = 60 + j80$

240[KW] $\cos\theta = 0.6$(지상)은 $\frac{240}{0.6} = 400[KVA]$이므로 $400(0.6 - j0.8) = 240 - j320$

20[KVA] $\cos\theta = 1.0$은 동상, $20(1 + j0) = 20$

$L = 100(0.6 + j0.8) + 400(0.6 - j0.8) + 20 = 60 + j80 + 240 - j320 + 20 = 320 - j240$

유효전력 320[KW], 지상 무효전력 240[Kvar], 피상전력 $\sqrt{320^2 + 240^2} = 400[KVA]$

역률 $\cos\theta = \frac{P}{P_a} = \frac{320}{\sqrt{320^2 + 240^2}} = 0.8$ (지상)

5 직렬공진회로 전압확대율(Q)=선택도

$$Q = \frac{1}{R}\sqrt{\frac{L}{C}} = \frac{1}{20}\sqrt{\frac{10^{-9}}{100 \times 10^{-15}}} = 5$$

정답 및 해설 3.④ 4.② 5.②

6 〈보기〉 4단자 회로망(two port network)의 Z 파라미터 중 Z_{22}의 값[Ω]은?

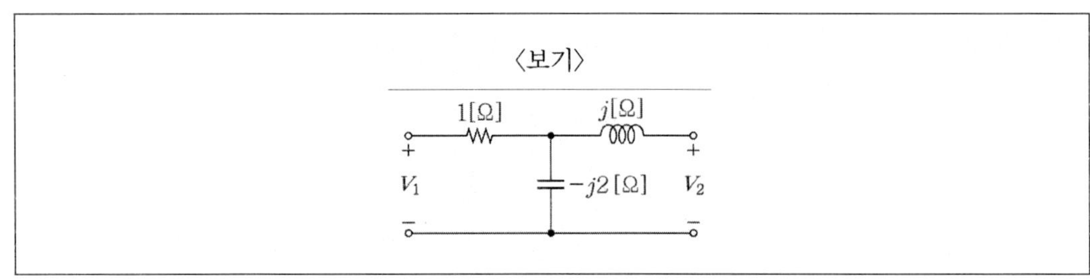

① j
② $j2$
③ $-j$
④ $-j2$

7 1[μF]의 용량을 갖는 커패시터에 1[V]의 직류 전압이 걸려 있을 때, 커패시터에 저장된 에너지의 값[μJ]은?

① 0.5
② 1
③ 2
④ 5

8 반지름 a[m]인 구 내부에만 전하 $+Q$[C]가 균일하게 분포하고 있을 때, 구 내·외부의 전계(electric field)에 대한 설명으로 가장 옳지 않은 것은? [단, 구 내·외부의 유전율(permittivity)은 동일하다.]

① 구 중심으로부터 $r=a/4$[m] 떨어진 지점에서의 전계의 크기와 $r=2a$[m] 떨어진 지점에서의 전계의 크기는 같다.
② 구 외부의 전계의 크기는 구 중심으로부터의 거리의 제곱에 반비례한다.
③ 전계의 크기로 표현되는 함수는 $r=a$[m]에서 연속이다.
④ 구 내부의 전계의 크기는 구 중심으로부터의 거리에 반비례한다.

6 Z 파라미터

$$\begin{vmatrix} V_1 \\ V_2 \end{vmatrix} = \begin{vmatrix} Z_{11} & Z_{12} \\ Z_{21} & Z_{22} \end{vmatrix} \begin{vmatrix} I_1 \\ I_2 \end{vmatrix}$$

$V_1 = Z_{11}I_1 + Z_{12}I_2$, $V_2 = Z_{21}I_1 + Z_{22}I_2$

$Z_{22} = \dfrac{V_2}{I_2}(I_1 = 0)$이므로 1차측 전류가 없을 때 2차측에서 바라본 임피던스를 말한다.

그러므로 2차측에서 본 임피던스는 $j - j2 = -j$

7 커패시터에 저장되는 에너지 $W = \dfrac{1}{2}CV^2 = \dfrac{1}{2} \times 10^{-6} \times 1^2 = 0.5[\mu \mathrm{J}]$

8 $+Q$가 구 내부에 균일하게 분포하고 있을 때

ⓐ 구 외부의 전계 $E = \dfrac{Q}{4\pi\epsilon r^2} \propto \dfrac{1}{r^2}$ 거리제곱에 반비례한다. [r > a]

ⓑ 구 내부의 전계 $E = \dfrac{rQ}{4\pi\epsilon a^3}$ [V/m] 구 중심으로부터의 거리 r에 비례한다. [r < a]

ⓒ 구 중심으로부터 $r = a/4$의 전계 $E = \dfrac{rQ}{4\pi\epsilon a^3} = \dfrac{\frac{a}{4}Q}{4\pi\epsilon a^3} = \dfrac{Q}{16\pi\epsilon a^2}$ [V/m]

$r = 2a$에서의 전계 $E = \dfrac{Q}{4\pi\epsilon r^2} = \dfrac{Q}{4\pi\epsilon(2a)^2} = \dfrac{Q}{16\pi\epsilon a^2}$[V/m]

ⓓ 구 표면 r=a에서 함수는 연속이다.

정답 및 해설 6.③ 7.① 8.④

9 길이 1[m]의 철심(μ_s=1,000) 자기회로에 1[mm]의 공극이 생겼다면 전체의 자기 저항은 약 몇 배가 되는가? (단, 각 부분의 단면적은 일정하다.)

① 1/2배 ② 2배
③ 4배 ④ 10배

10 진공 중에 직각좌표계로 표현된 전압함수가 $V=4xyz^2$[V]일 때, 공간상에 존재하는 체적전하밀도[C/m³]는?

① $\rho=-2\varepsilon_0 xy$ ② $\rho=-4\varepsilon_0 xy$
③ $\rho=-8\varepsilon_0 xy$ ④ $\rho=-10\varepsilon_0 xy$

11 자기인덕턴스 L_1, L_2가 각각 20[mH], 5[mH]인 두 코일이 완전결합(이상결합)되었을 때 상호인덕턴스의 값[mH]은?

① 5 ② 10
③ 20 ④ 25

12 전위 5,000[V]의 위치에서 8,000[V]의 위치로 전하 $q=3\times10^{-9}$[C]을 이동시킬 때 필요한 일의 값[J]은?

① 9×10^{-6} ② 1×10^{-6}
③ 3×10^{-6} ④ 9×10^{-9}

9

$$\frac{\text{공극이 생겼을 때 자기저항}}{\text{공극이 없는 상태의 자기저항}}=\frac{R_m+R_{gap}}{R_m}=1+\frac{R_{gap}}{R_m}=1+\frac{\frac{\delta}{\mu_o S}}{\frac{l}{\mu S}}=1+\frac{\mu\delta}{\mu_o l}$$

$$1+\frac{\mu\delta}{\mu_o l}=1+\frac{\mu_s\delta}{l}=1+\frac{1{,}000\times\frac{1}{1{,}000}}{1}=2$$

10 체적전하밀도 Poisson의 방정식에 의하여 전위를 두 번 미분하여 구한다.

전위 $V=4xyz^2\,[\mathrm{V}]$

$\frac{\partial V}{\partial x}=4yz^2,\ \frac{\partial^2}{\partial x^2}=0$

$\frac{\partial V}{\partial y}=4xz^2,\ \frac{\partial^2}{\partial y^2}=0$

$\frac{\partial V}{\partial z}=8xyz,\ \frac{\partial^2}{\partial z^2}=8xy$

$\nabla^2 V=-\frac{\rho}{\epsilon_o}=8xy$에서 $\rho=-8xy\epsilon_o\,[\mathrm{C/m^3}]$

11 두 코일이 완전결합이라는 것은 1차측 에너지가 2차측으로 전부 전달되는 것을 의미한다.

이때 결합계수 $k=\frac{M}{\sqrt{L_1L_2}}=1$이 된다.

$M=\sqrt{L_1L_2}=\sqrt{20\times5}=10[\mathrm{mH}]$

12 전하를 이동하는데 필요한 일

$W=QV=Q(V_2-V_1)=3\times10^{-9}\times(8{,}000-5{,}000)=9\times10^{-6}[\mathrm{J}]$

(콘덴서에 저장되는 에너지 $W=\frac{1}{2}QV=\frac{1}{2}CV^2[\mathrm{J}]$와 구별되어야 한다.)

정답 및 해설 9.② 10.③ 11.② 12.①

13 **도체의 성질에 대한 설명으로 가장 옳지 않은 것은?**

① 도체 내부전계의 세기는 0이다.
② 도체 내부의 전위는 표면 전위와 같다.
③ 도체 표면에서의 전하밀도는 곡률반경이 클수록 높다.
④ 도체 내부에 전하는 존재하지 않고 도체 표면에만 분포한다.

14 **평균 반지름 20[cm], 권선수 628회, 공심의 단면적 250[cm^2]인 환상솔레노이드에 2[A]의 전류가 흐를 때 설명으로 가장 옳지 않은 것은? (단, π는 3.14로 한다.)**

① 내부자계의 세기는 투자율 μ에 관계없다.
② 외부자계의 세기는 0이다.
③ 자계는 내부에만 존재한다.
④ 내부자계의 세기는 2,000[AT/m]이다.

15 $e^{-at}\sin wt$ **함수의 라플라스 변환은?**

① $\dfrac{w}{(s+a)^2+w^2}$
② $\dfrac{s+a}{(s+a)^2+w^2}$
③ $\dfrac{w}{(s+a)+w}$
④ $\dfrac{s}{s^2+w^2}$

16 **교류 파형의 최댓값을 V_m이라 할 때 실효값과 평균값에 대한 설명으로 가장 옳지 않은 것은?**

① 정현파의 실효값은 $\dfrac{V_m}{\sqrt{2}}$이다.
② 구형파의 평균값은 $\dfrac{V_m}{2}$이다.
③ 삼각파의 평균값은 $\dfrac{V_m}{2}$이다.
④ 반파정류파의 실효값은 $\dfrac{V_m}{2}$이다.

13 도체 표면에서 전하밀도는 뾰족할수록 높아진다.
뾰족하다는 것은 면에서 튀어나온 부분의 곡률 반경(반지름)이 작다는 것을 뜻한다.

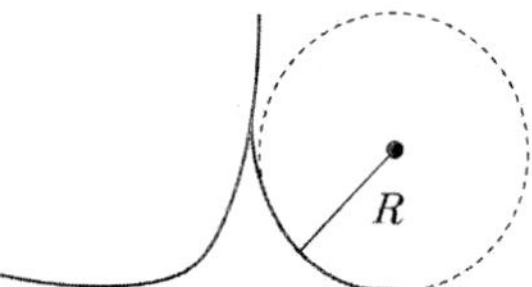

14 솔레노이드의 외부자계는 0이며, 내부자계는 평등자계에 가깝다.
공심환상솔레노이드에서 자계 $[\mu_s = 1]$

$$H = \frac{NI}{l} = \frac{NI}{2\pi r} = \frac{628 \times 2}{2\pi \times 0.2} = 1{,}000[\mathrm{AT/m}]$$

15 sin함수가 복소추이 된 것으로 $\mathcal{L}[\sin\omega t] = \frac{\omega}{s^2 + \omega^2}$ 에서 s대신 $s+a$를 대입하면 된다.

$$\mathcal{L}[e^{-at}\sin\omega t] = \frac{\omega}{(s+a)^2 + \omega^2}$$

16 구형파의 전파인 경우 실효값 = 평균값 = 최대값이다.
구형파 반파인 경우 실효값 $\frac{V_m}{\sqrt{2}}$, 평균값 $\frac{V_m}{2}$

정답 및 해설 13.③ 14.④ 15.① 16.②

17 열전현상에 대한 설명으로 옳은 것을 모두 고른 것은?

> ㉠ 이종 금속 M_1, M_2를 접합하여 폐회로를 만든 후두 접합점의 압력을 다르게 하여 폐회로의 열기전력을 이용한 현상은 제벡효과(Seebeck effect)이다.
> ㉡ 제벡효과를 이용한 열전대는 용광로의 온도 측정 및 온도제어 등에 사용된다.
> ㉢ 이종 금속 A, B를 접속시켜 폐회로를 만들고 온도를 일정하게 유지하면서 전류를 흘리면 열의 발생 또는 흡수가 일어나는 현상은 펠티에효과(Peltier effect)이다.
> ㉣ 이종 금속 C, D에 온도차를 주고 고온에서 저온 쪽으로 전류를 흘리면 열의 발생 또는 흡수가 일어나는 현상은 톰슨효과(Thomson effect)이다.
> ㉤ 펠티에 효과와 톰슨효과는 전류의 방향에 따라 발열 또는 흡수의 관계가 반대로 된다.

① ㉠, ㉡, ㉢
② ㉡, ㉢, ㉤
③ ㉡, ㉢, ㉣, ㉤
④ ㉠, ㉡, ㉢, ㉣, ㉤

18 3상 회로에서 한 상의 임피던스가 $3+j4$[Ω]인 평형 △부하 조건에서 대칭인 선간전압 150[V]를 가할 때3상 전력의 값[W]은?

① 270
② 1,350
③ 5,400
④ 8,100

19 정격 1,000[W]의 전열기에 정격전압의 80[%]만 인가되면 전열기에서 소비되는 전력의 값[W]은?

① 480
② 560
③ 640
④ 800

20 $L = 4[\mathrm{H}]$의 값을 갖는 인덕턴스에 $i(t) = 10e^{-3t}$[A]의 전류가 흐를 때, 인덕턴스 L의 단자전압의 값[V]은?

① $40e^{-3t}$
② $-40e^{-3t}$
③ $120e^{-3t}$
④ $-120e^{-3t}$

17 열전현상

ⓐ **제벡효과** : A와 B금속 양단에 온도차를 주면 접합점으로 기전력이 유기되는 현상
ⓑ 제벡효과를 이용한 것은 열전온도계로서 용광로의 온도를 측정하는데 사용된다.
ⓒ **펠티에 효과** : 이종금속 A와 B 양단에 전류를 흐르게 하면 한쪽에는 열이 발생하고 다른 쪽에는 열의 흡수가 생기는 현상
ⓓ **톰슨 효과** : 동종금속의 어느 두점 간에 온도차를 주면 기전력이 생기는 현상

18 한상의 임피던스 $Z = 3 + j4[\Omega]$, △부하조건 150[V]

$$P = 3I^2R = 3\left(\frac{V}{Z}\right)^2 R = 3\frac{V^2R}{R^2 + X^2} = \frac{3 \times 150^2 \times 3}{3^2 + 4^2} = 8,100[\mathrm{W}]$$

19 $P = \frac{V^2}{R}[\mathrm{W}]$이므로 $R = \frac{V^2}{P}[\Omega]$

$$P' = \frac{(0.8V)^2}{R} = \frac{0.64V^2}{\frac{V^2}{P}} = 0.64P = 0.64 \times 1,000 = 640[\mathrm{W}]$$

20 $e = L\frac{di(t)}{dt} = 4 \times \frac{d10e^{-3t}}{dt} = -120e^{-3t}[\mathrm{V}]$

정답 및 해설 17.② 18.④ 19.③ 20.④

당신의 꿈은 뭔가요?

MY BUCKET LIST !

꿈은 목표를 향해 가는 길에 필요한 휴식과 같아요.
여기에 당신의 소중한 위시리스트를 적어보세요. 하나하나 적다보면 어느새 기분도 좋아지고 다시 달리는 힘을 얻게 될 거예요.

- [ ] ______
- [ ] ______
- [ ] ______
- [ ] ______
- [ ] ______
- [ ] ______
- [ ] ______
- [ ] ______
- [ ] ______
- [ ] ______
- [ ] ______
- [ ] ______
- [ ] ______
- [ ] ______
- [ ] ______
- [ ] ______
- [ ] ______
- [ ] ______
- [ ] ______
- [ ] ______
- [ ] ______
- [ ] ______
- [ ] ______
- [ ] ______
- [ ] ______
- [ ] ______
- [ ] ______
- [ ] ______
- [ ] ______
- [ ] ______
- [ ] ______
- [ ] ______
- [ ] ______
- [ ] ______
- [ ] ______
- [ ] ______
- [ ] ______
- [ ] ______
- [ ] ______
- [ ] ______
- [ ] ______
- [ ] ______
- [ ] ______
- [ ] ______
- [ ] ______
- [ ] ______
- [ ] ______
- [ ] ______
- [ ] ______
- [ ] ______
- [ ] ______
- [ ] ______
- [ ] ______
- [ ] ______

창의적인 사람이 되기 위해서

정보가 넘치는 요즘, 모두들 창의적인 사람을 찾죠.
정보의 더미에서 평범한 것을 비범하게 만드는 마법의 손이 필요합니다.
어떻게 해야 마법의 손과 같은 '창의성'을 가질 수 있을까요. 여러분께만 알려 드릴게요!

01. 생각나는 모든 것을 적어 보세요.

아이디어는 단번에 솟아나는 것이 아니죠. 원하는 것이나, 새로 알게 된 레시피나, 뭐든 좋아요.
떠오르는 생각을 모두 적어 보세요.

02. '잘하고 싶어!'가 아니라 '잘하고 있다!'라고 생각하세요.

누구나 자신을 다그치곤 합니다. 잘해야 해. 잘하고 싶어.
그럴 때는 고개를 세 번 젓고 나서 외치세요. '나, 잘하고 있다!'

03. 새로운 것을 시도해 보세요.

신선한 아이디어는 새로운 곳에서 떠오르죠. 처음 가는 장소, 다양한 장르에 음악, 나와 다른 분야의 사람.
익숙하지 않은 신선한 것들을 찾아서 탐험해 보세요.

04. 남들에게 보여 주세요.

독특한 아이디어라도 혼자 가지고 있다면 키워 내기 어렵죠.
최대한 많은 사람들과 함께 정보를 나누며 아이디어를 발전시키세요.

05. 잠시만 쉬세요.

생각을 계속 하다보면 한쪽으로 치우치기 쉬워요. 25분 생각했다면 5분은 쉬어 주세요.
휴식도 창의성을 키워 주는 중요한 요소랍니다.